高职高专大数据技术与应用专业系列教材

U0169635

ECharts 数据可视化实战

主　编　范路桥　郑述招　陈红玲

副主编　申艳丽　张广云　肖秀娟

西安电子科技大学出版社

内 容 简 介

本书以任务为导向，全面介绍了数据可视化的流程、ECharts 数据可视化和 Vue.js 的应用，详细讲解了利用 ECharts 和 Vue.js 解决实际问题的方法。全书共 7 章，包括数据可视化、ECharts 的常用图表、ECharts 的官方文档及常用组件、ECharts 中的其他图表、ECharts 的高级功能、Vue.js 项目开发基础、实战项目。本书第 2～6 章包含实训，旨在通过练习和操作实践，帮助读者巩固所学内容。

本书可作为高校数据可视化相关课程的教材，也可作为数据可视化技术爱好者的自学用书。

图书在版编目(CIP)数据

ECharts 数据可视化实战 / 范路桥，郑述招，陈红玲主编. —西安：西安电子科技大学出版社，2023.3(2024.7 重印)
ISBN 978-7-5606-6731-7

Ⅰ. ①E⋯ Ⅱ. ①范⋯ ②郑⋯ ③陈⋯ Ⅲ. ①可视化软件 Ⅳ. ①TP31

中国国家版本馆 CIP 数据核字(2023)第 020970 号

策 划 高 樱
责任编辑 高 樱
出版发行 西安电子科技大学出版社(西安市太白南路 2 号)
电 话 (029)88202421 88201467   邮 编 710071
网 址 www.xduph.com   电子邮箱 xdupfxb001@163.com
经 销 新华书店
印刷单位 陕西天意印务有限责任公司
版 次 2023 年 3 月第 1 版 2024 年 7 月第 3 次印刷
开 本 787 毫米×1092 毫米 1/16 印 张 19.25
字 数 450 千字
定 价 54.00 元
ISBN 978 - 7 - 5606 - 6731 - 7 / TP

XDUP 7033001-3

如有印装问题可调换

序

自 2014 年首次写入政府工作报告，大数据就逐渐成为各级政府关注的热点。2015 年 9 月，国务院印发了《促进大数据发展行动纲要》，系统部署了我国大数据发展工作，至此，大数据成为国家级发展战略。2017 年 1 月，工信部编制印发了《大数据产业发展规划(2016—2020 年)》。

为对接大数据国家发展战略，教育部批准于 2017 年开办高职大数据技术与应用专业，2017 年全国共有 64 所职业院校获批开办该专业，到 2020 年，全国 619 所高职院校成功申报大数据技术与应用专业，大数据技术与应用专业已经成为高职院校最火爆的新设专业。

为培养满足经济社会发展需要的大数据人才，加强粤港澳大湾区区域内高职院校的协同育人和资源共享，2018 年 6 月，在广东省人才研究会的支持下，由广州番禺职业技术学院牵头，联合深圳职业技术学院、广东轻工职业技术学院、广东科学技术职业学院、广州市大数据行业协会、佛山市大数据行业协会、香港大数据行业协会、广东职教桥数据科技有限公司、广东泰迪智能科技股份有限公司等 200 余家高职院校、协会和企业，成立了广东省大数据产教联盟，联盟先后开展了大数据产业发展、人才培养模式、课程体系构建、深化产教融合等主题研讨活动。

课程体系是专业建设的顶层设计，教材开发是专业建设和三教改革的核心内容。为了贯彻党的十九大精神，普及和推广大数据技术，为高职院校人才培养做好服务，西安电子科技大学出版社在广泛调研的基础上，结合自身的出版优势，联合广东省大数据产教联盟策划了"高职高专大数据技术与应用专业系列教材"。

为此，广东省大数据产教联盟和西安电子科技大学出版社于 2019 年 7 月在广东职教桥数据科技有限公司召开了"广东高职大数据技术与应用专业课程体系构建与教材编写研讨会"。来自广州番禺职业技术学院、深圳职业技术学院、深圳信息职业技术学院、广东科学技术职业学院、广东轻工职业技术学院、中山职业技术学院、广东水利电力职业技术学院、佛山职业技术学院、广东职教桥数据科技有限公司、广东泰迪智能科技股份有限公司和西安电子科技大学出版社等单位的 30 余位校企专家参与了研讨。大家围绕大数据技术与应用专业人才培养定位、培养目标、专业基础(平台)课程、专业能力课程、专业拓展(选修)课程及教材编写方案进行了深入研讨，最后形成了如表 1 所示的高职高专大数据技术与应用专业课程体系。在该课程体系中，为加强动手能力的培养，从第三学期到第五学期，开设了 3 个共 8 周的项目实训；为形成专业特色，第五学期的课程，除 4 周的"大数据项目开发实践"外，其他都是专业拓展课程，各学校可根据区域大数据产业发展需求、学生职业发展需要和学校办学条件，开设纵向延伸、横向拓宽及 X 证书的专业拓展选修课程。

表 1 高职高专大数据技术与应用专业课程体系

序号	课 程 名 称	课程类型	建议课时
第一学期			
1	大数据技术导论	专业基础	54
2	Python 编程技术	专业基础	72
3	Excel 数据分析与应用	专业基础	54
4	Web 前端开发技术	专业基础	90
第二学期			
5	计算机网络基础	专业基础	54
6	Linux 基础	专业基础	72
7	数据库技术与应用 (MySQL 版或 NoSQL 版)	专业基础	72
8	大数据数学基础——基于 Python	专业基础	90
9	Java 编程技术	专业基础	90
第三学期			
10	Hadoop 技术与应用	专业能力	72
11	数据采集与处理技术	专业能力	90
12	数据分析与应用——基于 Python	专业能力	72
13	数据可视化技术(ECharts 版或 D3 版)	专业能力	72
14	网络爬虫项目实践(2 周)	项目实训	56
第四学期			
15	Spark 技术与应用	专业能力	72
16	大数据存储技术——基于 HBase/Hive	专业能力	72
17	大数据平台架构(Ambari，Cloudera)	专业能力	72
18	机器学习技术	专业能力	72
19	数据分析项目实践(2 周)	项目实训	56
第五学期			
20	大数据项目开发实践(4 周)	项目实训	112
21	大数据平台运维(含大数据安全)	专业拓展(选修)	54
22	大数据行业应用案例分析	专业拓展(选修)	54
23	Power BI 数据分析	专业拓展(选修)	54
24	R 语言数据分析与挖掘	专业拓展(选修)	54
25	文本挖掘与语音识别技术——基于 Python	专业拓展(选修)	54
26	人脸与行为识别技术——基于 Python	专业拓展(选修)	54
27	无人系统技术(无人驾驶、无人机)	专业拓展(选修)	54
28	其他专业拓展课程	专业拓展(选修)	
29	X 证书课程	专业拓展(选修)	

序号	课 程 名 称	课程类型	建议课时
	第六学期		
30	毕业设计		
31	顶岗实习		

　　基于此课程体系,与会专家和老师研讨了大数据技术与应用专业相关课程的编写大纲,各主编就相关选题进行了写作思路汇报,大家相互讨论,梳理和确定了每一本教材的编写计划与内容,最终形成了该系列教材。

　　本系列教材由广东省部分高职院校联合大数据与人工智能应用的企业共同策划出版,汇聚了校企多方资源及各位主编和专家的集体智慧。在本系列教材出版之际,特别感谢深圳职业技术学院数字创意与动画学院院长聂哲教授、深圳信息职业技术学院软件学院院长蔡铁教授、广东科学技术职业学院计算机工程技术学院(人工智能学院)院长曾文权教授、广东轻工职业技术学院信息技术学院院长秦文胜教授、中山职业技术学院信息工程学院院长史志强教授、顺德职业技术学院智能制造学院院长杨小东教授、佛山职业技术学院电子信息学院院长唐建生教授、广东水利电力职业技术学院计算机系系主任敖新宇教授,他们对本系列教材的出版给予了大力支持,安排学校的大数据专业带头人和骨干教师积极参与教材的开发工作;特别感谢广东省大数据产教联盟秘书长、广东职教桥数据科技有限公司董事长陈劲先生提供交流平台和多方支持;特别感谢广东泰迪智能科技股份有限公司董事长张良均先生为本系列教材提供技术支持和企业应用案例;特别感谢西安电子科技大学出版社副总编辑毛红兵女士为本系列教材提供出版支持;还要感谢广州番禺职业技术学院信息工程学院胡耀民博士、詹增荣博士、陈惠红老师、赖志飞博士等的积极参与。再次感谢所有为本系列教材出版付出辛勤劳动的各院校的老师、企业界的专家和出版社的编辑!

　　由于大数据技术发展迅速,教材中的欠妥之处在所难免,敬请各位专家和使用者批评指正,以便改正完善。

广州番禺职业技术学院

余明辉

2022 年 6 月

高职高专大数据技术与应用专业系列教材编委会

前　言

随着大数据和云计算的发展，各行各业对数据的重视程度与日俱增，而数据可视化技术可以帮助企业用户以一种直观、生动、可交互的形式展现出数据中蕴含的信息，为企业经营决策提供帮助。

ECharts 是时下流行的数据可视化工具之一，不仅汇集了柱状图、折线图、饼图、散点图、气泡图、仪表盘、雷达图、漏斗图、词云图、矩形树图等丰富的可视化图表，还具有千万数据前端展示、移动端优化、多维数据支持、视觉编码手段丰富等特点，大大提升了数据可视化的效果，增强了用户体验。所以，ECharts 应该成为高校数据可视化相关专业的重要课程内容之一。

本书通过简单、实用的教学案例，帮助读者快速入门 Vue，以便基于 Vue 开展项目实战。

1. 本书特色

本书以任务为导向，内容由浅入深，涵盖了数据可视化、ECharts 的常用图表、ECharts 的官方文档及常用组件、ECharts 中的其他图表、ECharts 的高级功能、Vue. js 项目开发基础、实战项目等内容。全书的设计思路是：以应用为导向，让读者明确如何利用所学知识来解决问题，通过实训巩固所学知识，使读者真正理解并能够应用所学知识。此外，为了让读者将所学知识融会贯通，本书准备了基于 Vue 的实战项目案例，期望通过案例的形式加深理论印象，提升知识应用水平。

2. 本书适用对象

本书适用于开设数据可视化课程的高校教师和学生。目前国内不少高校将数据可视化引入教学中，在计算机科学与技术、大数据、人工智能、数据科学、统计学、金融管理等专业开设了与数据可视化相关的课程，但课程的教学仍然以理论为主，以实践为辅。本书是基于典型工作任务的教材，实践操作性强，能够使师生充分发挥互动性和创造性，获得最佳的教学效果。

本书适用于以 ECharts 为生产工具的数据统计和应用开发人员。ECharts 作为商业级数据图表可视化工具，被广泛用于前端开发、财务、行政、营销等工作中。ECharts 拥有直观、生动、可交互、可高度个性化定制的数据可视化图表，能够满足相关人员的数据可视化需求。本书提供了 ECharts 常用技术讲解，能够帮助相关人员快速高效地创建可视化图表，帮助其迅速完成开发任务。

本书适用于关注数据可视化的人员。ECharts 作为常用的数据可视化工具之一，能将数据进行可视化展示。本书提供 ECharts 数据可视化入门基础，能有效指导数据可视化初学者快速入门。

本书适用于关注 Vue.js 的前端开发人员。本书提供 Vue.js 框架入门，内容涉及 Node.js、Vue-cli 脚手架、Vue-router、Axios、Element-UI 等前端流行技术，最后综合使用这些技术开发了企业实战项目——专业群发展监测平台。

3. 代码下载及问题反馈

为了帮助读者更好地使用本书，西安电子科技大学出版社(www.xduph.com)提供了本书配套的原始数据文件、ECharts 文件，读者可以免费下载。为方便教师授课，本书还提供 PPT 课件、教学大纲、教学进度表和教案等教学资源。

尽管我们已经尽了最大努力避免在文本和代码中出现错误，但是由于水平有限，加之编写时间仓促，书中难免出现一些不足之处。如果您有宝贵意见，欢迎在西安电子科技大学出版社微信公众号进行反馈。

本书的参考学时为 64～72 学时，建议采用理论实践一体化教学模式。各章的参考学时参见表 2。

表 2　学时分配表

章　名	建议学时
第 1 章　数据可视化	4
第 2 章　ECharts 的常用图表	12
第 3 章　ECharts 的官方文档及常用组件	8～10
第 4 章　ECharts 中的其他图表	10～12
第 5 章　ECharts 的高级功能	8～10
第 6 章　Vue.js 项目开发基础	12～14
第 7 章　实战项目	10
学时汇总	64～72

本书是广东职教桥数据科技有限公司与广东科学技术职业学院计算机工程技术学院(人工智能学院)工学结合的结晶。参与本书编写的既有高校教学经验丰富的"双师型教师"，又有企业的一线工程师。其中，肖秀娟编写了第 1 章，第 2 章的任务 2.1、任务 2.2；郑述招编写了第 2 章的任务 2.3、任务 2.4，第 3 章；范路桥编写了第 4 章；陈红玲编写了第 5 章、第 6 章的任务 6.1；张广云编写了第 6 章的任务 6.2～任务 6.5；申艳丽编写了第 7 章。范路桥对全书进行了统稿，广东职教桥数据科技有限公司项目总经理朱晓海、项目经理方泰之、项目工程师龙荣盛对本书内容给予了悉心指导和润色，在此表示深深的敬意和谢意。

编　者

2022 年 12 月

目　　录

第1章

数据可视化

随着移动互联网技术的发展，网络空间的数据量呈爆炸式增长。如何从这些数据中快速获取自己想要的信息，并以一种直观、形象甚至交互的方式展现出来？这是数据可视化要解决的核心问题。从数字可视化到文本可视化，从折线图、条形图、饼图到文字云，从数据可视化分析到可视化平台建设，数据可视化越来越成为企业核心竞争力的一个重要组成部分。ECharts 是国内 IT 三巨头之一的百度推出的一款十分流行的开源免费的可视化工具，其特点是简单易学，功能强大，计算迅速。本书主要基于 ECharts 介绍数据可视化技术。本章主要介绍数据可视化的概念、ECharts 的特点、VS Code 的下载与安装、VS Code 的常用插件。

学习目标

(1) 了解数据可视化的基本概念。
(2) 熟悉数据可视化的基本流程。
(3) 了解常用的数据可视化工具。
(4) 了解 ECharts 的发展历程和 ECharts5.x 的特性。
(5) 掌握 VS Code 的下载、安装及常用插件。

任务 1.1 认识数据可视化

任务描述

数据可视化的主旨是借助图形化手段，清晰、有效地传达与沟通信息。将原本枯燥烦琐的数据用更加生动形象且常人容易看懂的图形化方法表达出来。为了更深入地认识数据可视化，需要对数据可视化的定义、特性、主要表达内容、流程和工具等方面进行了解。

（1）了解数据可视化的定义和特征。

（2）通过实例了解数据中蕴含的信息。

（3）分析数据可视化的作用。

（4）了解数据可视化的流程。

（5）了解数据可视化的常用工具。

1.1.1　数据可视化的定义及特性

数据可视化是一种将抽象、枯燥或难以理解的数据以可视、交互的方式进行展示的技术，该技术借助统计图表、图形等方式更形象、直观地展示数据蕴含的原理、规律、逻辑。数据可视化是一门横跨计算机、统计学、心理学的综合学科，将随着大数据和人工智能的兴起进一步繁荣。

早期的数据可视化作为咨询机构、金融企业的专业工具，其应用领域较为单一，应用形态较为保守。当今，随着云计算和大数据时代的来临，各行各业对数据的重视程度与日俱增，随之而来的是对数据进行一站式整合、挖掘、分析、可视化的需求日益迫切，数据可视化呈现出愈加旺盛的生命力，视觉元素越来越多样，从常用的柱状图、折线图、饼图扩展到地图、气泡图、树图、仪表盘等各种图形。同时，可用的开发工具也越来越丰富，从专业的数据库/财务软件扩展到基于各类编程语言的可视化库，应用门槛也越来越低。目前的数据可视化工具必须具有以下特性：

（1）实时性。数据可视化工具必须适应大数据时代数据量的爆炸式增长需求，必须快速地收集、分析数据并对数据信息进行实时更新。

（2）简单操作。数据可视化工具应满足快速开发、易于操作的特性，能满足互联网时代信息多变的特点。

（3）更丰富的展现方式。数据可视化工具应具有更丰富的展现方式，能充分满足数据展现的多维度要求。

（4）支持多种数据集成方式。数据的来源不仅仅局限于数据库，数据可视化工具应支持团队协作数据、数据仓库、文本等多种方式，并能够通过互联网进行展现。

1.1.2　数据中蕴含的信息

数据是现实生活的一种映射，其中隐藏着许多故事，包括实际的意义、真相和美学意义。这些故事有些非常简单直接，有些迂回费解，有些像教科书，有些则体裁新奇。数据的故事无处不在，反映在经济、科技、教育、人文艺术、日常生活等很多方面。

图 1-1 显示了国家统计局发布的 2018 年到 2022 年第 1 季度的 GDP 变化趋势。由图

1-1 中可以看出，从 2018 年到 2019 年第 3 季度，GDP 同比增长一直在 6%以上；在 2019 年第 4 季度，由于新冠疫情暴发，GDP 受到了一定的影响，然而在党和政府的正确领导下，GDP 开始爬升，2021 年第 1 季度同比增长达到 8%；2022 年第 1 季度又由于新冠疫情在部分城市的反扑，GDP 受到了一定程度的影响，同比增长下降到 4.8%。从图 1-1 中我们可以感受到国家经济的脉动。

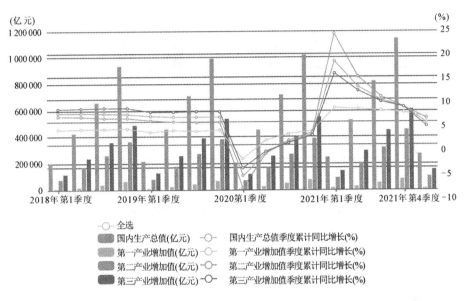

图 1-1　我国 2018 年至 2022 年第 1 季度的 GDP 变化趋势图

【课程思政】

　　我国党和政府对教育高度重视，不断加大教育的投入，特别是对高等教育的投入力度在不断加强。目前国际比较通用的高等教育大众化阶段的临界标准是毛入学率达到 15%。美国在 1975 年率先突破 50%，加拿大、芬兰、新西兰、澳大利亚、挪威等国家紧随其后。经过多年的努力，在 2020 年，我国的高等教育毛入学率超过 54.4%，远远超过国际临界标准。同学们应该珍惜来之不易的学习机会，学好本领，为中华民族伟大复兴而努力奋斗。

　　图 1-2 显示了中国"十三五"时期高等教育在学总规模和毛入学率。在图 1-2 中，柱状图代表在学总规模，折线表示毛入学率，两者都在逐年上升。2020 年在学总规模为 4183 万人，毛入学率达到 54.4%，高于全球水平，我国的高等教育已进入普及化阶段。

　　图 1-3 是 2010—2025 年全球每年新增的数据量及其预测图。2010 年，全球新增数据量为 0.5 ZB，2014 年为 1 ZB，2015 年为 1.5 ZB，2020 年为 9.5 ZB，预计 2025 年为 51 ZB，呈现出指数级增长的趋势。

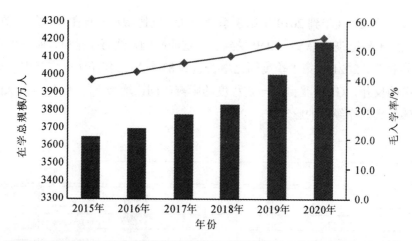

年份	2015	2016	2017	2018	2019	2020
▆ 在学总规模/万人	3647	3699	3779	3833	4002	4183
◆ 毛入学率/%	40.0	42.7	45.7	48.1	51.6	54.4

图 1-2　中国"十三五"时期高等教育在学总规模和毛入学率

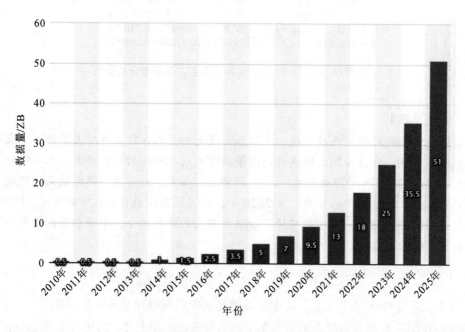

图 1-3　2010—2025 年全球每年新增的数据量及其预测

　　一般的故事大多是过去发生的，但在图 1-4 给出的双折线图中，显示的却是将来的"故事"，即未来一周的气温变化情况。从图 1-4 中可以看出，从周一到周四，最高气温一直在上升，到周四时最高气温上升到 38℃，然后又开始缓慢下降，到周日略有上升，最低气温也基本同步变化，在周二时达到最低气温 9℃。

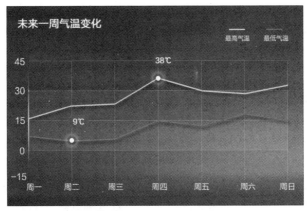

图 1-4　未来一周气温变化

1.1.3　数据可视化的作用

人们想通过数据可视化寻找什么呢？目前，数据可视化的作用可在以下三个方面体现：模式、关系和异常。不管图形表现的是什么，这三者都是应该留心观察的。

1. 模式

模式是指数据中的某些规律。模式通常能够折射出数据中所隐含的一些规律。图 1-5 是从国家统计局得到的我国 1978 年到 2014 年年末总人口数的数据，将数据用柱状图展示并拟合趋势线后，可以发现，从 1978 年到 2014 年年末我国总人口数基本呈线性增长的态势，这个增长可以用 $y = 1158.8x + 97\,741$ 定量反映。

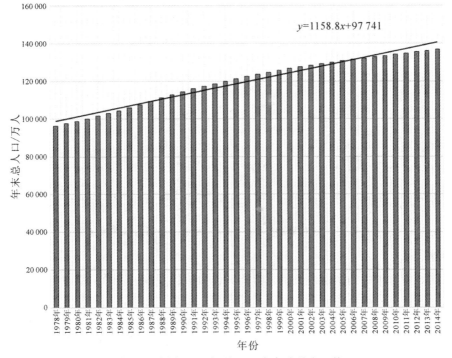

图 1-5　我国 1978 年到 2014 年年末总人口数

另外，从图 1-5 中还可以发现，实际人口数与拟合数据存在一定的关系。根据这种关系，可以将我国这些年的人口增长分为 3 个阶段：第 1 个阶段是 1978 年到 1987 年前后，这个时间段实际总人口的数量基本小于拟合数据，可以理解为实际人口数比拟合数据低；第 2 个阶段是 1987 年到 2007 年，这个阶段实际人口数量基本大于拟合数据；第 3 个阶段是 2008 年前后，实际人口数量又低于拟合数据。那么 1987 年前后和 2008 年前后可以假定为异常点。这种人口数量的变化状态和异常点出现的原因，可能与国家的人口政策有较强的关联性。

2. 关系

关系是指各影响因素之间的相关性，也指各个图形之间的关联。在统计学中，它通常代表关联性和因果关系。多个变量之间应该存在着某种联系。例如，在散点图中，可以观察到两个坐标轴的两个字段之间的相关关系(是正相关、负相关或是不相关)。如此可依次找到与因变量具有较强相关性的变量，从而确定主要的影响因素。图 1-6 使用散点图描述了男性、女性身高体重的分布关系。从图 1-6 中可以看出，身高与体重基本上呈正相关关系。

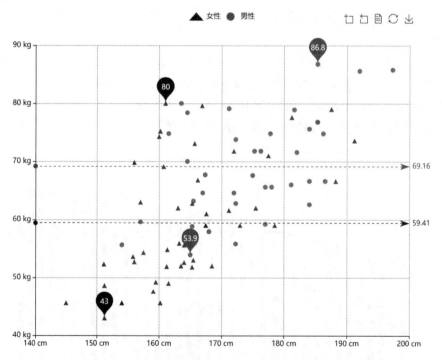

图 1-6 男性、女性身高体重分布(纵、横坐标分别为体重和身高)

3. 异常

异常值是指样本中的个别数值明显偏离其他数值的观测值。异常值也称为离群点，异常值的分析也称为离群点分析。例如，某客户年龄为 222 岁，则该变量的取值存在异常。在用数据讲故事时，应该对自己所看到的数据保持质疑态度。在数据制图过程中，数据检验并不是最关键的一步。但在实际运用中也不会用劣质数据绘制数据图。

在现实生活中，大部分异常都是笔误而已，但有些异常却真的存在。如果遇到了异常，一定要确定是属于笔误还是真的存在。

1.1.4　数据可视化的流程

数据可视化流程的基本步骤类似于一个特殊的流水线，主要步骤之间彼此相互作用、相互影响。数据可视化流程的基本步骤为确定分析目标、收集数据、清洗和规范数据、分析数据、可视化展示与分析。

1. 确定分析目标

确定分析目标即根据现阶段的热点时事或社会较关注的现象，确定此次可视化的目标，并根据这个目标进行一些准备工作，如设计贴合目标的问卷。其中，准备工作主要包括的内容有遇到了什么问题，要展示什么信息，想得出什么结论，验证什么假说等。数据承载的信息多种多样，不同的展示方式会使侧重点有天壤之别。只有想清楚以上问题，才能确定需要过滤什么数据，用什么算法处理数据，用什么视觉通道编码等。

2. 收集数据

确定分析目标后，依照第一步制订的目标收集数据。目前，数据收集的方式有很多种，如从公司内部获取历史数据，从数据网站中下载所需数据，使用网络爬虫自动爬取数据，通过发放问卷与电话访谈形式收集数据等。

3. 清洗和规范数据

数据清洗和规范是数据可视化流程中必不可少的步骤。首先需要过滤"脏"数据、敏感数据，并对空白的数据进行适当处理；其次剔除与目标无关的冗余数据；最后将数据结构调整为系统能接受的方式。

4. 分析数据

分析数据是数据可视化流程的核心，即将数据进行全面且科学的分析，联系多个维度，根据数据类型确定不同的分析思路。分析数据最简单的方法是一些基本的统计方法，如求和、中值、方差、期望等，复杂方法包括数据挖掘中的各种算法。

5. 可视化展示与分析

可视化展示与分析是数据可视化流程中的一个重点步骤。用户需要选择合适的图表对数据进行可视化展示，才能对最后呈现的可视化结果进行分析，直观、清晰地发现数据中的差异，并从中提取出需要的信息，最终根据获取的信息提出科学建议。

1.1.5　常用的数据可视化工具

工欲善其事，必先利其器。一款好的工具可以让工作事半功倍，尤其在大数据时代，更需要强有力的工具来实现数据可视化。目前，数据可视化技术发展得相当成熟，已产生了成百上千种数据可视化工具。其中，许多工具是开源的，能够共同使用或嵌入已经设计好的应用程序中，并具有数据可交互性。

目前常用的数据可视化工具如表 1-1 所示。

表 1-1　常用的数据可视化工具

序号	名称	软件成本	技能要求	官方网站
1	ECharts	开源免费	编程	https://echarts.apache.org/zh/index.html
2	Matlab	商业收费	编程	https://www.mathworks.cn/products/matlab.html
3	Python	开源免费	编程	https://www.python.org/
4	R 语言	开源免费	编程	https://www.r-project.org/
5	D3	开源免费	编程	https://d3js.org/
6	Highcharts	开源免费	编程	https://www.highcharts.com
7	FusionCharts	开源免费	编程	https://www.fusioncharts.com/
8	Google Charts	开源免费	编程	http://www.google-chart.com/
9	Processing.js	开源免费	编程	http://processingjs.org/

1. ECharts

ECharts 是百度出品的一个开源的交互式可视化库,使用 JavaScript 来实现,可以流畅地运行在 PC 和移动设备上,能兼容当前绝大部分浏览器。ECharts 底层依赖轻量级的矢量图形库 ZRender,提供直观、交互丰富、可高度个性化定制的数据可视化图表。ECharts 是本书重点介绍的内容,任务 1.2 中将对其进行详细介绍。

2. Matlab

Matlab 是科学计算与数据可视化的利器,拥有强大的数值计算功能和数据可视化能力。在现实生活中,抽象的数据往往晦涩难懂,但是 Matlab 通过图形编辑窗口和绘图函数方便地绘制二维、三维甚至多维图形,可以将杂乱离散的数据以形象的图形显示出来,有助于用户了解数据的性质和内部联系。图 1-7 为使用 Matlab 绘制的饼图。

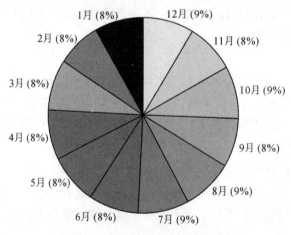

图 1-7　使用 Matlab 绘制的饼图

3. Python

Python 是一种面向对象的解释型计算机程序设计语言,是大数据与人工智能时代的首选语言。Python 具有简洁、易学、免费、开源、可移植、面向对象、可扩展等特性,因此常被称为胶水语言。PYPL(Popularity of Programming Language)根据 Google 上的搜索频率统计得出,Python 语言在 2019 年连续几个月排名第一,在 2019 年 5 月份的榜单中,Python 更是以绝对优势遥遥领先。这些统计结果与 Python 语言的特性有关。Python

不仅具有丰富和强大的库，而且应用场景非常广泛。Python 在科学计算、自动化测试、系统运维、云计算、大数据、系统编程、数据分析、数据可视化、网络爬虫、Web 开发、人工智能、工程和金融等领域都有较广泛的应用。此外，对于数据可视化编程，Python语言有一系列数据可视化包(Packages)，包括 Matplotlib、Pandas、Seaborn、ggplot、Plotly、Plotly Express、Bokeh、Pygal 等。图 1-8 为使用 Python 绘制的火柴杆图。

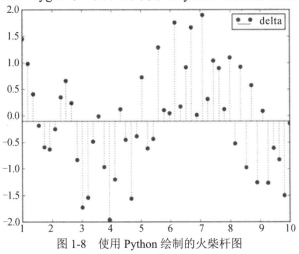

图 1-8　使用 Python 绘制的火柴杆图

4. R 语言

　　R 语言是一种优秀的、具有很强数据可视化功能的语言，不仅开源、免费，而且可在 UNIX、Windows 和 mac OS 上运行。R 语言最初的设计目的是用于统计计算和统计制图。R 语言是完全靠代码实现绘图的，一般用于绘制静态的统计图，比较适合数据探索和数据挖掘，同时 R 语言能够利用一些程序包绘制交互性图表。

　　R 语言拥有大量数据可视化包，如 ggplot2、gridExtra、lattice、plotly、recharts、hightcharter、rCharts、leaflet、RGL 等。其中，ggplot2 是 R 语言中功能最强大、最受欢迎的绘图工具包；lattice 适合入门级选手，作图速度较快，能进行三维绘图；gridExtra能将 ggplot2 做出来的几张图拼成一张大图；plotly、recharts、hightcharter、rCharts、leaflet则擅长绘制交互图表；RGL 则是绘制三维图形的利器。

　　图 1-9 是地理学家 James Cheshire 博士和设计师 Oliver Uberti 绘制的英格兰南部通勤者起讫点流图。该图使用 R 语言的数据可视化包 ggplot2 中的 geom_segment()命令，绘制出了起讫点重心间纤细透明的白色线条。

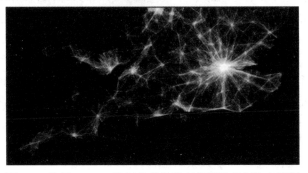

图 1-9　使用 ggplot2 绘制的英格兰南部通勤者起讫点流图

5. D3

D3(Data-Driven Documents)是一个被数据驱动的文档。简而言之，D3 是一个 JavaScript 的函数库，主要用于进行数据可视化。由于 JavaScript 文件的后缀名通常为.js，所以 D3 也常使用 D3.js 来称呼。D3 是目前最受欢迎的可视化 JS 库之一，允许绑定任意数据到 DOM，并将数据驱动转换应用到 Document 中，也可以使用它为一个数组创建基本的 HTML 表格，或利用它的流体过度和交互，将相似的数据创建为 SVG 图。D3 能兼容大多数浏览器，同时可避免对特定框架的依赖。

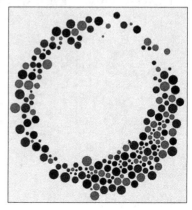

D3 虽然并不是对用户最友好的工具，但其在 JavaScript 绘图界的重要性不可小觑。D3 支持标准的 Web 技术(HTML、SVG 和 CSS)，海量的用户贡献内容也弥补了它缺乏自定义内容的劣势。因此，D3 更适合在互联网上互动地展示数据。图 1-10 是使用 D3 技术绘制的图形。

图 1-10　使用 D3 技术绘制的图形

6. Highcharts

Highcharts 是一个使用纯 JavaScript 编写的图表库，能够简单便捷地在 Web 网站或 Web 应用程序中添加有交互性的图表。Highcharts 不仅免费用于个人学习、个人网站和非商业用途，而且支持的常见图表类型多达 20 种，其中很多图表可以集成在同一个图形中形成混合图。Highcharts 的主要优势如下：

(1) 兼容性好。Highcharts 可以在所有移动设备及电脑上的浏览器中使用，在 IOS 和 Android 系统中 Highcharts 支持多点触摸功能，因而可以提供极致的用户体验。Highcharts 在目前常用的浏览器中使用 SVG 技术进行图形绘制，在低版本 IE 中则使用 VML 进行图形绘制。

(2) 非商业使用免费。Highcharts 可以在个人网站、学校网站和非营利机构网站中使用。

(3) 开源。Highcharts 最重要的特点之一就是无论免费版还是付费版，用户都可以下载源码并对其进行编辑。

(4) 纯 JavaScript。Highcharts 完全基于 HTML5 技术，不需要在客户端安装任何插件，如 Flash 或 Java。此外用户也不用配置任何服务端环境，只需要两个 JS 文件即可运行。

(5) 语法配置简单。在 Highcharts 中设置配置选项时不需要任何高级的编程技术，所有的配置都是 JSON 对象，只包含用冒号连接的键值对，用逗号进行分割，用括号进行对象包裹。此外，JSON 具有易阅读编写、易机器解析与生成的特点。

(6) 动态交互性。Highcharts 支持丰富的交互性，在图表创建完毕后，可以用 API 进行添加、移除或修改数据列、数据点、坐标轴等操作。同时，结合 jQuery 的 ajax 功能，Highcharts 可以实现实时刷新数据、用户手动修改数据等功能。此外，结合事件处理，Highcharts 可以实现各种交互功能。

由于具有以上优势，Highcharts 已经被成千上万的开发者及 72 个全球百强企业使用。图 1-11 为使用 Highcharts 绘制的复杂条形图。

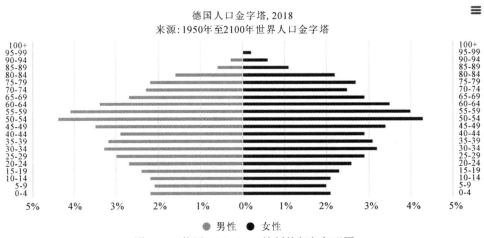

图 1-11 使用 Highcharts 绘制的复杂条形图

7. FusionCharts

FusionCharts 是 Flash 图形方案供应商 InfoSoft Global 公司的一个跨平台、跨浏览器的图表组件解决方案，可用于任何网页的脚本语言，如 HTML、NET、ASP、JSP、PHP 和 ColdFusion 等。FusionCharts 不仅提供互动性强的图表，而且支持 JavaScript、jQuery、Angular 等一系列高人气的库和框架。用户在使用 FusionCharts 时不需要掌握任何 Flash 知识，只需了解所用的编程语言即可完成图形的绘制。FusionCharts 的功能十分强大，它内置 100 多种图表、超过 1400 多种地图和 20 多种商业仪表盘，在上百个国家中拥有几万个用户，如 Microsoft、Google 和 IBM 等公司都在使用 FusionCharts，这也说明 FusionCharts 是一个能满足企业级拓展性需求的工具。图 1-12 为使用 FusionCharts 绘制的折线图和堆积图。

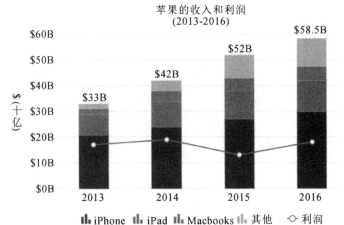

图 1-12 使用 FusionCharts 绘制的折线图和堆积图

8. Google Charts

谷歌浏览器是当前最流行的浏览器之一，而 Google Charts(谷歌图表)也是大数据可视化的最佳解决方案之一。Google Charts 不仅实现了完全开源和免费，而且得到了 Google 大力的技术支持，通过 Google Charts 分析的数据主要用于训练 Google 研发的 AI，这样的合作是双赢的。

Google Charts 提供了大量的可视化类型,包括了简单的饼图、时间序列和多维交互矩阵。此外,图表 Google Charts 可供调整的选项很多。如果需要对图表进行深度定制,那么可以参考详细的帮助部分。图 1-13 为使用 Google Charts 绘制的简单仪表盘(Gauge)。

图 1-13   Google Charts 绘制的简单仪表盘(Gauge)

9. Processing.js

Processing 语言在 2001 年诞生于麻省理工学院(MIT)的媒体实验室,主创者为 BenFry 和 Casey Reas。Processing 可以认为是一种被简化了的 Java,并且是用于绘画和绘图的 API,它擅长创建 2D 与 3D 图像、可视化数据套件、音频、视频等。Processing 拥有轻量级的编程环境,只需几行代码就能创建出带有动画和交互功能的图形,因此很好上手。Processing 偏重于视觉思维的创造性,虽然一开始主要是提供给设计师和艺术家使用,但如今它的受众群体已经越来越多样化了。对于新手而言,Processing 是个很好的起点,即使是毫无经验的用户也能够做出有价值的东西。

Processing.js 是 Processing 的姐妹篇,其创建的初衷是让 Processing 开发者和 Processing 代码(通常是指 sketches)不用修改也可在 Web 端运行,即使用 Processing.js 编写 processing 代码,然后通过 Processing.js 转换成 Javascript 后运行。图 1-14 为使用 Processing.js 绘制的清晰、漂亮的动画截图。

图 1-14   使用 Processing.js 绘制的清晰、漂亮的动画截图

任务 1.2   ECharts 简 介

任务描述

ECharts 作为国内可视化生态领域的领军者,不仅免费、开源,而且在高度个性化和交互能力等方面在业界处于领先地位,并在拖曳重计算、大规模散点图等方面获得了国家专利。此外,ECharts 还拥有数据视图、值域漫游、子地图模式等独有的功能。为了深

入认识 ECharts，需要从 ECharts 的发展历程、应用和特性等方面进行了解。

(1) 了解 ECharts 的发展历程及应用。

(2) 了解 ECharts 5.x 的特性。

1.2.1　ECharts 的发展历程及应用

目前，央视大规划报道的一些百度大数据产品，如百度迁徙、百度司南、百度大数据预测等，其数据可视化均是通过 ECharts 实现的。

ECharts(Enterprise Charts)为商业级数据图表，是百度旗下一款开源、免费的可视化图表工具，它是纯 JavaScript 图表库，可以流畅地运行在 PC 和移动设备上。ECharts 不仅兼容当前绝大部分浏览器(如 Chrome、IE6/7/8/9/10/11、Firefox、Safari 等)，而且底层依赖轻量级的 Canvas 类库 ZRender，提供了直观、生动、可交互、可高度个性化定制的数据可视化图表。此外，ECharts 创新的拖曳重计算、数据视图、值域漫游等特性大大增强了用户体验，赋予了用户对数据进行挖掘、整合的能力。

ECharts 是一个正在打造拥有互动图形用户界面的数据可视化工具，是一个深度数据互动可视化的工具。ECharts 的目标是在大数据时代，重新定义数据图表。

ECharts 自 2013 年 6 月 30 日发布 1.0 版本以来，已有 110 多个子版本的更新，平均 1～2 个月就有 1 个子版本更新。2018 年 1 月 16 日，全球著名开源社区 Apache 基金会宣布百度开源的 ECharts 项目全票通过进入 Apache 孵化器，2021 年 1 月 26 日，Apache 基金会正式官宣 Apache ECharts 晋升为 Apache 的顶级项目。目前，ECharts 在 GitHub 上的 Star 数量超过 44 500，npm 上的周下载量也超过 250 000 次，并在大量的社区反馈和贡献下不断地迭代进化。ECharts 的重大版本更新如下：

(1) 2013 年 6 月 30 日，ECharts 正式发布 1.0 版本。

(2) 2014 年 6 月 30 日，ECharts 发布 2.0.0 版本。

(3) 2016 年 1 月 12 日，ECharts 发布 3.0.0 版本。

(4) 2018 年 1 月 16 日，ECharts 发布 4.0.0 版本。

(5) 2020 年 12 月 3 日，ECharts 发布 5.0.0 版本。

(6) 2022 年 4 月 1 日，ECharts 发布 5.3.2 版本。

ECharts 在成为 Apache 孵化器项目之前，已经是国内可视化生态领域的领军者，近年内连续被开源中国评选为"年度最受欢迎的中国开源软件"，并广泛应用于各行业企业、事业单位和科研院。目前，在百度内部，ECharts 不仅支撑起百度多个核心商业业务系统的数据可视化需求(如凤巢、广告管家、鸿媒体、一站式、百度推广开发者中心、知心业务系统等)，而且服务于多个后台运维及监控系统(如百度站长平台、百度推广用户体验中心、指挥官、无线访问速度质量监控、凤巢代码质量统计报告等)。ECharts 还满足各行各业的数据可视化需求，包含报表系统、运维系统、网站展示、营销展示、企业品牌宣传、运营收入的汇报分析等方面，包含金融、教育、医疗、物流、气候监测等众多行业领域，其中甚至包括阿里巴巴、腾讯、华为、联想、小米、国家电网、中国石化、格力电器等公司和单位。

1.2.2 ECharts5.x 的特性

ECharts 作为国内可视化生态领域的领军者，其版本不断更新，功能不断完善，并提供直观、交互丰富、可高度个性化定制的数据可视化图表，从而广泛被各行业企业、事业单位和科研院所应用。ECharts 的特性具体如下：

1. 丰富的可视化类型

ECharts 提供了常规的折线图、柱状图、散点图、饼图、K 线图，用于统计的盒形图，用于地理数据可视化的地图、热力图、线图，用于关系数据可视化的关系图、Treemap、旭日图，多维数据可视化的平行坐标，还有用于 BI(Business Intelligence，商业智能)的漏斗图、仪表盘，并且支持图与图之间的混搭。

除了已经内置的丰富功能的图表，ECharts 还提供了自定义系列，只需要传入一个 renderItem 函数，即可设计出从数据映射到任何符合自身需求的图形，更棒的是自定义系列的图形还能和已有的交互组件结合使用。

用户可以在下载界面下载包含所有图表的构建文件，若只需要其中一两个图表，觉得构建文件太大时，也可以在在线构建中选择需要的图表类型后自定义构建。

2. 多种数据格式无须转换直接使用

ECharts 内置的 dataset 属性(5.0+)支持直接传入包括二维表、key-value 等多种格式的数据源，通过简单设置 encode 的属性即可完成从数据到图形的映射，这种方式更符合可视化的直觉，省去了大部分场景下数据转换的步骤，而且多个组件之间能够共享一份数据而不用复制。

为了配合大数据量的需求，ECharts 还支持输入 TypedArray 格式的数据。TypedArray 在大数据的存储中占用内存少、对 GC 友好等特性也可大幅度提升可视化应用的性能。

3. 千万数据的前端展现

通过增量渲染技术(5.0+)，配合各种细致的优化，ECharts 能够展现千万级的数据量，并且在这个数据量级上依然能够进行流畅地缩放、平移等交互。

几千万的地理坐标数据即使使用二进制存储也需要占上百 MB 的空间。因此 ECharts 同时提供了对流加载(5.0+)的支持，用户可以使用 WebSocket 或对数据分块后加载，加载多少就会渲染多少，不需要等待所有数据加载完再进行绘制。图 1-15 为 ECharts 千万级数据的前端展现效果图。

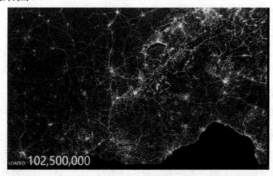

图 1-15   ECharts 千万级数据的前端展现效果图

4. 移动端优化

ECharts 针对移动端交互做了细致的优化，如在移动端小屏上，适合用手指在坐标系中进行缩放、平移；在 PC 端可以用鼠标在图中进行缩放(用鼠标滚轮)、平移等。

细粒度的模块化和打包机制可以让 ECharts 在移动端也拥有很小的体积，可选的 SVG 渲染模块让移动端的内存占用不再捉襟见肘。

5. 多渲染方案、跨平台使用

ECharts 支持以 Canvas、SVG(5.0+)、VML 的形式渲染图表。VML 可以兼容低版本 IE，SVG 使得移动端不再为内存担忧，Canvas 可以轻松应对大数据量和特效的展现。不同的渲染方式为用户提供了更多选择，使得 ECharts 在各种场景下有更好的表现。

除了 PC 和移动端的浏览器，ECharts 还能在 node 上配合 node-canvas 进行高效的服务端渲染(SSR)。从 4.0 开始还和微信小程序的团队合作，提供了 ECharts 对小程序的适配。

社区热心的贡献者也提供了丰富的其他语言扩展，比如 Python 语言的 pyecharts、R 语言的 recharts、Julia 语言的 ECharts.jl 等。

6. 深度的交互式数据探索

交互是从数据中发掘信息的重要手段。"总览为先，缩放过滤按需查看细节"是数据可视化交互的基本需求。

ECharts 一直在交互的路上前进，提供了图例、视觉映射、数据区域缩放、Tooltip、数据筛选等开箱即用的交互组件，可以对数据进行多维度数据筛取、视图缩放、展示细节等交互操作。图 1-16 显示了 ECharts 的交互组件效果图。

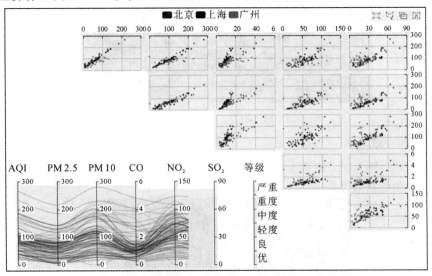

图 1-16　ECharts 的交互组件效果图

7. 多维数据的支持以及丰富的视觉编码手段

ECharts 3 开始加强对多维数据的支持，除了加入了平行坐标等常见的多维数据可视化工具外，对于传统的如散点图等来说，传入的数据也可以是多维的。配合视觉映射组件 visualMap 提供的丰富的视觉编码，能够将不同维度的数据映射到颜色、大小、透明度、明暗度等不同的视觉通道。图 1-17 为 ECharts 多维数据支持效果图。

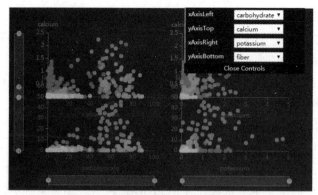

图 1-17　ECharts 多维数据支持效果图

8. 动态数据

ECharts 由数据驱动，数据的改变驱动图表展现的改变，因此动态数据的实现也变得异常简单，只需要获取数据、填入数据，ECharts 会找到两组数据之间的差异，并通过合适的动画表现数据的变化，配合 timeline 组件能够在更高的时间维度上表现数据的信息。图 1-18 为 ECharts 动态数据展现的截图。

图 1-18　ECharts 动态数据展现的截图

9. 绚丽的特效

ECharts 针对线数据、点数据等地理数据的可视化提供了吸引眼球的特效。图 1-19 为 ECharts 绚丽的特效展现。

图 1-19　ECharts 绚丽的特效展现

10. 通过 GL 实现更多更强大绚丽的三维可视化

ECharts 提供了基于 WebGL 的 ECharts GL，用户可以像使用 ECharts 普通组件一样轻松使用 ECharts GL 绘制三维图，如地球、建筑群、人口分布的柱状图等，ECharts 在这基础上还提供了不同层级的画面配置项，几行配置即可得到艺术化的画面。图 1-22 为 ECharts 绚丽的三维可视化展现。

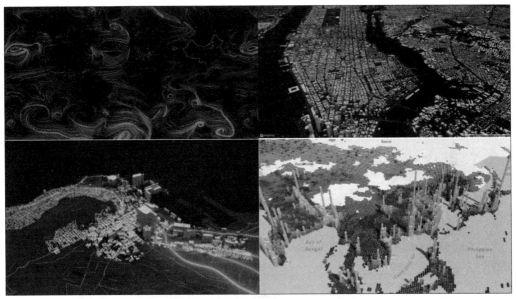

图 1-20　ECharts 绚丽的三维可视化展现

11. 无障碍访问(5.0+)

W3C 制定了无障碍富互联网应用规范集(the Accessible Rich Internet Applications Suite，WAI-ARIA)，致力于使网络内容和网络应用能够被更多残障人士访问。

ECharts 4.0 遵从这一规范，支持自动根据图表配置项智能生成描述，使得盲人也可以在朗读设备的帮助下了解图表内容，让图表可以被更多人群访问。

任务 1.3　开 发 工 具

 任务描述

开发工具是一种辅助编程开发人员进行开发工作的应用软件，在进行开发工作时可辅助编写代码并提高管理代码的效率。在开发过程中少不了开发工具，为了更好地学习编程，需要下载和使用一款开源、免费的开发工具——VS Code。

任务分析

(1) 下载并安装开发工具 VS Code。

(2) 启动 VS Code，进入 VS Code 的使用界面。

1.3.1 VS Code

VS Code (Visual Studio Code)是微软推出的一款运行在 Windows、Linux 和 Mac OS 之上的免费、开源跨平台编辑器。具备轻巧极速、性能优秀、特性完备、插件丰富等特性，加之针对 Web 开发的优化和方便的调试，被认为是最好用的集成开发环境。其下载网址为 https://code.visualstudio.com/Download，下载界面如图 1-21 所示。在下载界面中，有不同操作系统的安装包，用户可以根据自己操作系统的不同进行选择。此处选择 Windows 的 System Installer 64bit 安装包。

图 1-21　VS Code 的下载界面

将 VS Code 安装包下载、解压到非系统盘，文件夹最好不要出现中文和空格。直接双击下载的可执行文件，开始安装 VS Code。在安装时，首先出现"许可协议"对话框，选择"我同意此协议"，如图 1-22 所示。

图 1-22　接受许可协议

点击"下一步",进入"选择目标位置"界面,点击"浏览"按钮选择目标位置,再点击"下一步"按钮,如图 1-23 所示。

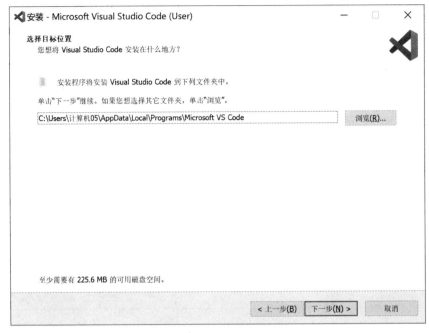

图 1-23　选择目标位置

系统询问"选择开始菜单文件夹"的位置,点击"浏览"按钮选择开始菜单文件夹后,一般直接点击"下一步"即可,如图 1-24 所示。

图 1-24　选择开始菜单文件夹

进入"选择附加任务"界面,可以根据自己的偏好进行选择,如图 1-25 所示。

图 1-25　选择附加任务

点击"下一步"，系统就进入"准备安装"界面，点击"安装"按钮，系统开始安装，如图 1-26 所示。稍等片刻， VS Code 软件的安装完成，如图 1-27 所示。

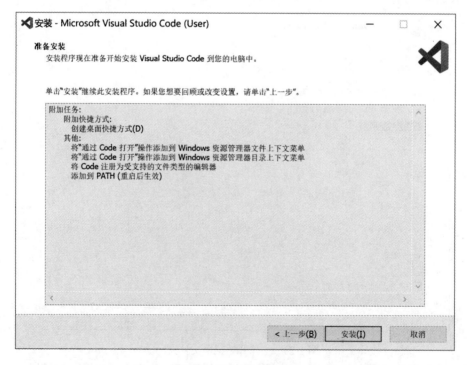

图 1-26　准备安装界面

图 1-27　安装完成界面

1.3.2　VS Code 的常用插件

1. VS Code 主界面

VS Code 主界面默认有以下内容：活动栏、侧边栏、编辑栏、面板栏、状态栏。VS Code 主界面如图 1-28 所示，VS Code 活动栏如图 1-29 所示。

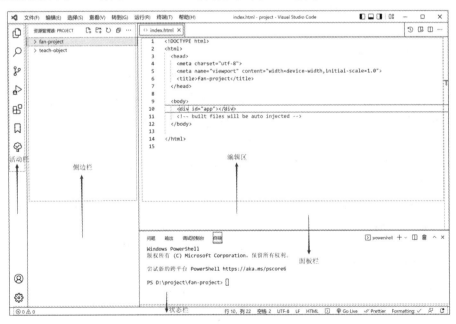

图 1-28　VS Code 主界面

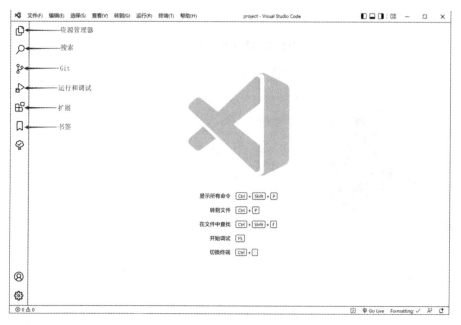

图 1-29　VS Code 活动栏

VS Code 主界面最左侧是活动栏，单击活动栏中的图标可以切换侧边栏中的视图。活动栏中的图标由上到下分别是资源管理器、搜索、Git、运行和调试、扩展、书签。

最左侧是侧边栏，新建项目文件和文件夹。

侧边栏的右边是编辑区，是编写代码的区域，可以同时显示多个编辑器。

编辑栏的下面是面板栏，从左到右依次为问题、输出、调试控制台、终端，其中最重要的是终端，用来输入相关命令。可在各种面板(诸如终端和输出)之间切换。

底部状态栏用来显示当前打开文件的信息，如显示当前编辑文件的光标所在的行号、列号，选项卡大小等。

2. 安装 VS Code 常用插件

(1) VS Code 默认语言是英文，如果想要换为中文，给 VS Code 安装常用插件的方法是单击左边栏中第五个图标按钮"Extensions"(扩展)，或按快捷键 Ctrl + Shift + X，在扩展文本框中输入关键词"chinese"，即可找到中文语言扩展，单击"Install"按钮安装即可。

(2) 在扩展文本框中输入关键词"Auto Close Tag"，单击"Install"按钮后，可在 VS Code 中安装自动补全 html 标签。

(3) 在扩展文本框中输入关键词"Bracket Pair Colorizer"，单击"Install"按钮后，可在 VS Code 中给括号加上不同颜色，以便区分不同的区块。

(4) 在扩展文本框中输入关键词"Easy LESS"，单击"Install"按钮后，可在 VS Code 使用 Less 方法。

(5) 在扩展文本框中输入关键词"JavaScript(ES6) code snippets"，单击"Install"按钮后，可在 VS Code 中支持 ES6 语法智能提示，以便快速输入。

(6) 在扩展文本框中输入关键词"Indent-rainbow"，单击"Install"按钮后，可在 VS

Code 中支持带颜色的代码缩进。

(7) 在扩展文本框中输入关键词"Material Icon Theme", 单击"Install"按钮后, 可在 VS Code 中支持文件图标。

(8) 在扩展文本框中输入关键词"Path Intellisense", 单击"Install"按钮后, 可在 VS Code 中支持识别文件, 图片路径。

(9) 在扩展文本框中输入关键词"Prettier - Code formatter", 单击"Install"按钮后, 可在 VS Code 中支持格式化插件。

小　　结

　　本章根据目前数据可视化发展的现状, 首先介绍数据可视化的概念, 通过列举数据可视化的一些应用场景, 让读者初步了解数据可视化在一些领域的作用; 其次介绍数据可视化的流程和常见的数据可视化工具; 然后重点介绍数据可视化工具 ECharts 的发展历程、使用场景和 ECharts5.x 的特性; 最后介绍 VS Code 编辑器的下载、安装及常用扩展插件的安装。

第 2 章

ECharts 的常用图表

ECharts 作为一个开源、免费的可视化工具，深受人们喜爱。ECharts 可以绘制大量的图表类型，其中最常见的为柱状图、折线图和饼图。本章主要介绍如何快速上手第一个 ECharts 实例，以及绘制柱状图、折线图和饼图的方法。

(1) 开发前的准备工作。
(2) 掌握创建 ECharts 图表的方法。
(3) 掌握 ECharts 中柱状图的绘制方法。
(4) 掌握 ECharts 中折线图的绘制方法。
(5) 掌握 ECharts 中饼图的绘制方法。

任务 2.1 ECharts 实 例

在创建 ECharts 图表时需要做好开发前的准备工作，如获取 ECharts、新建项目和配置环境等。例如，为方便查看商品的销量数据，需要从准备工作开始，最终创建 ECharts 柱状图。

(1) 获取 ECharts。
(2) 新建项目。

(3) 创建第一个 ECharts 图表。

2.1.1　准备工作

在创建一个 ECharts 图表之前，需要进行开发前的准备工作，包括获取 ECharts、新建项目和配置 VS Code。

1. 获取 ECharts

获取 ECharts 有以下几种方法，读者可根据实际情况进行选择。

(1) 在 ECharts 官网挑选适合的版本进行下载，不同的版本应用于不同的开发者功能与体积的需求，也可以直接下载完整版本。在开发环境下建议下载源代码版本，该版本包含了常见的错误提示和警告。

在 ECharts 官网下载最新的 release 版本(https://www.jsdeliver.com/package/npm/eacharts)，点击 dist 目录，如图 2-1 所示。

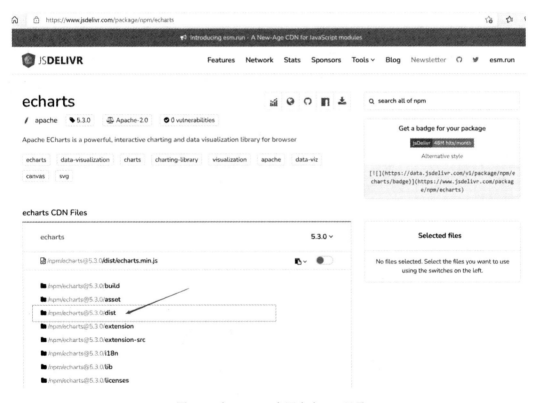

图 2-1　在 ECharts 官网点击 dist 目录

在打开的界面(见图 2-2)找到需要下载的文件，如/npm/echarts@5.3.0/dist/echarts.js，用鼠标右键点击该文件名，选择"将链接另存为"，将其保存在电脑的适当位置。

(2) 在线定制 ECharts。在网页(https://echarts.apache.org/zh/builder.html)中，先选择合适的版本，然后勾选需要打包的图表和组件，再点击"下载"按钮，如图 2-3 所示。

图 2-2   鼠标右键点击/npm/echarts@5.3.0/dist/echarts.js 文件

图 2-3   在线定制下载 ECharts

(3) 由 CDN(Content Delivery Network)引入，可以在 cdnjs、npmcdn 或国内的 bootcdn 中找到 ECharts 的最新版本。这种方法的优点是无须下载文件，不必在本地电脑中保存 ECharts 库文件，直接通过网络引用即可；其缺点是可能出现 CDN 文件不可用的情况。

(4) 在构建大型应用时，推荐使用 npm 方法进行安装，执行如下命令即可：

npm install echarts

2. 新建项目

VS Code 与其他编辑器不太一样，本身没有新建项目的菜单或命令选项，所以要先创建一个空的文件夹。新建项目的目的是方便文件管理。新建项目步骤如下：

(1) 选定一个磁盘目录创建一个新文件夹或者直接使用已有的文件夹。

(2) 打开 VS Code，点击"文件"菜单，选择"打开文件夹"菜单选项，找到刚创建或者需要使用的文件夹，再点击"选择文件夹"按钮，就可在 VS Code 的左侧导航栏中发现引入的文件夹以及里面已有的文件。

(3) 创建 HTML 网页文件。选定要添加文件的目录，右键"新建文件"，或者在 VS Code 的资源管理器中单击"新建文件"按钮，也可新建一个文件。文件命名时需要添加后缀，如命名为"××××.html"。

VS Code 的常用快捷键如下：

(1) ！+ Enter 键或 Tab 键：快速生成 html 代码模板。

(2) Vue + Enter 键或 Tab 键：快速生成 vue 代码模板。

(3) Shift + Alt + ↓键：向下复制当前行。

(4) Shift + Alt + ↑键：向上复制当前行。

(5) Ctrl + s：保存。

(6) Shift + Alt + f：格式化代码。

(7) Ctrl + f：查找和替换。

(8) Ctrl + /：注释当前行或当前选中的一段代码。

(9) Ctrl + d：快速选中与第一个选中的单词相同的单词，以便于快速修改或替换。

3. 配置 VS Code

(1) 将默认浏览器修改为 Chrome 谷歌浏览器。大部分计算机的默认浏览器都是 IE 或者其他浏览器，但在进行网页或者其他前端程序开发时，通常推荐使用谷歌 Chrome 浏览器。

修改默认浏览器的方法：在 VS Code 中，选择"文件"→"首选项"→"设置"，在搜索栏输入"open-in-browser.default"后，再在出现的编辑框中输入"Chrome"。重启 VS Code，即可将默认浏览器修改为 Chrome 谷歌浏览器，如图 2-4 所示。

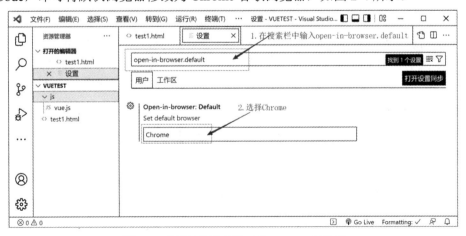

图 2-4　将默认浏览器修改为 Google 浏览器

(2) 安装 VS Code 微软官方 Live Preview extension 插件。在 VS Code 的活动栏中，单击扩展圖或使用快捷键 Ctrl + Shift + X，再在文本框中搜索 "Live Preview extension"，然后点击 "安装" 按钮。

在 VS Code 中安装好 Live Preview extension 插件之后，会发现在打开 HTML 文件的状态下右上角多了一个预览按钮🗗，点击预览按钮后，会在编辑器内出现一个内置的 Web 窗口。这个插件不需要另外打开浏览器，就可直接在 VS Code 里面预览 HTML 页面，并且自动实时更新，不需要不停地使用 Ctrl + S 来保存查看，如图 2-5 所示，此时 VS Code 编辑器与浏览器似乎成为一个整体。注意，安装好 Live Preview extension 插件后，文件名不能使用中文，否则会出现 "File not found" 错误。

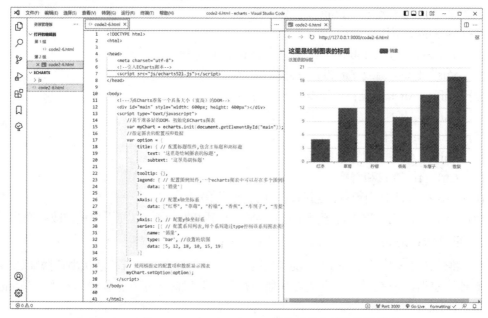

图 2-5　安装 Live Preview extension 插件后的内置浏览器界面

2.1.2　创建 ECharts 图表

获取 ECharts 库文件后，创建 ECharts 图表只需如下五个步骤。

(1) 在.html 文件中，引入 echarts.js 库文件。ECharts 的引入方式像 JavaScript 库文件一样，使用 script 标签引入即可，如代码 2-1 所示，此处需要注意 echarts.js 库文件的存放路径，如果找不到存放路径那么将无法显示图表。代码 2-1 中最下面两行代码通过 CDN 方式引入库文件，这种引入方式的好处是不需下载 echarts.js 库文件，但需实时连接网络。

代码 2-1　引入 ECharts 库文件

```
<!--引入 ECharts 脚本-->
<script type="text/javascript" src="../js/echarts.js"></script>
<!--也可以通过 CDN 引入 ECharts 文件 -->
<script src="https://cdn.bootcss.com/echarts/5.3.0/echarts.js"></script>
```

(2) 准备 div 容器。ECharts 图形是基于 DOM 进行绘制的，所以在绘制图形前要先绘制

一个 DOM 容器 div 来承载图形，添加 div 容器后，需要设置它的基本属性：宽(weight)与高
(height)。这两个属性决定了所绘制图表的大小。绘制一个 div 容器并设置容器的样式，如代
码 2-2 所示，容器可以设置的属性并不仅限于宽与高，还可以设置其他属性，如定位等。

代码 2-2　绘制 div 容器并设置容器的样式

```
<body>
    <!---为 ECharts 准备一个具备大小(宽、高)的 DOM->
    <div id="main" style="width:600px; height:400px"></div>
</body>
```

(3) 使用 init()方法初始化容器。通过步骤(1)引入 echarts.js 库文件后，会自动创建一
个全局变量 echarts，全局变量 echarts 有若干方法。基于准备好的 DOM，通过 echarts.init()
方法可以初始化 ECharts 实例，如代码 2-3 所示。

代码 2-3　初始化容器

```
<body>
    <!---为 ECharts 准备一个具备大小(宽高)的 DOM->
<div id="main" style="width:600px; height:400px"></div>
<script>
        //基于准备好的 DOM，初始化 ECharts 实例
        var myChart = echarts.init(document.getElementById("main"));
</script>
</body>
```

(4) 设置图形配置项和数据。option 的设置是 ECharts 中的重点和难点，option 的配
置项参数等的设置决定了绘制什么样的图形。在第 3 章中将会对 option 的配置项参数进
行详细说明，此处通过配置 option 项绘制一个简单的柱状图，如代码 2-4 所示。

代码 2-4　设置图形配置项 option 和数据

```
<body>
    <!---为 ECharts 准备一个具备大小(宽高)的 DOM-->
    <div id="main" style="width: 600px; height: 400px"></div>
    <script type="text/javascript">
    //基于准备好的 DOM，初始化 ECharts 图表
    var myChart = echarts.init(document.getElementById("main"));
    //指定图表的配置项和数据
    var option = {
        title: {        //标题组件，包含主标题和副标题
            text: '这里是绘制图表的标题',
            subtext: '这里是副标题'
        },
        tooltip: {},
        legend: {        //图例组件，一个 echarts 图表中可以存在多个图例组件
```

```
        data:['销量']
    },
    xAxis: {        // x 轴坐标系
        data: ["红枣", "草莓", "柠檬", "香蕉", "车厘子", "雪梨"]
    },
    yAxis: {},      //y 轴坐标系
    series: [{      //系列列表，每个系列通过 type 控制该系列图表类型
        name: '销量',
        type: 'bar',        //柱状图
        data: [5, 12, 18, 10, 15, 9]
    }]
};
//使用刚指定的配置项和数据显示图表
myChart.setOption(option);
</script>
</body>
```

(5) 使用指定的配置项和数据，显示渲染图表。在绘制 ECharts 图表的过程中，setOption 是执行绘制动作的方法，为初始化的 myChart 设置 option 进行图表绘制，如代码 2-5 所示。

代码 2-5　使用指定的配置项 option 和数据并渲染图表

```
//使用指定的配置项和数据显示图表
myChart.setOption(option);
```

简单图表绘制的完整代码如代码 2-6 所示。

代码 2-6　简单图表绘制的完整代码

```
<!DOCTYPE html>
<html>
<head>
<meta charset="utf-8">
<!--引入 ECharts 脚本-->
<script type="text/javascript" src="../js/echarts521.js"></script>
</head>
<body>
    <!---为 ECharts 准备一个具备大小(宽高)的 DOM-->
    <div id="main" style="width: 600px; height: 400px"></div>
    <script type="text/javascript">
    //基于准备好的 DOM，初始化 ECharts 图表
    var myChart = echarts.init(document.getElementById("main"));
    //指定图表的配置项和数据
    var option = {
        title: {                //标题组件，包含主标题和副标题
```

```
            text: '这里是绘制图表的标题',
            subtext: '这里是副标题'
        },
        tooltip: {},
        legend: {          //图例组件，一个 echarts 图表中可以存在多个图例组件
            data:['销量']
        },
        xAxis: {           //x 轴坐标系
            data: ["红枣","草莓","柠檬","香蕉","车厘子","雪梨"]
        },
        yAxis: {},         //y 轴坐标系
        series: [{         //系列列表，每个系列通过 type 控制该系列图表类型
            name: '销量',
            type: 'bar',     //柱状图
            data: [5, 12, 18, 10, 15, 19]
        }]
    };
    //使用刚指定的配置项和数据显示图表
    myChart.setOption(option);
    </script>
</body>
</html>
```

　　通过以上 5 个步骤在网页中创建 ECharts 图表后，需要用网页才能打开。在 VSCode 中用鼠标右键单击需要打开的网页文件名，在弹出的快捷菜单中，依次单击"Open With" → "Web Browser"，即可在 VS Code 内置的浏览器中打开该网页，也可以在计算机中双击要运行的网页文件，直接使用操作系统中默认的浏览器打开该网页。有时为了调试方便，还可以复制该网页文件的完整地址，将它粘贴到指定的浏览器地址栏中打开。

　　绘制完成后的 ECharts 图表如图 2-6 所示。

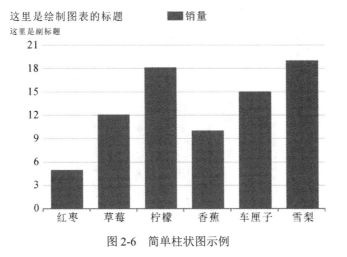

图 2-6　简单柱状图示例

任务 2.2 柱状图

 **任务描述**

柱状图为常用的图表之一，由一系列长度不等的纵向或横向条纹来表示数据分布的情况，一般用横轴表示数据类型，纵轴表示分布情况。ECharts 提供了各种各样的柱状图。为了更直观地查看商品销售数据、广告类别数据、人口数据和生活消费数据等，需要在 ECharts 中绘制不同的柱状图进行展示，如标准柱状图、堆积柱状图、条形图和瀑布图等。

 **任务分析**

(1) 在 ECharts 中绘制标准柱状图。
(2) 在 ECharts 中绘制堆积柱状图。
(3) 在 ECharts 中绘制条形图。
(4) 在 ECharts 中绘制瀑布图。

2.2.1 绘制标准柱状图

柱状图的核心思想是对比一段时间内的数据变化或显示各项之间的比较情况。柱状图的适用场合是二维数据集(每个数据点包括两个值 x 和 y)，但只有一个维度需要比较。例如，年销售额就是二维数据，即"年份"和"销售额"，但只需要比较"销售额"这一个维度。柱状图利用柱子的高度反映数据的差异。肉眼对高度差异很敏感，辨识效果非常好。

一般柱状图的 x 轴是时间维度，用户习惯性认为存在时间趋势。如果遇到 x 轴不是时间维度的情况，建议用不同的颜色区分每根柱子，改变用户对时间趋势的关注。柱状图的局限在于只适用中小规模的数据集。

利用某商品一年的销量数据绘制标准柱状图，如图 2-7 所示。

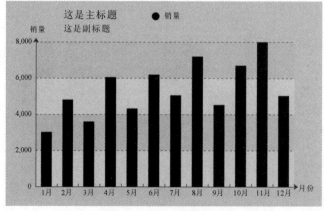

图 2-7 标准柱状图示例

对图 2-7 中的各种组件进行简单注解，如图 2-8 所示。一张图表一般包含用于显示数据的网格区域、x 坐标轴、y 坐标轴(包括坐标轴标签、坐标轴刻度、坐标轴名称、坐标轴分隔线、坐标轴箭头)、主/副标题、图例、数据标签等组件，这些组件都在图表中扮演着特定的角色，表达了特定的信息。但这些组件并不都是必备的，当信息足够清晰时，可以精简部分组件，使得图表更加简洁。在第 3 章中将会对各种组件进行详细介绍。

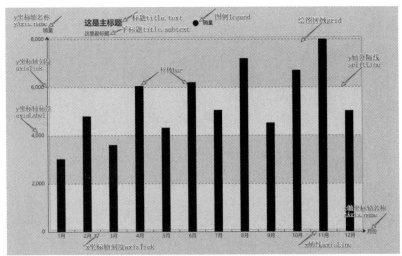

图 2-8　标准柱状图各组件属性含义示意图

在 ECharts 中实现图 2-7 所示的图形绘制，如代码 2-7 所示。

代码 2-7　标准柱状图关键代码

```
var option = {
    backgroundColor: '#2c343c',
    title: {                              //标题组件，包含主标题和副标题
        text: '这是主标题',
        textStyle:{                       //主标题样式
            color:'#fff'    },
            subtext:'这是副标题',          //副标题样式
    subtextStyle:{
            color:'#bbb'    },
            padding:[0,0,100,100]         //标题位置，用 padding 属性来定位
    },
    legend: {                             //------图例 legend------
        type:'plain',                     //图例类型，默认为 'plain'，图例很多时可使用'scroll'
        top:'1%',                         //图例相对容器位置，top\bottom\left\right
        selected:{
            '销量':true,                   //图例是否显示，默认为 true
        },
        textStyle:{                       //图例内容样式
```

```
            color:'#fff',                  //所有图例的字体颜色
            //backgroundColor:'black',     //所有图例的字体背景色
        },
        tooltip:{                          //图例提示框，默认不显示
            show:true,
            color:'red', },
        data:[                             //图例内容
        {
                name:'销量',
                icon:'circle',             //图例的外框样式
                textStyle:{
                    color:'#fff',          //单独设置某一个图例的颜色
                    //backgroundColor:'black',    //单独设置某一个图例的字体背景色
                }
            }
            ],
    },
    tooltip: {                             //------提示框------
        show:true,                         //是否显示提示框，默认为 true
        trigger:'item',                    //数据项图形触发
        axisPointer:{                      //指示样式
            type:'shadow',
            axis:'auto', },
        padding:5,
        textStyle:{                        //提示框内容样式
            color:"#fff", },
    },
    grid:{                                 //------grid 区域------
        show:false,                        //是否显示直角坐标系网格
        top:80,                            //相对位置，top\bottom\left\right
        containLabel:false,                //grid 区域是否包含坐标轴的刻度标签
        tooltip:{                          //鼠标焦点放在图形上，产生的提示框
            show:true,
            trigger:'item',                //触发类型
            textStyle:{
                color:'#fff666',           //提示框文字的颜色
            }}
    },
    xAxis: {      //x 轴坐标系
        show:true,                         //是否显示
```

```
position:'bottom',                        //x 轴位置
offset:0,                                 //x 轴相对于默认位置的偏移
type:'category',                          //轴类型，默认'category'
name:'月份',                              //轴名称
nameLocation:'end',                       //轴名称相对位置
nameTextStyle:{                           //坐标轴名称样式
    color:"#fff",
    padding:[5,0,0,-5],},                 //坐标轴名称相对位置
nameGap:15,                               //坐标轴名称与轴线之间的距离
//nameRotate:270,                         //坐标轴名字旋转
axisLine:{                                //坐标轴  轴线
    show:true,                            //是否显示
    //------------------箭头------------------------
    symbol:['none', 'arrow'],             //是否显示轴线箭头
    symbolSize:[8, 8] ,                   //箭头大小
    symbolOffset:[0,7],                   //箭头位置
    lineStyle:{                           //线
        color:'#fff',                     //坐标轴轴线的颜色
        width:1,                          //坐标轴轴线的线宽
        type:'solid',                     //坐标轴轴线的线型
},},
axisTick:{                                //------坐标轴  刻度------
    show:true,                            //是否显示
    inside:true,                          //是否朝内
    lengt:3,                              //长度
    lineStyle:{
        color:'yellow',                   //坐标轴刻度的颜色，默认取轴线的颜色
        width:1,                          //坐标轴刻度的线宽
        type:'solid',                     //坐标轴刻度的线型
},},
axisLabel:{                               //------坐标轴  标签------
    show:true,                            //是否显示
    inside:false,                         //是否朝内
    rotate:0,                             //旋转角度
    margin: 5,},                          //刻度标签与轴线之间的距离
    //color:'red', },                     //默认取轴线的颜色
splitLine:{                               //------grid 区域中的分隔线------
    show:false,                           //是否显示 splitLine
    lineStyle:{
    color:'red',
```

```
            //width:1,
            //type:'solid',
    },},
    splitArea:{                         //------网格区域------
        show:false, },                  //是否显示，默认 false
    data: ["1 月","2 月","3 月","4 月","5 月","6 月","7 月","8 月","9 月","10 月","11 月","12 月"]
},
yAxis: {
    show:true,                          //是否显示
    position:'left',                    //y 轴位置
    offset:0,                           //y 轴相对于默认位置的偏移
    type:'value',                       //轴类型，默认'category'
    name:'销量',                        //轴名称
    nameLocation:'end',                 //轴名称相对位置 value
    nameTextStyle:{                     //坐标轴名称样式
        color:"#fff",
        padding:[5,0,0,5], },           //坐标轴名称相对位置
    nameGap:15,                         //坐标轴名称与轴线之间的距离
    nameRotate:0,                       //坐标轴名字旋转
    axisLine:{                          //------坐标轴 轴线------
        show:true,                      //是否显示
        //-----------------箭头-------------------
        symbol:['none', 'arrow'],       //是否显示轴线箭头
        symbolSize:[8, 8],              //箭头大小
        symbolOffset:[0,7],             //箭头位置
            lineStyle:{                 //线
                color:'#fff',
                width:1,
                type:'solid',
    },},
    axisTick:{                          //------坐标轴 刻度------
        show:true,                      //是否显示
        inside:true,                    //是否朝内
        lengt:3,                        //长度
        lineStyle:{
            //color:'red',              //默认取轴线的颜色
            width:1,
            type:'solid',
    },},
    axisLabel:{                         //------坐标轴标签------
```

```
                show:true,              //是否显示
                inside:false,           //是否朝内
                rotate:0,               //旋转角度
                margin: 8,              //刻度标签与轴线之间的距离
                //color:'red',          //默认取轴线的颜色
            },
            splitLine:{                 //------grid 区域中的分隔线------
                show:true,              //是否显示 splitLine
                lineStyle:{
                    color:'#666',
                    width:1,
                    type:'dashed',      //类型
                },},
            splitArea:{                 //------格区域------
                show:false,             //是否显示，默认 false
            },
        },                              //y 轴坐标系
        series: [{                      //系列列表，每个系列通过 type 控制该系列图表类型
            name: '销量',               //系列名称
            type: 'bar',                //图表类型
            legendHoverLink:true,       //是否启用图例 hover 时的联动高亮
            label:{                     //图形上的文本标签
                show:false,
                position:'insideTop',   //相对位置
                rotate:0,               //旋转角度
                color:'#eee', },
            itemStyle:{                 //图形的形状
                color:'blue',           //柱形的颜色
                barBorderRadius:[18,18,0,0], },
            barWidth:'20',              //柱形的宽度
            barCategoryGap:'20%',       //柱形的间距
            data: [3020, 4800, 3600, 6050, 4320, 6200,5050,7200,4521,6700,8000,5020]
        }]
    };
```

2.2.2　绘制堆积柱状图

在堆积柱状图中，每一根柱子上的值分别代表不同的数据大小，各个分层的数据总和代表整根柱子的高度。堆积柱状图适合少量类别的对比，并且对比信息特别清晰。堆积柱状图显示单个项目与整体之间的关系，可以形象展示一个大分类包含的每个小分类

的数据，以及各个小分类的占比情况，使图表更加清晰。当需要直观对比整体数据时，更适合用堆积柱状图。

利用某广告一周内使用不同投放类型产生的观看量数据绘制堆积柱状图，如图 2-9 所示。

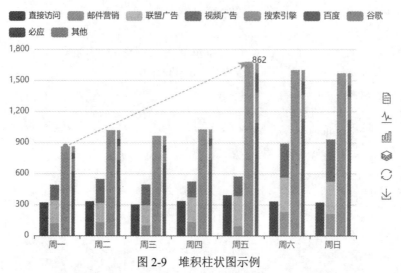

图 2-9　堆积柱状图示例

在图 2-9 中，每天的数据有 4 根柱子，其中，第 2 根柱子是堆叠的，由邮件营销、联盟广告、视频广告 3 种不同类型的广告组成，第 2 根柱子的长度代表这 3 种不同的广告的总和。第 4 根柱子也是堆叠的，由百度、谷歌、必应、其他 4 种不同类型的搜索引擎组成，而第 3 根柱子则是第 4 根柱子中的 4 种搜索引擎的总和。

在 ECharts 中实现图 2-9 所示的图形绘制，如代码 2-8 所示。

代码 2-8　堆积柱状图关键代码

```
var option = {
    tooltip : {
        trigger:'axis',
        axisPointer : {            //坐标轴指示器，坐标轴触发有效
            type : 'shadow'        //默认为直线，可选为'line'|'shadow'
        }
    },
    legend: {
        data:['直接访问','邮件营销','联盟广告','视频广告','搜索引擎','百度','谷歌','必应','其他']
    },
    toolbox: {
        show : true,
        orient: 'vertical',
        x: 'right',
        y: 'center',
        feature : {
```

```
            mark : {show: true},
            dataView : {show: true, readOnly: false},
            magicType : {show: true, type: ['line', 'bar', 'stack', 'tiled']},
            restore : {show: true},
            saveAsImage : {show: true}
        }
    },
    calculable : true,
    xAxis : [
        {
            type : 'category',
            data : ['周一','周二','周三','周四','周五','周六','周日']
        }
    ],
    yAxis :    [
        {
            type : 'value'
        }
    ],
    series : [
        {
            name:'直接访问',
            type:'bar',          //柱状图
            data:[320, 332, 301, 334, 390, 330, 320]
        },
        {
            name:'邮件营销',
            type:'bar',          //柱状图
            stack: '广告',        //堆积效果
            data:[120, 132, 101, 134, 90, 230, 210]
        },
        {
            name:'联盟广告',
            type:'bar',          //柱状图
            stack: '广告',        //堆积效果
            data:[220, 182, 191, 234, 290, 330, 310]
        },
        {
            name:'视频广告',
            type:'bar',          //柱状图
```

```
            stack:'广告',          //堆积效果
            data:[150, 232, 201, 154, 190, 330, 410]
        },
        {

            name:'搜索引擎',
            type:'bar',            //柱状图
            data:[862, 1018, 964, 1026, 1679, 1600, 1570],
            markLine : {
                itemStyle:{
                    normal:{
                        lineStyle:{
                            type: 'dashed'
                        }
                    }
                },
                data : [
                    [{type : 'min'}, {type : 'max'}]
                ]
            }
        },
        {

            name:'百度',
            type:'bar',                  //柱状图
            barWidth : 5,
            stack: '搜索引擎',          //堆积效果
            data:[620, 732, 701, 734, 1090, 1130, 1120]
        },
        {

            name:'谷歌',
            type:'bar',               //柱状图
            stack: '搜索引擎',          //堆积效果
            data:[120, 132, 101, 134, 290, 230, 220]
        },
        {

            name:'必应',
            type:'bar',                  //柱状图
            stack: '搜索引擎',          //堆积效果
            data:[60, 72, 71, 74, 190, 130, 110]
        },
        {
```

```
            name:'其他',
            type:'bar',                //柱状图
            stack: '搜索引擎',          //堆积效果
            data:[62, 82, 91, 84, 109, 110, 120]
        }
    ]
};
```

在代码 2-8 中，最为重要的代码是每个数据中的 stack:'××'，其中的 '××' 是指作为同一数据系列的名称，不同的 '××' 会在不同的堆积柱中，相同的 '××' 才会在同一个堆积柱中。

2.2.3　绘制标准条形图

条形图又称横向柱状图。当维度分类较多，并且维度字段名称又较长时，不适合使用柱状图，应该将多指标柱状图更改为单指标的条形图，能有效提高数据对比的清晰度。相比柱状图，条形图的优势在于能够横向布局，方便展示较长的维度项。对于条形图的数值大小，必须按照降序排列，以提升条形图的阅读体验。

利用 2011 年与 2012 年 A、B、C、D 和 E 这 5 个国家的人口数据，以及世界人口数据，绘制标准条形图，如图 2-10 所示。

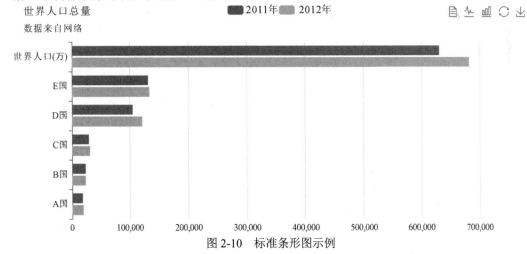

图 2-10　标准条形图示例

在图 2-10 中，由上到下各个柱子依次表示 2011 和 2012 年的世界人口数据、E 国人口数据、D 国人口数据、C 国人口数据、B 国人口数据和 A 国人口数据。由于柱子数量较多，所以适合使用条形图。

在 ECharts 中实现图 2-10 所示的图形绘制，如代码 2-9 所示。

代码 2-9　标准条形图关键代码

```
var option = {
    title : {
        text: '世界人口总量',
```

```
            subtext: '数据来自网络',
        },
        tooltip : {
            trigger: 'axis',
        },
        legend: {
            data:['2011 年', '2012 年'],
        },
        toolbox: {
            show : true,
            feature : {
                mark : {show: true},
                dataView : {show: true, readOnly: false},
                magicType: {show: true, type: ['line', 'bar']},
                restore : {show: true},
                saveAsImage : {show: true},
            },
        },
        calculable : true,
        xAxis : [
            {
                type : 'value',          //柱状图
                boundaryGap : [0, 0.01],
            },
        ],
        yAxis : [
            {
                type : 'category',
                data : ['A 国','B 国','C 国','D 国','E 国','世界人口(万)'],
            },
        ],
        series : [
            {
                name:'2011 年',
                type:'bar',              //柱状图
                data:[18203, 23489, 29034, 104970, 131744, 630230],
            },
            {
                name:'2012 年',
                type:'bar',              //柱状图
```

```
            data:[19325, 23438, 31000, 121594, 134141, 681807],
        },
    ],
};
```

2.2.4 绘制瀑布图

瀑布图其实是柱状图的一种特例。瀑布图的核心是按照维度/指标下钻分解，如公司收入各用途分解、公司年利润按分公司分解、业绩按销售团队分解。相对于饼图，瀑布图的优势在于当拆解项较多时，通过数字的标记仍可清晰辨识，而饼图在分解项大于 5 时会不易辨别。

利用深圳月最低生活费组成数据绘制瀑布图，如图 2-11 所示。

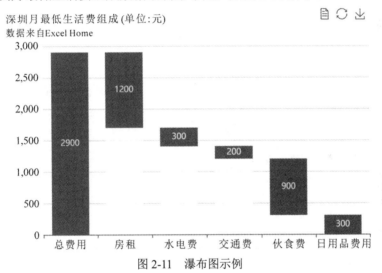

图 2-11   瀑布图示例

从图 2-11 中可以看出，从第二根柱子开始，每一个柱子首尾相接，好像飞流直下的瀑布，因此形象地称之为瀑布图。图 2-11 所示的瀑布图非常容易理解，房租、水电费、交通费、伙食费、日用品这 5 项费用相加即为总费用，构成了深圳月最低生活费用。

在 ECharts 中实现图 2-11 所示的图形绘制，如代码 2-10 所示。

代码 2-10   瀑布图的关键代码

```
var option = {
    title: {
        text: '深圳月最低生活费组成(单位:元)',
        subtext: '数据来自 ExcelHome',
    },
    tooltip : {
        trigger: 'axis',
        axisPointer : {                        //坐标轴指示器，坐标轴触发有效
            type : 'shadow'                    //默认为直线，可选为'line' | 'shadow'
```

```
            },
        formatter: function (params) {
            var tar = params[0];
            return tar.name + '<br/>' + tar.seriesName + ' : ' + tar.value;
        }
    },
    toolbox: {
        x: 462,
        show : true,
        feature : {
            mark : {show: true},
            dataView : {show: true, readOnly: false},
            restore : {show: true},
            saveAsImage : {show: true}
        }
    },
    xAxis : [
        {
            type : 'category',
            splitLine: {show:false},
            data : ['总费用','房租','水电费','交通费','伙食费','日用品数']
        }
    ],
    yAxis : [
        {
            type : 'value'
        }
    ],
    series : [
        {
            name:'辅助',
            type:'bar',
            stack: '总量',
            itemStyle:{
                normal:{                                    //正常情况下柱子的样式
                    //barBorderColor:'rgba(0,0,0,0)',         //柱子边框的颜色
                    barBorderColor:'rgba(20,20,0,0.5)',
                    barBorderWidth:5,                       //柱子边框的宽度
                    //color:'rgba(0,0,0,0)'                   //柱子的颜色
                    color:'rgba(0,220,0,0.8)'
```

```
                },
                emphasis:{          //鼠标滑过时柱子的样式
                    barBorderColor:'rgba(0,0,0,0)',      //鼠标滑动到柱子边框的颜色
                    barBorderWidth:25,                    //鼠标滑动到柱子边框的宽度
                    color:'rgba(0,0,0,0)'                 //鼠标滑动到柱子的颜色
                }
            },
            data:[0, 1700, 1400, 1200, 300, 0]
        },
        {

            name:'生活费',
            type:'bar',                               //柱状图
            stack: '总量',                            //堆积
            itemStyle : { normal: {label : {show: true, position: 'inside'}}},
            data:[2900, 1200, 300, 200, 900, 300]

        }
    ]
};
```

从代码 2-10 中可以看出，绘制瀑布图与一般柱状图的代码差别不大，最为关键的代码是 itemStyle 代码块。itemStyle 代码块设置了柱子堆叠部分或堆叠部分边框的颜色，将每根柱子堆叠部分的颜色设置为透明色。如果需要将颜色设置成不透明，那么需要改变代码 "barBorderColor:'rgba (20,20,0,0.5)'" 和 "color:'rgba (0,220,0,0.8)'"，得到的效果如图 2-12 所示。但这样看不到瀑布的效果。

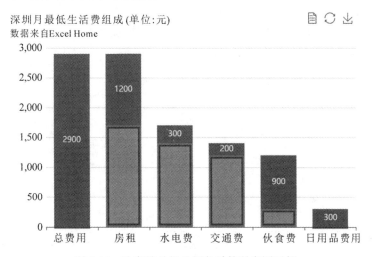

图 2-12　改变堆叠部分颜色时的瀑布图示例

由 2.2.1～2.2.4 小节介绍的 4 种柱状图可知，柱状图擅长表达类目间的对比，其目的是将对比信息放大，直观呈现出来。柱状图一般不用于时间维度的变化，也不适合数据系列和点过多的数据。同时，在绘制过程中需要注意调节柱子间合理的宽度和间隙，最

好将柱子的高度按从小到大排序。

任务2.3 折线图

 **任务描述**

折线图也是最为常用的图表之一，核心思想是趋势变化。折线图是点、线连在一起的图表，可反映事物的发展趋势和分布情况，适合在单个数据点不那么重要的情况下表现变化趋势、增长幅度。为了更直观地查看商品销售数据和名胜风景区的门票价格数据，需要在 ECharts 中绘制不同的折线图进行展示，如简单折线图、堆积面积图、堆积折线图和堆积面积折线图。

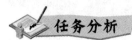 **任务分析**

(1) 在 ECharts 中绘制简单折线图。

(2) 在 ECharts 中绘制堆积面积图。

(3) 在 ECharts 中绘制堆积折线图。

(4) 在 ECharts 中绘制堆积面积折线图。

2.3.1 绘制标准折线图

标准折线图是指由 x 轴与 y 轴区域内的一些点、线以及由这些点、线或坐标轴组成的含有文字描述的图片，常用于显示数据随时间或有序类别而变化的趋势，可以很好地表现出数据是递增还是递减，以及增减的速率、增减的规律(周期性、螺旋性等)、峰值等特征。在折线图中，通常沿横轴标记类别，沿纵轴标记数值。

利用某市一周内的人流量统计数据绘制标准折线图，如图 2-13 所示。

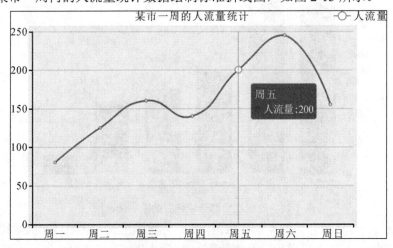

图 2-13　标准折线图示例

图 2-13 为简单的折线图，其中包含一条折线、数据网格、标题、图例、x 轴、y 轴，

非常简洁。

在 ECharts 中实现图 2-13 所示的图形绘制，如代码 2-11 所示。

代码 2-11　标准折线图的关键代码

```
var option = {
    backgroundColor:'#eee',
    title:{                          //标题
        text:"某市一周的人流量统计",          //主标题
        textStyle:{                      //主标题文字样式
            color:'red',
        },
        x:'center'
    },
    tooltip : {                  //弹窗
        trigger: 'axis'
    },
    legend: {
        data: ['人流量'],
        left: 'right'
    },
    xAxis : [                //x 轴
        {
            type: 'category',
            data : ['周一','周二','周三','周四','周五','周六','周日']
        }
    ],
    yAxis : [                //y 轴
        {
            type : 'value'
        }
    ],
    series : [                //数据项及格式设置
        {
            name:'人流量',
            type:'line',      //指定显示为折线
                data:[80, 125, 160, 140, 200, 245, 155],
            smooth: true
        },
    ]
```

在代码 2-11 中已对代码做了相应的注释，在第 3 章中将会详细介绍各种组件，此处不再赘述。

2.3.2　绘制堆积折线图和堆积面积图

堆积折线图的作用是显示每一数据随时间或有序类别而变化的趋势，展示的是部分与整体的关系。

堆积面积图是在折线图中添加面积图，属于组合图形中的一种。堆积面积图又称为堆积区域图，它强调数量随时间而变化的特征，用于引起人们对总值趋势的注意。与堆积折线图不同，堆积面积图可以更好地显示与很多类别或数值近似的数据。

在 ECharts 中，实现堆积的重要参数为 stack。只要将 stack 的值设置为相同，两组数据就会堆积；相反，若将 stack 的值设置不同，则不会堆积。

利用某商城一周内电子产品的销量数据绘制堆积面积图，如图 2-14 所示。

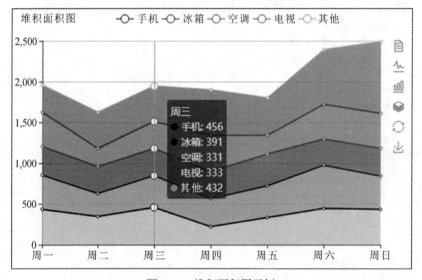

图 2-14　堆积面积图示例

由图 2-14 所示的堆积面积图可知，从下往上看，第 2 条线的数值 = 本身的数值 + 第 1 条线的数值，第 3 条线的数值 = 第 2 条线图上的数值 + 本身的数值，依此类推。以周三的数据为例，堆积图实际显示的是：手机为 456，冰箱为 456 + 391 = 847，空调为 847 + 331 = 1178，电视为 1178 + 333 = 1511，其他为 1511 + 432 = 1943。

在 ECharts 中实现图 2-14 所示的图形绘制，如代码 2-12 所示。

代码 2-12　堆积面积图的关键代码

```
var option = {
    title:{                           //标题
        text:"堆积面积图",              //主标题
        textStyle:{                   //主标题文字样式
            color:'green',
        },
```

```
        left:20,                          //适当调整工具框的 top 位置
    top:3                                 //适当调整工具框的 left 位置
},
tooltip : {                               //弹窗
    trigger: 'axis'
},
legend: {                                 //图例
    data:['手机','冰箱','空调','电视','其他'],
    left:160,                             //适当调整工具框的 top 位置
    top:3                                 //适当调整工具框的 left 位置
},
toolbox: {                                //工具箱
    show : true,
    orient:'vertical',
    feature : {
        mark : {show: true},
        dataView : {show: true, readOnly: false},
        magicType : {show: true, type: ['line', 'bar', 'stack', 'tiled']},
        restore : {show: true},
        saveAsImage : {show: true}
    },
    top:52,                               //适当调整工具框的 top 位置
    left:550                              //适当调整工具框的 left 位置
},
calculable : true,
xAxis : [                                 //x 轴
    {
        type : 'category',
        boundaryGap : false,
        data : ['周一','周二','周三','周四','周五','周六','周日']
    }
],
yAxis : [                                 //y 轴
    {
        type : 'value'
    }
],
series : [                                //数据项及格式设置
    {
        name:'手机',
```

```
    type:'line',                        //指定显示为折线
    stack: '总量',                      //smooth:true
    color:'rgb(0,0,0)',
    itemStyle: {normal:
    {
        areaStyle: {type: 'default',color:'rgb(174,221,139)'}
    }
    },
        data:[434, 345, 456, 222, 333, 444, 432]
    },
    {
        name:'冰箱',
        type:'line',                    //指定显示为折线
        stack: '总量',                  //堆积
        color:'blue',
        itemStyle: {normal: {
            areaStyle: {type: 'default',color:'rgb(107,194,53)'}
        }
        },
        data:[420, 282, 391, 344, 390, 530, 410]
    },
    {
        name:'空调',
        type:'line',                    //指定显示为折线
        stack: '总量',                  //堆积
        color:'red',
        itemStyle: {normal: {
            areaStyle: {type: 'default',color:'rgb(6,128,67)'}
}},
        data:[350, 332, 331, 334, 390, 320, 340]
    },
    {
        name:'电视',
        type:'line',                    //指定显示为折线
        stack: '总量',                  //堆积
        color:'green',
        itemStyle: {normal: {
            areaStyle: {type: 'default',color:'grey'}
}},
        data:[420, 222, 333, 442, 230, 430, 430]
```

```
            },
            {
                name:'其他',
                type:'line',                    //指定显示为折线
                stack: '总量',                  //堆积
                color:'#FA8072',
                itemStyle: {normal: {
                    areaStyle: {type: 'default',color:'rgb(38,157,128)'}
            }},
                data:[330, 442, 432, 555, 456, 666, 877]
            }
        ]
    };
```

如果需要实现堆积折线图(Stacked Line Chart)，那么只需要在代码 2-12 所示的堆积面积图代码中注释掉 series 的每组数据中 areaStyle 所在的代码行即可，如//areaStyle:{}。堆积折线图的效果如图 2-15 所示。

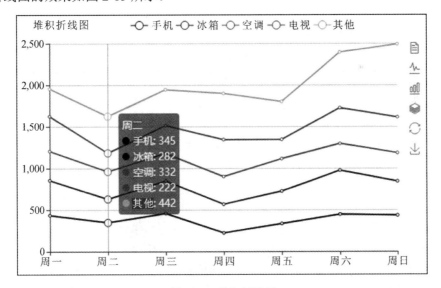

图 2-15　堆积折线图

2.3.3　绘制阶梯图

阶梯图为折线图的一种。与折线图不同的是，阶梯图使用间歇型阶跃的方式来显示一种无规律数据的变化，用于显示某变量随时间的推进是上升还是下降。在现实生活中，无规律的数据有很多。例如，公共汽车票价一般会保持几个月到几年不变，然后某天突然加价或降价，名胜风景区的门票价格可能在一段时间内维持在同一价格。诸如此类的还有油价、税率、邮票价、某些商品价格等。

利用风景名胜区门票价格数据绘制阶梯图，如图 2-16 所示。

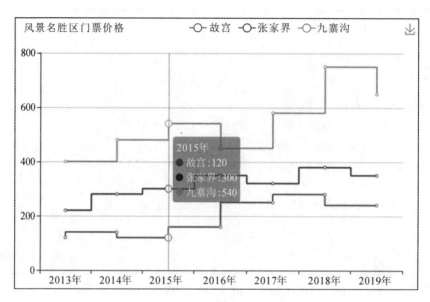

图 2-16 阶梯图示例

图 2-16 所示的是故宫、张家界和九寨沟 3 个不同旅游景点门票在一段时期内的价格波动。不过门票的价格波动不像一般的商品，不是连续平滑的，而是阶梯状、锯齿状。

在 ECharts 中实现图 2-16 所示的图形绘制，如代码 2-13 所示。

代码 2-13 阶梯图的关键代码

```
var option = {
    title:{                              //标题
        text:"风景名胜区门票价格",          //主标题
        textStyle:{                      //主标题文字样式
            color:'green',
        },
        left:15,                         //适当调整标题的 top 位置
        top:0                            //适当调整标题的 left 位置
    },
    tooltip:{                            //提示框配置
        trigger: 'axis'
    },
    legend:{                             //图例配置
        data:['故宫','张家界','九寨沟'],
        left:260,                        //适当调整工具框的 top 位置
        top:3                            //适当调整工具框的 left 位置
    },
    grid:{                               //网格配置
        left:'3%',
        right:'4%',
```

```
        bottom:'3%',
        containLabel:true
    },
    toolbox:{                           //工具箱配置
        feature:{
            saveAsImage:{}
        }
    },
    xAxis:{                             //x 轴
        type:'category',
        data:['2013 年','2014 年','2015 年','2016 年','2017 年','2018 年','2019 年']
    },
    yAxis:{                             //y 轴
        type:'value'
    },
    series:[                            //数据系列
        {
            name:'故宫',
            type:'line',                //指定显示为折线
            step:'start',               //指定折线的显示样式
            data:[120,140,120,160,250,280,240]
        },
        {
            name:'张家界',
            type:'line',                //指定显示为折线
            step:'middle',              //指定折线的显示样式
            data:[220,280,300,350,320,380,350]
        },
        {
            name:'九寨沟',
            type:'line',                //指定显示为折线
            step:'end',                 //指定折线的显示样式
            data:[400,480,540,450,580,750,650]
        }
    ]
};
```

由 2.3.1～2.3.3 小节介绍的 3 种折线图可知，折线图是点、线连在一起的图表，可反映事物的发展趋势和分布情况，适合在单个数据点不那么重要的情况下表现数据的变化趋势、增长幅度。如果一定要同时展示多条折线，最好不要超过 5 条。如果一定要用双 y 轴，必须确保这两个指标是有关系的。

任务 2.4　饼　　图

任务描述

　　饼图的核心思想是分解,适用于对比几个数据在其形成的总和中所占的百分比,整个饼代表总和,每一部分数据用一个扇形表示。为了更直观地查看影响健康寿命的各类因素数据、某高校的专业与人数分布数据,需要在 ECharts 中绘制不同的饼图进行展示,如标准饼图、圆环图、嵌套饼图和南丁格尔玫瑰图等。

任务分析

　　(1) 在 ECharts 中绘制标准饼图。
　　(2) 在 ECharts 中绘制圆环图。
　　(3) 在 ECharts 中绘制嵌套饼图。
　　(4) 在 ECharts 中绘制南丁格尔玫瑰图。

2.4.1　绘制标准饼图

　　标准饼图以一个完整的圆来表示数据对象的全体,饼图常用于描述百分比构成,其中每一个扇形代表一个数据所占的比例。下面以一个实例说明标准饼图的绘制方法。

　　世界卫生组织(WHO)在一份统计调查报告中指出:在影响健康寿命的各类因素中,生活方式(饮食、运动和生活习惯)占 60%,遗传因素占 15%,社会因素占 10%,医疗条件占 8%,气候环境占 7%。因此,健康寿命 60%取决于自己。利用影响健康寿命的各类因素数据绘制标准饼图,如图 2-17 所示。需要注意,该饼图在不同版本的 ECharts 中运行时会有一些细微的差别。

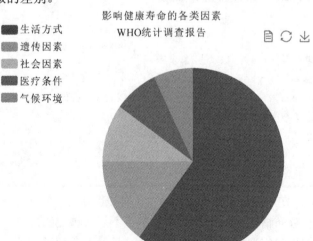

图 2-17　标准饼图

【课程思政】

2022 年 5 月 14 日，在 2022 清华五道口首席经济学家论坛上，清华大学中国经济思想与实践研究院院长李稻葵出席并演讲。李稻葵讲道：中国的人口是美国的 4 倍，把美国死于新冠疫情的人数乘以 4，不难得出假如没有做好防疫工作，中国会有 400 万生命的损失。而疫情主要影响的是中老年人和有基础病的人，因此假设抗疫工作没有做好，会使得失去的生命的人大多数是 65 岁以上的中老年人和有基础疾病的人。每一个生命的挽回，相当于让每个人增加了 10 天寿命。过去两年的伟大胜利，让每一个百姓的平均寿命延长了十天，平均每年 5 天。

在 ECharts 中实现图 2-17 所示标准饼图的绘制，如代码 2-14 所示。

代码 2-14　标准饼图的关键代码

```
var option = {
    title : {                                    //标题设置
        text: '影响健康寿命的各类因素',            //主标题
        subtext: 'WHO 统计调查报告',               //次标题
        left:'center'                            //主次标题都左右居中
    },
    tooltip : {                                  //提示框设置
        trigger: 'item',
        formatter: "{a} <br/>{b} : {c} ({d}%)"
    },
    legend: {                                    //图例设置
        orient : 'vertical',                     //垂直排列
        left : 62,                               //图例左边距
        top:22,                                  //图例顶边距
        data:['生活方式','遗传因素','社会因素','医疗条件','气候环境']
    },
    toolbox: {                                   //工具箱设置
        show : true,                             //是否显示工具箱
        left:444,                                //工具箱左边距
        top:28,                                  //工具箱顶边距
        feature : {
            mark : {show: true},
            dataView : {show: true, readOnly: false},
            magicType : {
                show: true,
                type: ['pie', 'funnel'],
                option: {
                    funnel: {
```

```
                                    x: '25%',
                                    width: '50%',
                                    funnelAlign: 'left',
                                    max: 1548
                                }
                            }
                    },
                    restore : {show: true},
                    saveAsImage : {show: true}
                }
            },
            calculable : true,
            series : [                              //数据系列
                {
                    name:'访问来源',
                    type:'pie',                     //图表类型为饼图
                    radius : '66%',                 //半径设置
                    center: ['58%', '55%'],         //圆心设置
                    clockWise: true,                //顺时针方向显示各个数据项
                    data:[                          //数据的具体值
                        {value:60, name:'生活方式'},
                        {value:15, name:'遗传因素'},
                        {value:10, name:'社会因素'},
                        {value:8, name:'医疗条件'},
                        {value:7, name:'气候环境'}
                    ]
                }
            ]
        };
```

在代码 2-14 中，最主要的参数有以下几个：

(1) center 表示圆心坐标，它可以是像素点表示的绝对值，也可以是数组类型，默认值为['50%','50%']。计算百分比时按照公式 min(width,height)*50%进行，其中 width 和 height 分别表示 div 中所设置的宽度和高度。

(2) radius 表示半径，它可以是像素点表示的绝对值，也可以是数组类型，默认值为 [0, '75%']，支持绝对值(px)和百分比。计算百分比时按照公式 min(width,height)/2*75%进行，其中 width 和 height 分别表示 div 中所设置的宽度和高度。如果用形如[内半径, 外半径]数组表示的话，则可绘制一个环形图；如果内半径为 0，则可绘制一个标准饼图。

(3) clockWise 表示饼图中各个数据项(item)是否按照顺时针顺序显示，它是一个布尔类型，取值只有 false 和 true，默认值为 true。

2.4.2　绘制圆环图

圆环图是在圆环中显示数据的图形，其中每个圆弧代表一个数据项(item)，用于对比分类数据的数值大小。圆环图与标准饼图同属于饼图这一图表大类，只不过更加美观，也更有吸引力。在绘制环形图时适合利用一个分类数据字段或连续数据字段，但数据最好不超过 9 条。

在 ECharts 中创建圆环图非常简单，只需要在代码 2-14 中修改一条语句，即将语句"radius: '66%',"修改为"radius:['45%', '75%'],"，即可由一个标准饼图变为一个圆环图，修改后的半径是有两个数值的数组，分别代表圆环的内、外半径。修改后的代码运行结果如图 2-18 所示。

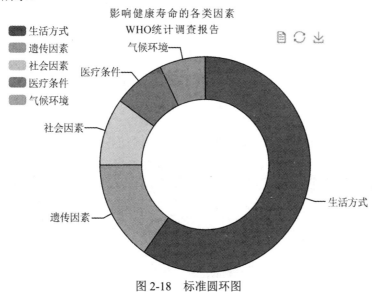

图 2-18　标准圆环图

2.4.3　绘制嵌套饼图

嵌套饼图用于在每个类别中再嵌套多个类别，反映各类数据之间的比例关系。嵌套饼图即两种饼图的嵌套，外层是一个环形图，内层是一个标准饼图或环形图。

某大学有 3 个学院，各学院的总学生人数如表 2-1 所示。

表 2-1　各学院的总学生人数

学院名称	专业名称	专业人数	学院总人数
计算机学院	软件技术	800	1200
	移动应用开发	400	
大数据学院	大数据技术与应用	400	900
	移动互联应用技术	300	
	云计算技术与应用	200	
财经学院	投资与理财	400	600
	财务管理	200	

利用表 2-1 中的数据绘制嵌套饼图，如图 2-19 所示。

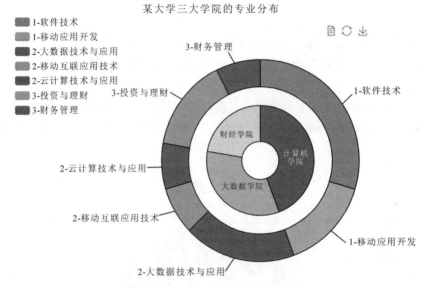

图 2-19   嵌套饼图示例

在 ECharts 中实现图 2-19 所示的图形绘制，如代码 2-15 所示。

代码 2-15   嵌套饼图的关键代码

```
var option = {
    title : {                                          //标题设置
        backgroundColor:'yellow',                      //主标题的背景颜色
            text: '某大学三大学院的专业分布',            //主标题的文字
            left: '202', //  设置主标题的左右位置
            top: 15, //  设置主标题离顶部的位置
            textStyle:{                                //主标题文字样式
                color:'green',                         //主标题文字的颜色
                fontFamily:'黑体',                     //主标题文字的字体
                fontSize:28                            //主标题文字的大小
            },
        x:'center'                                     //主标题左右居中
    },
    tooltip : {                                        //提示框设置
        trigger: 'item',                               //提示框的触发方式
        formatter: "{a} <br/>{b} : {c} ({d}%)"
    },
    legend: {                                          //图例设置
        orient : 'vertical',                           //图例垂直方向
        x:32,                                          //图例的水平方向
```

```
            y:74,                                        //图例的垂直方向
            data:['软件技术','移动应用开发','大数据技术与应用','移动互联应用技术','云计算技术与
应用','投资与理财','财务管理']
        },
        toolbox: {                                       //工具箱设置
            show : true,                                 //显示工具箱
            x:555,                                       //工具箱的水平位置
            y:74,                                        //工具箱的垂直位置
            feature : {
                mark : {show: true},
                dataView : {show: true, readOnly: false},
                magicType : {
                    show: true,
                    type: ['pie', 'funnel']
                },
                restore : {show: true},
                saveAsImage : {show: true}
            }
        },
        calculable : false,
        series: [
            {
                name: '专业名称',
                type: 'pie',
                selectedMode: 'single',
                radius: ['10%', '30%'],
                label: {
                    position: 'inner'
                },
                labelLine: {
                    show: false
                },
                data: [
                    {value:1200, name:'计算机学院'},
                    {value:900, name:'大数据学院'},
                    {value:600, name:'财经学院',selected:true}   //初始时为选中状态
                ]
            },
            {
                name: '专业名称',
```

```
            type: 'pie',
            selectedMode: 'single',
            radius: ['40%', '55%'],
            data: [
                {value:800, name:'1-软件技术'},
                {value:400, name:'1-移动应用开发'},
                {value:500, name:'2-大数据技术与应用'},
                {value:200, name:'2-移动互联应用技术'},
                {value:200, name:'2-云计算技术与应用'},
                {value:400, name:'3-投资与理财'},
                {value:200, name:'3-财务管理'}
            ]
        }
    ]
};
```

2.4.4 绘制南丁格尔玫瑰图

南丁格尔玫瑰图又名鸡冠花图、极坐标区域图，它将柱图转化为更美观的饼图形式，是极坐标化的柱图，是夸大了数据之间差异的视觉效果，适合用于对比数据原本差异小的数据。

在 ECharts 中绘制南丁格尔玫瑰图时，参数与 2.4.1 小节的标准饼图没有差别，但是南丁格尔玫瑰图有一个特殊的参数——roseType(称为南丁格尔玫瑰图模式)。该模式可以使用的值有两种：radius(半径)和 area(面积)。当使用半径模式时，以各个 item 的值作为扇形的半径，一般情况下，半径模式可能造成较大的失真；当使用面积模式时，以各个 item 的值作为扇形的面积，一般情况下，面积模式的失真较小。

某高校二级学院学生和教授人数数据如表 2-2 所示。利用该数据绘制的南丁格尔玫瑰图如图 2-20 所示。

表 2-2 某高校二级学院学生和教授人数数据

二级学院名称	学生人数	教授人数
计算机	2000	25
大数据	1500	15
外国语	1200	12
机器人	1100	10
建工	1000	8
机电	900	7
艺术	800	6
财经	700	4

二级学院分布-南丁格尔玫瑰图

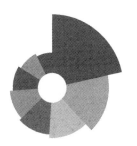

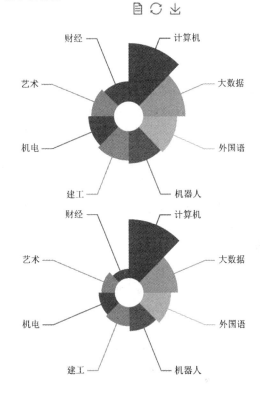

■ 计算机　■ 大数据　■ 外国语　■ 机器人　■ 建工　■ 机电　■ 艺术　■ 财经

图 2-20　南丁格尔玫瑰图示例

在 ECharts 中实现图 2-20 所示的图形绘制，如代码 2-16 所示。

代码 2-16　南丁格尔玫瑰图的关键代码

```
var option = {
    title : {
        text: '二级学院分布-南丁格尔玫瑰图',
        x:'center',                          //主标题居中
        backgroundColor:'#B5A642',           //主标题的背景颜色为黄铜色
        textStyle:{                          //主标题的设置
            fontSize:18,                     //主标题的字号大小
            fontFamily:"黑体",               //主标题的字体
            color:"#9932CD"                  //主标题的颜色为深兰花色
        },
    },
    tooltip : {                              //提示框的设置
        trigger: 'item',                     //提示框的触发方式
        formatter: "{a} <br/>{b} : {c} ({d}%)"
```

```
    },
    legend: {                              //图例的设置
        x : 'center',
        y : 'bottom',
        data:['计算机','大数据','外国语','机器人','建工','机电','艺术','财经']
    },
    toolbox: {                             //工具箱的设置
        show : true,
        x:600,                             //工具箱的水平位置
        y:18,                              //工具箱的垂直位置
        feature : {
            mark : {show: true},
            dataView : {show: true, readOnly: false},
            magicType : {
                show: true,
                type: ['pie', 'funnel']
            },
            restore : {show: true},
            saveAsImage : {show: true}
        }
    },
    calculable : true,
    series : [                             //数据系列及格式设置
        {    //第 1 个数据系列及格式设置
            name:'学生人数(半径模式)',
            type:'pie',                    //南丁格尔玫瑰图属于饼图中的一种
            radius : ['10%', '50%'],       //半径设置
            center : ['50%', 180],         //圆心设置
            roseType : 'radius',           //南丁格尔玫瑰图参数:半径模式
            width: '50%',                  // for funnel 漏斗图
            max: 40,                       // for funnel 漏斗图
            itemStyle : {
                normal : {
                    label : {
                        show : false
                    },
                    labelLine : {
                        show : false
                    }
```

```
                },
            emphasis : {
                label : {
                    show : true
                },
                labelLine : {
                        show : true
                }
            }
        },
        data:[
            {value:2000, name:'计算机'},
            {value:1500, name:'大数据'},
            {value:1200, name:'外国语'},
            {value:1100, name:'机器人'},
            {value:1000, name:'建工'},
            {value:900, name:'机电'},
            {value:800, name:'艺术'},
            {value:700, name:'财经'}
        ]
    },
    {   //第 2 个数据系列及格式设置
        name:'学生人数(面积模式)',
        type:'pie',                              //南丁格尔玫瑰图属于饼图中的一种
        radius : ['10%', '50%'],                 //半径设置
        center : ['50%', 180],                   //圆心设置
        roseType : 'area',                       //南丁格尔玫瑰图参数:面积模式
        x: '50%',                                // for funnel  漏斗图
        max: 40,                                 // for funnel  漏斗图
        sort : 'ascending',                      // for funnel  漏斗图
        data:[
            {value:2000, name:'计算机'},
            {value:1500, name:'大数据'},
            {value:1200, name:'外国语'},
            {value:1100, name:'机器人'},
            {value:1000, name:'建工'},
            {value:900, name:'机电'},
            {value:800, name:'艺术'},
            {value:700, name:'财经'}
```

```
            ]
        },
        {         //第3个数据系列及格式设置
        name:'教授人数(面积模式)',
        type:'pie',                              //南丁格尔玫瑰图属于饼图中的一种
        radius : ['10%', '50%'],                 //半径设置
        center : ['50%', 420],                   //圆心设置
        roseType : 'area',                       //南丁格尔玫瑰图参数:面积模式
        x: '50%',                                // for funnel  漏斗图
        max: 40,                                 // for funnel  漏斗图
        sort : 'ascending',                      // for funnel  漏斗图
        data:[
                {value:25, name:'计算机'},
                {value:15, name:'大数据'},
                {value:12, name:'外国语'},
                {value:10, name:'机器人'},
                {value:8, name:'建工'},
                {value:7, name:'机电'},
                {value:6, name:'艺术'},
                {value:4, name:'财经'}
            ]
        }
    ]
};
```

尽管在数据可视化中随处可见玫瑰图的身影，但仍有许多用户给它贴上了"华而不实"的标签。事实上和许多图表一样，玫瑰图也有其不足之处。使用玫瑰图时要注意以下事项：

(1) 玫瑰图适合展示类目比较多的数据。通过堆叠，玫瑰图可以展示大量的数据。对于类别过少的数据，则显得格格不入，建议使用标准饼图。

(2) 展示分类数据的数值差异不宜过大。在玫瑰图中数值差异过大时分类会难以观察，图表整体也会很不协调，这种情况推荐使用条形图。

(3) 将数据做排序处理。如果需要比较数据的大小，可以事先将数据进行升序或降序处理，避免数据类目较多或数据间差异较小时不相邻的数据难以精确比较。为数据添加数值标签也是一种解决办法，但是在数据较多时难以达到较好的效果。有时对于看起来"头重脚轻""不太协调"的玫瑰图，也可以手动设置数据的顺序，使图表更美观。不同的数据顺序，玫瑰图的效果也大不相同。

(4) 慎用层叠玫瑰图。层叠玫瑰图存在的问题是堆叠的数据起始位置不同，如果差距不大则难以直接进行比较。

由 2.3.1~2.3.3 小节介绍的 4 种饼图可知，在绘制饼图时，需要注意将数组最大的部

分排在最前面，且细分项不宜过多，一般不超过 8 项，也尽量不要制作三维饼图。同时，切忌将饼图拉得过开，若想突出某一块内容，则可单独将其拉开。此外，饼图还应该尽量按升序或降序排列，标准的排序方式是降序。按照从大到小的顺序，顺时针排列各个扇区，这样的排序非常必要，因为很难对相差不大的两个扇区进行大小比较，一致的排序方式可以为用户提供可靠的帮助。

小　　结

本章介绍创建 ECharts 图表的准备工作、图表的制作步骤。还介绍了常见的柱状图，包括标准柱状图、堆积柱状图、标准条形图、瀑布图；常见的折线图，包括标准折线图、堆积折线图、堆积面积图、阶梯图；常见的饼图，包括标准饼图、圆环图、嵌套饼图和南丁格尔玫瑰图。

实　　训

实训 1　会员基本信息及消费能力对比分析

1. 训练要点

(1) 掌握堆积柱状图的绘制。

(2) 掌握标准条形图的绘制。

(3) 掌握瀑布图的绘制。

2. 需求说明

"会员信息表.xlsx"文件记录了某鲜花店销售系统上的会员信息，具体内容包括会员编号、姓名、性别、年龄、城市、入会方式、会员级别、会员入会日、VIP 建立日、购买总金额、购买总次数等信息。绘制标准条形图分析会员入会渠道，绘制堆积柱状图分析会员年龄分布，绘制瀑布图分析不同城市会员消费总金额分布。

3. 实现思路及步骤

(1) 在 VS Code 中依次创建 3 个.html 文件，分别为 stackBar.html、standBar.html 和 falls.html。

(2) 绘制堆积柱状图。首先，在 stackBar.html 文件中引入 echarts.js 库文件。其次，准备一个具备大小(weight 与 height)的 div 容器，并使用 init()方法初始化容器。最后设置堆积柱状图的配置项、"性别"与"入会方式"数据完成堆积柱状图绘制。

(3) 绘制标准条形图。首先，在 standBar.html 文件中引入 echarts.js 库文件。其次，准备一个具备大小(weight 与 height)的 div 容器，并使用 init()方法初始化容器。最后设置标准条形图的配置项、"性别"与"年龄"数据完成标准条形图绘制。

(4) 绘制瀑布图。首先，在 falls.html 文件中引入 echarts.js 库文件。其次，准备一个具备大小(weight 与 height)的 div 容器，并使用 init()方法初始化容器。最后设置瀑布图的配置项、"城市"与"购买总金额"数据完成瀑布图绘制。

实训 2　会员数量相关分析

1. 训练要点

掌握折线图的绘制。

2. 需求说明

基于"会员信息表.xlsx"数据,绘制折线图分析历年不同级别会员数量的变化趋势。

3. 实现思路及步骤

(1) 在 VS Code 中创建 line.html 文件。

(2) 绘制折线图。首先,在 line.html 文件中引入 echarts.js 库文件。其次,准备一个具备大小(weight 与 height)的 div 容器,并使用 init()方法初始化容器。最后设置折线图的配置项、"会员入会日"与"会员级别"数据完成折线图绘制。

实训 3　会员来源结构分析

1. 训练要点

(1) 掌握饼图的绘制。

(2) 掌握环形图的绘制。

2. 需求说明

基于"会员信息表.xlsx"数据,绘制饼图和环形图分析会员入会渠道分布。

3. 实现思路及步骤

(1) 在 VS Code 中创建 pie.html 和 circular.html 文件。

(2) 绘制饼图。首先,在 pie.html 文件中引入 echarts.js 库文件。其次,准备一个具备大小(weight 与 height)的 div 容器,并使用 init()方法初始化容器。最后设置饼图的配置项和"入会方式"数据完成饼图绘制。

(3) 绘制环形图。首先,在 circular.html 文件中引入 echarts.js 库文件。其次,准备一个具备大小(weight 与 height)的 div 容器,并使用 init()方法初始化容器。最后设置环形图的配置项和"入会方式"数据完成环形图绘制。

第3章

ECharts 的官方文档及常用组件

第 2 章中介绍了 3 种最常见图表(柱状图、折线图、饼图)的绘制和使用，但是没有介绍在遇到问题时如何寻求帮助，也没有详细介绍图表中组件的使用。图类与组件共同组成了一个图表，为了更加快捷地创建清晰明了、实用的图表，需要熟练使用 ECharts 官方文档，合理使用一些常用组件。

本章将介绍如何使用官方文档和 ECharts 中常用的组件，如直角坐标系下的网格及坐标轴组件、标题组件、图例组件、工具箱组件、详情提示框组件、标记线与标记点等。

学习目标

(1) 掌握 ECharts 官方文档的查询方法。
(2) 了解 ECharts 的基础架构及常用术语。
(3) 掌握 ECharts 直角坐标系下的网格及坐标轴的使用。
(4) 掌握 ECharts 中标题组件与图例组件的使用。
(5) 掌握 ECharts 中工具箱组件与详情提示框组件的使用。
(6) 掌握 ECharts 中标记线与标记点的使用。

任务 3.1　ECharts 的官方文档、基础架构及常用术语

任务描述

ECharts 中的配置项(Option)非常多，并且是开发时需要配置的最重要的内容，开发者很难全部记住所有配置项。为了在绘制图表时能够方便、快速地查询所需要的配置项内容，需要了解 ECharts 官方文档的查询方法。此外，为了对 ECharts 的图类、组件、接口等有一个初步认识，还需要了解 ECharts 的基础架构及常用术语。

任务分析

(1) 查询 ECharts 官方文档。

(2) 了解 ECharts 的基础架构。

(3) 了解 ECharts 的常用术语。

3.1.1　ECharts 官方文档简介

对于 ECharts 官方文档来说，读者不要期望一天就能够看完整个文档，并理解熟悉文档的所有内容，而应该将文档看成一部参考手册，在使用 ECharts 绘制图表时，能随时快速查询即可。对于庞大的 ECharts 文档，没有必要、也不太可能记住全部配置项的内容，只需记住几个常用配置项的英文单词就足够了，如 title、legend、toolbox、tooltip 等。在 ECharts 5.x 的官网中，最为重要的文档为实例、教程、API 和配置项手册。

【课程思政】

2021 年 1 月 26 日，Apache 软件基金会正式官宣 Apache ECharts 晋升为 Apache 顶级项目。目前有 10 个源于中国的顶级项目，包括 Kylin、IoTDB、Eagle、Apisix、Echarts 等，还有 9 个来自中国的 Apache 孵化器项目。这标志着中国开源项目已经走向世界。

Apache 软件基金会成立于 1999 年 7 月，是目前世界上最大、最受欢迎的开源软件基金会，是专门支持开源项目的非盈利性组织。它目前有 350 多个项目和提议、300 多个顶级项目、50 多个孵化器项目。著名的 Apache 顶级项目有 Tomcat、Hadoop、Spark、Flink、Zookeeper、Thrift、Pig、Hbase、Hive、Kafka、Storm、Beam、Maven、Struts 等。

查询 ECharts 5.x 的"文档"菜单中的"API"子菜单的步骤如下：

(1) 进入 ECharts 5.x 的官网，开发者使用最多的就是"文档"菜单。单击"文档"菜单，弹出 7 个子菜单，其中最为重要的是"特性""API"和"配置项手册"，如图 3-1 所示。

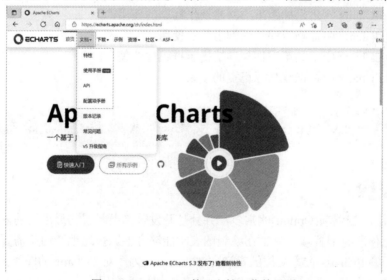

图 3-1　ECharts 5.x 的"文档"菜单界面

(2) 单击"文档"菜单的子菜单"API"，"API"界面分为左边的导航区和右边的信息主显示区。单击左侧导航区中的链接，就可在右侧信息主显示区中显示该链接所对应的详细内容，如图 3-2 所示。

图 3-2　ECharts 5.x 的"文档"菜单的"API"子菜单界面

查询 ECharts 5.x 的"文档"菜单的"配置项手册"子菜单的具体步骤如下：

(1) 单击"文档"菜单中的子菜单"配置项手册"，或在进入"文档"页面后，单击左上角的"配置项"链接，都可以进入"配置项"子界面。"配置项"子界面分为左侧导航区和右侧信息主显示区。单击左侧导航区中的链接，就可在右侧信息主显示区中显示该链接所对应的内容，如图 3-3 所示。

图 3-3　ECharts 5.x 的"文档"菜单的"配置项手册"子菜单界面

(2) 如果对配置项(option)不太熟悉，可在"配置项手册"界面左上角的文本框中输入需要查询的配置项(支持模糊查询)，按 Enter 键确认后，ECharts 将返回查询结果，并高亮显示查询到的结果。如图 3-4 所示，在文本框中输入想要查询的内容"title.textstyle.font"后按 Enter 键，在文本框的下方会显示已查询到的结果，此处共查询到 16 条结果(左侧第一个边框所示)，并在下面的导航窗格高亮显示已查询到的结果(左侧第 2、3 个边框所示)。

图 3-4   在 ECharts 5.x 的"文档"菜单的"配置项手册"子菜单界面中查询配置项

(3) 如果对配置项比较熟悉，则可以通过单击导航窗格中的 ❯ 图标或 ❯ 图标展开或收缩左边导航区中的配置项。当鼠标单击某一配置项时，会在信息显示区中显示其详细内容，如图 3-4 所示。"配置项手册"界面右上角的方框内的"title.textStyle.fontStyle"及其说明文字，是当前鼠标单击左边第二个方框中的"fontStyle:'normal'"时，相应地在右上角方框中出现的解释与说明。

3.1.2   ECharts 基础架构及常用术语

在使用 ECharts 进行图表开发时，需要了解 ECharts 的基础架构和常用术语。

1. ECharts 的基础架构

如果使用 DIV 或 CSS 在浏览器中画图，那么只能画出简单的方框或圆形。当需要画比较复杂的可视化图表时，目前有两种技术解决方案：Canvas 和 SVG。Canvas 是基于像素点的画图技术，Canvas 对象类似于画布，而 JS 代码则相当于画笔，通过各种不同的画图函数，即可在 Canvas 这块画布上任意作画。SVG 的方式与 Canvas 完全不同，SVG 是基于对象模型的画图技术，通过若干标签组合为一个图表，它的特点是高保真，即使放大也不会有锯齿形失真。使用 Canvas 和 SVG 画图各有千秋。ECharts 是基于 Canvas 技术进行图表绘制的，准确地说，ECharts 的底层依赖于轻量级的 Canvas 类库 ZRender，ZRender 通过 Canvas 绘图时会调用 Canvas 的一些接口，ZRender 类库也是百度团队的作品。通常情况下，使用 ECharts 开发图表时，并不会直接涉及类库 ZRender。ECharts 基础架构中的底层基础库是指 Canvas 类库 ZRender，如图 3-5 所示。

在 ECharts 基础架构中的基础库的上层有 3 个模块：组件、图类和接口。

组件模块包含坐标轴(axis)、网格(grid)、极坐标(polar)、标题(title)、提示(tooltip)、图例(legend)、数据区域缩放(dataZoom)、值域漫游(dataRange)、工具箱(toolbox)、时间轴(timeline)。ECharts 的图类模块有近 30 种，常用的图类有柱状图(bar)、折线图(line)、散点图(scatter)、K 线图(k)、饼图(pie)、雷达图(radarS)、地图(map)、仪表盘(gauge)、漏斗图(funnel)等。图类与组件共同组成了一个图表，如果只是制作图表展示的话，那么只需掌握好图类与组件即可完成 80%左右的功能。另外 10%～20%的功能涉及更高级的特性。例如，当单击某个图表上的某个区域的时候，能跳转到另外一个图表上；当单击图表上的某个区域时，将展示另外一个区域中的数据，即图表组件的联动效果。此时，需要涉及 ECharts 接口、事件进行编程。这些内容将在本书第 5 章详述。

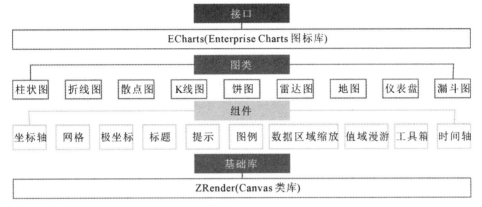

图 3-5　ECharts 的基础框架

2. ECharts 的常用术语

1) ECharts 的基本名词

ECharts 的一些基本名词几乎涉及整本教材，因此，应该先对这些 ECharts 的基本名词有一个基本印象。因为在使用 ECharts 进行图表开发时以英文表达为主，所以需要掌握这些基本名词的英文单词及其对应的含义。ECharts 的一些基本名词的简单介绍如表3-1 所示，后面的章节将会对它们进行详细介绍。

表 3-1　ECharts 的基本名词

名词	描　　述
title	标题组件，用于图表的标题
xAxis	直角坐标系中的横轴，通常默认为类目型
yAxis	直角坐标系中的纵轴，通常默认为数值型
grid	直角坐标系中除坐标轴外的绘图网格，用于定义直角坐标系的整体布局
legend	图例，表述数据和图形的关联
markPoint	标记点，常用于标记图表中特定的点
markLine	标记线，常用于标记图表中特定的值
dataZoom	数据区域缩放，常用于展现大量数据时选择可视范围
visualMap	视觉映射组件，用于将数据映射到视觉元素
toolbox	工具箱，为辅助功能，如添加标线、框选缩放等
tooltip	提示框组件，常用于展现更详细的数据
timeline	时间轴，常用于展现同一系列数据在时间维度上的多份数据
series	数据系列，一个图表可能包含多个系列，每个系列可能包含多个数据

2) ECharts 的图表名词

ECharts 的图表开发中，最核心的工作是对配置项(option)属性的设置。在配置项中，最为重要的一个属性是系列(series)中的表示图表类型的属性(type)。因此，需要对 ECharts 中常见的图表类型有一个大致的了解，特别要记忆图表的英文表述，如柱状图(bar)、折线图(line)、饼图(pie)、散点图(scatter)、雷达图(radar)等。ECharts 图表名词的简单介绍如表 3-2 所示。

表 3-2 ECharts 的图表名词

	描述
line	折线图、堆积折线图、面积图、堆积面积图
bar	柱形图(纵向)、堆积柱形图、条形图(横向)、堆积条形图
pie	饼图、圆环图。饼图支持两种(半径、面积)南丁格尔玫瑰图模式
radar	雷达图、填充雷达图。高维度数据展现的常用图表
scatter	散点图、气泡图。散点图至少需要纵横两个数据，更高维度数据加入时可以映射为颜色或大小，当映射到大小时则为气泡图
gauge	仪表盘，用于展现关键指标数据，常见于 BI 类系统
funnel	漏斗图，用于展现数据经过筛选、过滤等流程处理后发生的变化
k	K 线图、蜡烛图，常用于展现股票交易数据
map	内置世界地图、中国及中国 34 个省市自治区地图数据，可通过标准 GeoJson 扩展地图类型，支持 svg 扩展类地图应用，如室内地图、运动场、物件构造等
heatmap	热力图，用于展现密度分布信息，支持与地图、百度地图插件联合使用
treemap	矩形式树状结构图，简称为矩形树图，用于展示树形数据结构，优势是能最大限度展示节点的尺寸特征
tree	树图，用于展示树形数据结构各节点的层级关系
wordCloud	词云图，用于对文本中出现频率较高的关键词以视觉化的展现

任务 3.2　直角坐标系下的网格及坐标轴

 任务描述

使用 ECharts 绘制图表时，可能会发现图表真正的绘图区域和图表容器之间有一些间隔，有时看上去不太协调。经过查看相关 API 得知，可以通过调整几个属性值控制绘图区域与容器之间的间距。因此，需要了解直角坐标系下的网格(grid)及其作用、直角坐标系下的 x 轴(xAxis)和 y 轴(yAxis)。

(1) 配置直角坐标系下的网格及其属性。

(2) 配置和使用直角坐标系下 3 种不同类型的坐标轴。

(3) 配置和使用直角坐标系下的 x 轴和 y 轴。

3.2.1 直角坐标系下的网格

在 ECharts 的直角坐标系下有两个重要的组件：网格(grid)和坐标轴(axis)。

ECharts 中的网格是直角坐标系下定义网格布局和大小及其颜色的组件，用于定义直角坐标系的整体布局。ECharts 的网格组件中所有参数的属性如表 3-3 所示，其中定义网格布局和大小的 6 个参数如图 3-6 所示。

表 3-3　网格(grid)组件的参数属性表

名　词	默认值	描　　述
{number} zlevel	0	一级层叠控制。每一个不同的 zlevel 产生一个独立的 Canvas，相同的 zlevel 组件或图标将在同一个 Canvas 上渲染。zlevel 越高，越靠顶层，Canvas 对象增多会消耗更多内存和性能，并不建议设置过多 zlevel，大部分情况可以通过二级层叠控制 z 实现层叠控制
{number} z	2	二级层叠控制。在同一个 Canvas(相同 zlevel)上，z 越高，越靠近顶层
{number | string} x	80	直角坐标系内绘图网格左上角横坐标，数值单位为 px，支持百分比(字符串)，如 '50%' (显示区域横向中心)
{number | string} y	60	直角坐标系内绘图网格左上角纵坐标，数值单位为 px，支持百分比(字符串)，如 '50%' (显示区域纵向中心)
{number | string} x2	80	直角坐标系内绘图网格右下角横坐标，数值单位为 px，支持百分比(字符串)，如 '50%' (显示区域横向中心)
{number | string} y2	0	直角坐标系内绘图网格右下角纵坐标，数值单位为 px，支持百分比(字符串)，如 '50%' (显示区域纵向中心)
{number} width	适应	直角坐标系内绘图网格(不含坐标轴)宽度，默认为总宽度 - x - x2，数值单位为 px，指定 width 后将忽略 x2，见图 3-6，支持百分比(字符串)，如 '50%' (显示区域一半的宽度)
{number} height	适应	直角坐标系内绘图网格(不含坐标轴)高度，默认为总高度 - y -y2，数值单位为 px，指定 height 后将忽略 y2，见图 3-6，支持百分比(字符串)，如 '50%' (显示区域一半的高度)
{color}backgroundColor	'transparent'	背景颜色，默认透明
{number} borderWidth	1	网格的边框线宽
{color} borderColor	'#ccc'	网格的边框颜色

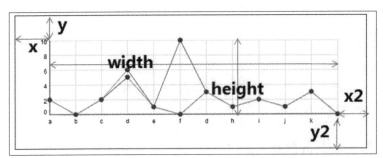

图 3-6   网格组件属性示意图

如表 3-3 和图 3-6 所示，共有 6 个主要参数定义网格布局和大小。其中，x 与 y 用于定义网格左上角的位置；x2 与 y2 用于定义网格右下角的位置；width 与 height 用于定义网格的宽度和高度；指定 width 后将忽略 x2，指定 height 后将忽略 y2。

利用某一时间未来一周气温变化数据绘制折线图，并为图表配置网格组件，如图 3-7 所示。

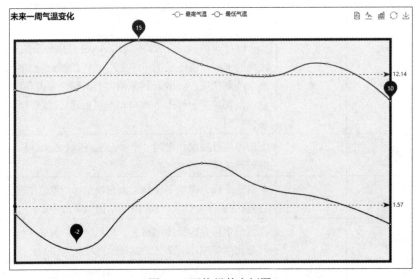

图 3-7   网格组件实例图

从图 3-7 中可以看出，本例中的网格边界线为 4 条边上红色、宽度为 5px 的粗线条。在 ECharts 中实现图 3-7 所示的图形绘制，如代码 3-1 所示。

代码 3-1   网格组件的关键代码

```
var option = {
    grid:{        //对网格组件进行特别配置
        show:true,                        //是否显示
        x:15,y:66,                        //设置网格左上角的位置
        width:'93%',height:'80%',         //设置网格的宽度和高度
        x2:100,y2:100,                    //设置网格右下角的位置
        borderWidth:5,                    //设置网格边界线的宽度
        borderColor:'red',                //设置网格的边界颜色
        backgroundColor:'#f7f7f7',        //背景整个网格的颜色
```

```
    },
    title : {                           //标题组件
        text: '未来一周气温变化',
    },
    tooltip : {                         //详情提示框组件
        trigger: 'axis'
    },
    legend: {                           //图例组件
        data:['最高气温','最低气温']
    },
    toolbox: {                          //工具箱组件
        show : true,
        feature : {
            mark : {show: true},
            dataView : {show: true, readOnly: false},
            magicType : {show: true, type: ['line', 'bar']},
            restore : {show: true},        saveAsImage : {show: true}
        }
    },
    calculable : true,
    xAxis : [                           //x 轴
        {
            show:false,          smooth:true,
            type : 'category',   boundaryGap : false,
            data : ['周一','周二','周三','周四','周五','周六','周日']
        }
    ],
    yAxis : [                           //y 轴
        {
            show:false,       type : 'value',
            axisLabel : {   formatter: '{value} °C'          }
        }
    ],
    series : [                          //数据系列
        {
            name:'最高气温',        smooth:true,
            type:'line',            data:[11, 11, 15, 13, 12, 13, 10],
            markPoint : {                    //标记点
                data : [
                    {type : 'max', name: '最大值'},
```

```
                    {type : 'min', name: '最小值'}
                ]
        },
        markLine : {                    //标记线
            data : [
                    {type : 'average', name: '平均值'}
                ]
            }
        },
        {
        name:'最低气温',        smooth:true,
        type:'line',            data:[1, -2, 2, 5, 3, 2, 0],
        markPoint : {                    //标记点
            data : [
                    {name : '周最低', value : -2, xAxis: 1, yAxis: -1.5}
                ]
        },
        markLine : {                    //标记线
            data : [
                    {type : 'average', name : '平均值'}
                ]
            }
        }
    ]
};
```

在代码 3-1 中需要重点观察 grid 节点中的代码段,其中由于同时设置了 width、height、x2、y2,因此系统将会自动忽略 x2、y2。

3.2.2　直角坐标系下的坐标轴

直角坐标系下有 3 种坐标轴(axis):类目型(category)、数值型(value)和时间型(time)。

(1) 类目型:必须指定类目列表,坐标轴内有且仅有这些指定类目坐标。

(2) 数值型:需要指定数值区间,如果没有指定,那么将由系统自动计算,从而确定计算数值范围,坐标轴内包含数值区间内的全部坐标。

(3) 时间型:用法与数值型的非常相似,只是目标处理和格式化显示时会自动转变为时间,并且随着时间跨度的不同而自动切换需要显示的时间粒度。例如,时间跨度为一年,系统将自动显示以月为单位的时间粒度;时间跨度为几个小时,系统将自动显示以分钟为单位的时间粒度。

坐标轴组件的属性如表 3-4 所示。其中,个别选项仅在个别类型时有效,请注意适用类型。坐标轴常用属性的示意图如图 3-8 所示。

表 3-4　坐标轴(axis)组件的属性表

名　词	默认值	描　述
{string} type	'category'|'value' | 'time'|'log'	坐标轴类型，横轴默认为类目型 category，纵轴默认为数值型 value
{boolean} show	true	是否显示坐标轴，可选项为 true(显示)、false(隐藏)
{string} position	'bottom' | 'left'	坐标轴类型，横轴默认为类目型 bottom，纵轴默认为数值型 left，可选项为 bottom、top、left、right
{string} name	"	坐标轴名称，默认为空
{string}nameLocation	'end'	坐标轴名称的位置，默认为 end，可选项为 start、middle、center、end
{Object}nameTextStyle	{}	坐标轴名称的文字样式，默认取全局配置，颜色跟随 axisLine 主色，可自行设置
{boolean}boundaryGap	true	类目起始和结束两端空白策略，默认为 true 时留空，为 false 时顶头
{Array} boundaryGap	[0, 0]	坐标轴两端空白策略，为一个两个值的数组，分别表示数据最小值和最大值的延伸范围，可以直接设置数值或相对的百分比，在设置 min 和 max 后无效
{number} min	null	指定的最小值，默认无，会自动根据具体数值调整，指定后将忽略 boundaryGap[0]
{number} max	null	指定的最大值，默认无，会自动根据具体数值调整，指定后将忽略 boundaryGap[1]
{boolean} scale	false	是否脱离 0 值比例，设置为 true 后坐标刻度不会强制包含零刻度，在设置 min 和 max 之后该配置项无效
{number}splitNumber	null	分割段数，不指定时根据 min、max 算法调整
{Object} axisLine	各异	坐标轴线，默认显示，详见图 3-8
{Object} axisTick	各异	坐标轴刻度标记，默认不显示，详见图 3-8
{Object} axisLabel	各异	坐标轴文本标签，详见图 3-8
{Object} splitLine	各异	分隔线，默认显示，详见图 3-8
{Object} splitArea	各异	分隔区域，默认不显示，详见图 3-8
{Array} data	[]	类目列表，同时也是 label 内容

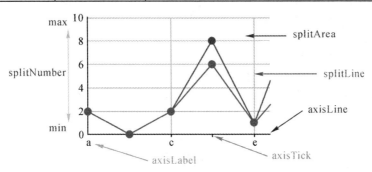

图 3-8　坐标轴组件属性示意图

利用某一年的蒸发量、降水量、最低气温和最高气温数据绘制双 x 轴和双 y 轴的折柱混搭图，并设置坐标轴的相关属性，如图 3-9 所示。

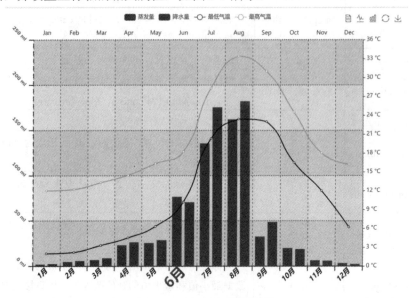

图 3-9 坐标轴组件实例图

图 3-9 中有上、下两条横轴，左、右两条纵轴，并且下边的横轴中有一个数据项标签较为突出，这是因为 ECharts 允许对个别标签进行个性化定义，数组项可设置为一个对象，并使用子属性 textStyle 设置个性化标签。

在 ECharts 中实现图 3-9 所示的图形绘制，如代码 3-2 所示。

代码 3-2 坐标轴的关键代码

```
var option = {
    color:["red",'green','blue','goldenrod','grey','#FA8072'],     //使用自己预定义的颜色
    tooltip : {                                                     //提示框设置
        trigger: 'axis'
    },
    legend: {                                                       //图例设置
        data:['蒸发量','降水量','最低气温','最高气温']
    },
    toolbox: {                                                      //工具箱设置
        show : true,
        feature : {
            mark : {show: true},        dataView : {show: true},
            magicType : {show: true, type: ['line', 'bar']},
            restore : {show: true},     saveAsImage : {show: true}
        } },
    xAxis : [                                                       //x 轴设置
        {       //指定第一条 x 轴上的类目数据及格式
            type : 'category',          position: 'bottom',
            boundaryGap: true,      show: true,
```

```
axisLine : {           // 第一条 x 轴上的轴线
lineStyle: {
    color: 'green',      type: 'solid',          width: 2 } },
axisTick : {           // 第一条 x 轴上的轴刻度标记
    show:true,            length: 10,
    lineStyle: {
        color: 'red',           type: 'solid',          width: 2
    } },
axisLabel : {          // 第一条 x 轴上的轴文本标记
    show:true,            interval: 'auto',
    rotate: 45,           margin: 8,
    formatter: '{value}月',
    textStyle: {
        color: 'blue',          fontFamily: 'sans-serif',
        fontSize: 15,           fontStyle: 'italic',    fontWeight: 'bold'
    } },
splitLine : {          //第一条 x 轴上的轴分隔线
        show:true,
        lineStyle: {
            color: '#483d8b',        type: 'dashed',          width: 1 }
},
splitArea : {          // 第一条 x 轴上的轴分隔区域
    show: true,
    areaStyle:{
        color:['rgba(144,238,144,0.3)','rgba(135,200,250,0.3)']
    }
},
data : [
    '1','2','3','4','5',
    {                    // 第一条 x 轴上的轴标签个性化
        value:'6',
        textStyle: {
            color: 'red',           fontSize: 30,    fontStyle: 'normal',
            fontWeight: 'bold'
        } },
        '7','8','9','10','11','12'
    ] },
{        //指定第二条 x 轴上的类目数据
    type : 'category',
    data : ['Jan','Feb','Mar','Apr','May','Jun','Jul','Aug','Sep','Oct','Nov','Dec']
}
],
yAxis : [       //y 轴设置
    {        //指定第一条 y 轴上的数值型数据及格式
        type : 'value',        position: 'left',
```

```
boundaryGap: [0,0.1],
axisLine : {              // 第一条 y 轴上的轴线
    show: true,
    lineStyle: {
        color: 'red',        type: 'dashed',          width: 2
    }
},
axisTick : {            //第一条 y 轴上的轴标记
    show:true,
        length: 10,
        lineStyle: {
        color: 'green',     type: 'solid',     width: 2    }
},
axisLabel : {            //第一条 y 轴上的标签设置
    show:true,          interval: 'auto',        rotate: -45,           margin: 18,
    formatter: '{value} ml', //Template formatter!
        textStyle: {
            color: '#1e90ff',              fontFamily: 'verdana',
            fontSize: 10,             fontStyle: 'normal',
            fontWeight: 'bold'
        }
    },
    splitLine : {       //第一条 y 轴上的分隔线设置
        show:true,
        lineStyle: {
            color: '#483d8b',       type: 'dotted',     width: 2
        }
    },
    splitArea : {      //第一条 y 轴上的分隔区域设置
        show: true,
        areaStyle:{
            color:['rgba(205,92,92,0.3)','rgba(255,215,0,0.3)']
        }
    }
},
{                          //指定第二条 y 轴上的数值型数据及格式
    type : 'value',
    splitNumber: 10,
    axisLabel : {        //第二条 y 轴上的数轴标签设置
        formatter: function (value) {
            return value + ' °C'
        }
    },
    splitLine : {         //第二条 y 轴上的分隔线设置
        show: false
```

```
                    }
                }
        ],
        series : [                      //数据系列
            {                           //第一组数据：'蒸发量'
                name: '蒸发量',          type: 'bar',
                data:[2.0, 4.9, 7.0, 23.2, 25.6, 76.7, 135.6, 162.2, 32.6, 20.0, 6.4, 3.3]
            },
            {                           //第二组数据：'降水量'
                name: '降水量',          type: 'bar',
                data: [2.6, 5.9, 9.0, 26.4, 28.7, 70.7, 175.6, 182.2, 48.7, 18.8, 6.0, 2.3]
            },
            {                           //第三组数据：'最低气温'
                name:'最低气温',         type: 'line',
                smooth:true,            //曲线为平滑
                yAxisIndex: 1,          //指定这一组数据使用第二条 y 轴(右边的)
                data: [2.0, 2.2, 3.3, 4.5, 6.3, 10.2, 20.3, 23.4, 23.0, 16.5, 12.0, 6.2]
            },
            {                           //第四组数据：'最高气温'
                name:'最高气温',
                smooth:true,            //曲线为平滑
                type: 'line',
                yAxisIndex: 1,          //指定这一组数据使用在第二条 y 轴(右边的)
                data: [12.0, 12.2, 13.3, 14.5, 16.3, 18.2, 28.3, 33.4, 31.0, 24.5, 18.0, 16.2]
            }
        ]
    };
```

任务 3.3　标题组件与图例组件

 任务描述

　　九宫格布局是一种常用的布局方式，ECharts 中的大部分组件都支持九宫格布局。标题组件(title)就是图表的标题，它是 ECharts 中的一个比较简单的组件。图例组件(legend)也是 ECharts 中的一种常用组件，它展现了以不同颜色区别系列标记的名字。为了完善整个图表，需要配置和使用 ECharts 中的标题组件和图例组件。

任务分析

　　(1) 了解九宫格布局。
　　(2) 配置和使用标题组件。
　　(3) 配置和使用图例组件。

3.3.1 标题组件

在 ECharts 2.x 中，单个 ECharts 实例最多只能拥有一个标题组件(title)，每个标题组件可以配置主标题、副标题。而在 ECharts 3.x 或 ECharts 5.x 中可以配置任意多个标题组件，这在需要对标题进行排版，或单个实例中有多个图表都需要标题时会比较有用，多个标题组件实例如代码 3-4 所示。其中，标题(title)组件的属性如表 3-5 所示。

表 3-5 标题(title)组件的属性表

名　词	默认值	描　述
{boolean} show	true	是否显示标题组件，可选项为 true(显示)、false(隐藏)
{number} zlevel	0	一级层叠控制。每一个不同的 zlevel 产生一个独立的 Canvas，相同 zlevel 的组件或图标将在同一个 Canvas 上渲染。zlevel 越高越靠顶层，Canvas 对象增多会消耗更多的内存和性能，并不建议设置过多的 zlevel，大部分情况可以通过二级层叠控制 z 实现层叠控制
{number} z	2	二级层叠控制。同一个 Canvas(相同 zlevel)上 z 越高越靠近顶层
{string} text	"	主标题文本，'\n' 指定换行
{string} link	"	主标题文本超链接
{string} target	'blank'	指定窗口打开主标题超链接，支持 self 或 blank，不指定等同为 blank (新窗)
{string} subtext	"	副标题文本，'\n'指定换行
{string} subtarget	'blank'	指定窗口打开副标题超链接支持 self 或 blank，不指定等同为 blank(新窗口)
{string|number} x	'left'	水平安放位置，默认为左侧，可选项为 center、left、right 或{number}(x 坐标，单位为 px)
{string|number} y	'top'	垂直安放位置，默认为全图顶端，可选项为 top、bottom、center、{number}(y 坐标，单位为 px)
{string} textAlign	'auto'	水平对齐方式，默认根据 x 设置自动调整，可选项为 auto、left、right、center
{color}backgroundColor	'transparent'	标题背景颜色，默认透明
{string} borderColor	'#ccc'	标题边框颜色
{number} borderWidth	0	标题边框线宽，单位为 px，默认为 0 (无边框)
{number | Array} padding	5	标题内边距，单位为 px，默认各方向内边距为 5，接受数组分别设定上右下左边距，同 css，见图 3-10
{number} itemGap	10	主副标题纵向间隔，单位为 px，默认为 10
{Object} textStyle	{color: '#333', fontWeight:'normal', fontSize:18,}	主标题文本样式
{Object} subtextStyle	{color: '#aaa' fontWeight:'normal', fontSize:12,}	副标题文本样式

　　标题组件支持九宫格布局，其实，ECharts 中很多组件也都支持九宫格布局。九宫格布局是将一个区域按上、中、下，左、中、右分成九个格子，如图 3-11 所示。最上面一行分为 3 个格子，可通过 x、y(在 ECharts 2.x 中使用 x、y，在 ECharts 3.0 开始使用 left、top)这两个属性分别设置为('left','top')('center','top')('right','top')；中间的一行也分为 3 个格子，分别是('left','center')('center','center')('right','center')；最下面的一行还是分为 3 个格子，分别是('left','bottom')('center','bottom')('right','bottom')。当然，九宫格布局也可以通过一对数值进行定位。

left,top	center,top	right,top
left,center	center,center	right,center
left,bottom	center,bottom	right,bottom

图 3-10　标题组件属性示意图　　　　　　　图 3-11　九宫格布局示意图

利用某一时间未来一周气温变化数据绘制折线图，并配置标题组件，如图 3-12 所示。

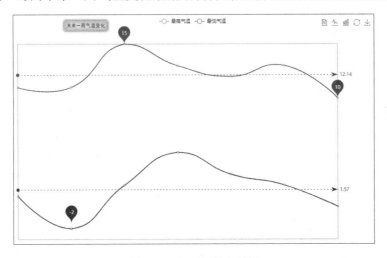

图 3-12　标题组件实例图

　　在图 3-12 中可以看出，图中为一个折线图，并在图表的左上角配置了主标题和副标题。

　　在 ECharts 中实现图 3-12 所示的图形绘制，如代码 3-3 所示。

代码 3-3　标题组件实例的关键代码

```
mytextStyle={                    //定义自己的文本格式变量
    color:"blue",                //文字颜色
    fontStyle:"normal",          //italic 斜体 oblique 倾斜
    fontWeight:"normal",         //文字粗细 bold|bolder|lighter|100|200|300|400...
        fontFamily:"黑体",        //字体系列
    fontSize:12,                 //字体大小
```

```
};
//指定图表的配置项和数据
option = {
    grid:{                                  //对网格组件进行特别配置
        show:true,                          //是否显示
        x:15,y:66,                          //设置网格左上角的位置
        borderColor:'#FA8072',              //设置网格的边界颜色
    },
    title : {                               //标题设置
        show:true,                          //是否显示
        text:"未来一周气温变化",              //主标题
        target:"blank",                     //'self' 当前窗口打开, 'blank' 新窗口打开
        subtarget:"blank",                  //副标题打开链接的窗口
        textAlign:"center",                 //文本水平对齐
        textBaseline:"top",                 //文本垂直对齐
        textStyle:mytextStyle,              //标题样式
        subtextStyle:mytextStyle,           //副标题样式
        padding:5,                          //标题内边距 5  [5, 10]  [5,10,5,10]
        itemGap:10,                         //主副标题间距
        zlevel:0, //所属图形的 Canvas 分层，zlevel 大的 Canvas 会放在 zlevel 小的 Canvas 上面
        z:2,       //所属组件的 z 分层，z 值小的图形会被 z 值大的图形覆盖
        left:"20%",                         //组件离容器左侧的距离，'left', 'center', 'right', '20%'
        top:"10",                           //组件离容器上侧的距离，'top', 'middle', 'bottom', '20%'
        right:"auto",                       //组件离容器右侧的距离，'20%'
        bottom:"auto",                      //组件离容器下侧的距离，'20%'
        backgroundColor:"yellow",           //标题背景色
        borderColor:"#ccc",                 //边框颜色
        borderWidth:2,                      //边框线宽
        shadowColor:"red",                  //阴影颜色
        shadowOffsetX:0,                    //阴影水平方向上的偏移距离
        shadowOffsetY:0,                    //阴影垂直方向上的偏移距离
        shadowBlur:10                       //阴影的模糊大小
    },
    tooltip : {                             //提示框设置
        trigger: 'axis'
    },
    legend: {                               //图例设置
        data:['最高气温','最低气温']
    },
```

```
toolbox: {                              //工具箱设置
    show : true,
    feature : {
        mark : {show: true},
        dataView : {show: true, readOnly: false},
        magicType : {show: true, type: ['line', 'bar']},
        restore : {show: true},
        saveAsImage : {show: true}
    }
},
calculable : true,
xAxis : [                               //x 轴设置
    {
        show:false,             type : 'category',
        boundaryGap : false,
        data : ['周一','周二','周三','周四','周五','周六','周日']
    }
],
yAxis : [               //y 轴设置
    {
        show:false,     type : 'value',
        axisLabel : { formatter: '{value} °C'     }
    }
],
series : [          //数据系列
    {
        name:'最高气温',
        smooth:true,        type:'line',
        data:[11, 11, 15, 13, 12, 13, 10],
        markPoint : {   //标记点
            data : [
                {type : 'max', name: '最大值'},          {type : 'min', name: '最小值'}
            ]
        },
        markLine : {      //标记线
            data : [    {type : 'average', name: '平均值'}    ]
        } },
    {
        name:'最低气温',
```

```
        smooth:true,        type:'line',             data:[1, -2, 2, 5, 3, 2, 0],
        markPoint : {       //标记点
            data : [{name : '周最低', value : -2, xAxis: 1, yAxis: -1.5}        ]
        },
        markLine : {        //标记线
            data : [{type : 'average', name : '平均值'}]
        }
    }
   ]
};
```

利用某个月 20 天内气温变化、空气质量指数、金价走势和股票 A 走势数据在一个
DOM 容器中绘制散点图，并分别为 4 个图表配置标题组件，如图 3-13 所示。

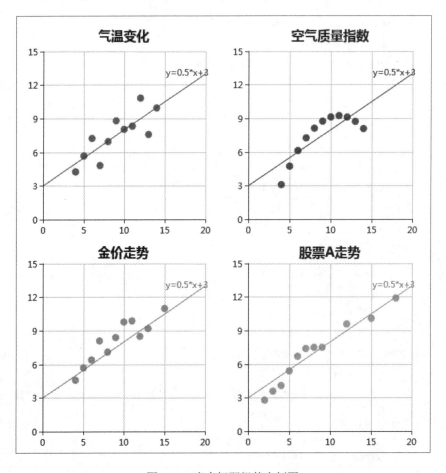

图 3-13   多个标题组件实例图

在图 3-13 中可以看出，图中一共含有 4 个散点图，每一个图表都配置了标题，一共
配置了 4 个标题。

在 ECharts 中实现图 3-13 所示的图形绘制，如代码 3-4 所示。

代码 3-4　多个标题组件实例的关键代码

```
var titles = ['气温变化','空气质量指数','金价走势','股票 A 走势'];
var dataAll = [                              //数据
    [ [10.0,8.04], [8.0,6.95],[13.0,7.58],[9.0,8.81],[11.0,8.33],
        [14,9.96],[6,7.24],[4,4.26],[12,10.84],[7,4.82],[5.0,5.68] ],
    [[10,9.14],[8.0,8.14],[13,8.74],[9,8.77],[11,9.26],[14.0,8.1],
        [6.0, 6.13],[4.0, 3.10],[12.0,9.13],[7, 7.26],[5.0, 4.74] ],
    [   [4.0,4.6],[5.0,5.7],[6.0,6.4],[7.0,8.1],[8.0,7.1],[9.0,8.4],
        [10.0,9.8],[11.0,9.9],[12.0,8.5],[13.0,9.2],[15.0,11.0]    ],
    [   [2.0,2.8],[3.0,3.6],[4.0,4.1],[5.0,5.4],[6.0,6.7],[7.0,7.4],
        [8.0,7.5],[9.0,7.5],[12.0,9.6],[15.0, 10.1],[18.0,11.9]    ]
];
var markLineOpt = {
    animation:false,
    label:{                                  //图形上的文本标签
        normal:{
            formatter:'y=0.5*x+3',    textStyle:{ align:'right' }
        }},
lineStyle:{
    normal:{ type:'solid' }},
    tooltip:{ formatter:'y=0.5*x+3' },
    data:[[{
        coord:[0,3],    symbol:'none'        //起点或终点的坐标
    },{
        coord:[20,13], symbol:'none'
}]]}
var option = {
    title:[                                  //分别设置标题居中主要代码
        {    text:titles[0], textAlign:'center',    left:'25%',    top:'1%' },
        {    text:titles[1],    left:'73%',    top:'1%',    textAlign:'center' },
        {    text:titles[2], textAlign:'center',    left:'25%',    top:'50%' },
        {    text:titles[3], textAlign:'center', left:'73%', top:'50%'        }
    ],
    grid:[                                    //多个网格
        {x:'7%',y:'7%',width:'38%',height:'38%'}, {x2:'7%',y:'7%',width:'38%',height:'38%'},
        {x:'7%',y2:'7%',width:'38%',height:'38%'}, {x2:'7%',y2:'7%',width:'38%',height:'38%'}
    ],
    tooltip:{                                 //提示框
        formatter:'Group {a}:({c})' },
```

```
        xAxis:[                              //x 轴
            {gridIndex:0,min:0,max:20},      {gridIndex:1,min:0,max:20},
            {gridIndex:2,min:0,max:20},      {gridIndex:3,min:0,max:20}
        ],
        yAxis:[                              //y 轴
            {gridIndex:0,min:0,max:15},      {gridIndex:1,min:0,max:15},
            {gridIndex:2,min:0,max:15},      {gridIndex:3,min:0,max:15}
        ],
        series:[                             //数据系列
        {                                    //数据系列 1
            name:'I',                        type:'scatter',
            xAxisIndex:0,                    yAxisIndex:0,
            data:dataAll[0], markLine:markLineOpt
        },
        {                                    //数据系列 2
            name:'II',                       type:'scatter',
            xAxisIndex:1,                    yAxisIndex:1,
            data:dataAll[1],        markLine:markLineOpt
        },
        {                                    //数据系列 3
            name:'III',             type:'scatter',
            xAxisIndex:2,           yAxisIndex:2,
            data:dataAll[2],        markLine:markLineOpt
        },
        {                                    //数据系列 4
            name:'IV',                       type:'scatter',
            xAxisIndex:3,                    yAxisIndex:3,
            data:dataAll[3],        markLine:markLineOpt
        }
        ]
    };
```

3.3.2 图例组件

图例(legend)组件是 ECharts 中较为常用的组件，它展现了以不同的颜色区别系列标记的名字，图例表述了数据与图形的关联。用户可以通过单击图例，控制哪些数据系列显示或不显示。ECharts 3.x/ECharts 5.x 中单个 ECharts 实例中可以存在多个图例组件，方便多个图例的布局。当图例数量过多时，可以使用滚动翻页。在 ECharts 中，图例(legend)组件的属性如表 3-6 所示。

表 3-6　图例(legend)组件的属性表

名　　词	默认值	描　　述
{boolean} show	true	是否显示图例，可选项为 true(显示)、false(隐藏)
{string}type	'plain'	图例的类型，默认为普通图例，可选项为 plain(普通)、scroll(可滚动翻页)
{number} zlevel	0	同表 3-5
{number} z	2	同表 3-5
{string} orient	'horizontal'	布局方式，默认为水平布局，可选项为 horizontal、vertical
{string | number} x	'center'	水平安放位置，默认为全图居中，可选项为 center、left、right、{number}(x 坐标，单位为 px)
{string | number} y	'top'	垂直安放位置，默认为全图顶端，可选项为 top、bottom、center、{number}(y 坐标，单位为 px)
{color}backgroundColor	'transparent'	图例背景颜色，默认透明
{string} borderColor	'#ccc'	图例边框颜色
{number} borderWidth	0	图例边框线宽，单位为 px，默认为 0 (无边框)
{number | Array} padding	5	图例内边距，单位为 px，默认各方向内边距为 5，接受数组分别设定上右下左边距，同 css，见图 3-14
{number} itemGap	10	各个 item 之间的间隔，单位为 px，默认为 10，横向布局时为水平间隔，纵向布局时为纵向间隔，见图 3-14
{number} itemWidth	25	图例标记的图形宽度
{number} itemHeight	14	图例标记的图形高度
{Object} textStyle	{color: '#333'}	图例的公用文本样式，默认只设定了图例文字颜色，更个性化的是要指定文字颜色跟随图例，可设 color 为'auto'
{string | Function} formatter	null	用于格式化图例文本，支持字符串模板和回调函数两种形式
{boolean|string}selectedMode	true	选择模式，默认开启图例开关，可选项为 single、multiple
{Object} selected	null	图例默认选中状态表，配置默认选中状态，可配合 LEGEND.SELECTED 事件做动态数据载入
{Array} data	[ ]	图例的数据数组，数组项通常为字符串，每一项代表一个系列的 name，默认布局到达边缘会自动分行(列)，传入空字符串"可实现手动分行(列)。 使用根据该值索引 series 中同名系列所用的图表类型和 itemStyle，如果索引不到，该 item 将默认为没启用状态。 如需个性化图例文字样式，可将数组项改为{Object}，指定文本样式和个性化图例 icon，格式为{name : {string}, textStyle : {Object}, icon : {string}}

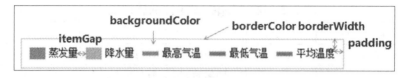

图 3-14   图例组件属性示意图

利用某一年的蒸发量、降水量、最低气温和最高气温数据绘制折柱混搭图，并为图表配置图例组件，如图 3-15 所示。

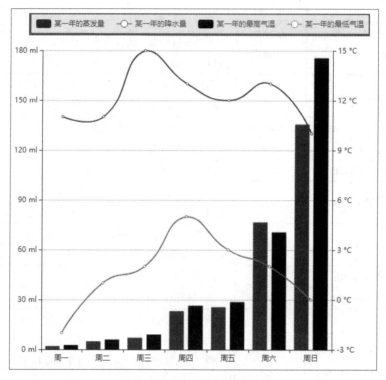

图 3-15   图例组件实例图

在 ECharts 中实现图 3-15 所示的绘制，如代码 3-5 所示。

代码 3-5   图例组件实例的关键代码

```
var option = {
    color:["red",'green','blue','grey'],        //使用自己预定义的颜色
    legend: {
        orient: 'horizontal',                   // 'vertical'
        x: 'right',                             // 'center' | 'left' | {number},
        y: 'top',                              // 'center' | 'bottom' | {number}
        backgroundColor: '#eee',
        borderColor: 'rgba(178,34,34,0.8)',
        borderWidth: 4,
        padding: 10,                           // [5, 10, 15, 20]
```

```
        itemGap: 20,        textStyle: {color: 'red'},
    },
    xAxis :{                             //x 轴
    data : ['周一','周二','周三','周四','周五','周六','周日']
    },
    yAxis : [                            //y 轴
        {                                //第 1 条 y 轴
            type : 'value',
            axisLabel : {    formatter: '{value} ml'    }
        },
        {                                //第 2 条 y 轴
            type : 'value',
            axisLabel : {    formatter: '{value} °C'    },
            splitLine : {show : false}
        }
    ],
    series:[                             //数据系列
        {                                //数据系列 1
            name:'某一年的蒸发量',        type:'bar',
            data:[2.0, 4.9, 7.0, 23.2, 25.6, 76.7, 135.6]
        },
        {                                //数据系列 2
            name:'某一年的降水量',         smooth:true,
            type:'line',       yAxisIndex: 1,    data:[11, 11, 15, 13, 12, 13, 10]
        },
        {                                //数据系列 3
            name:'某一年的最高气温',        type:'bar',
            data:[2.6, 5.9, 9.0, 26.4, 28.7, 70.7, 175.6]
        },
        {                                //数据系列 4
          name:'某一年的最低气温',          smooth:true,
          type:'line',       yAxisIndex: 1,    data:[-2, 1, 2, 5, 3, 2, 0]
        }
    ]
};
```

当图例数量过多或图例长度过长时，可以使用垂直滚动图例或水平滚动图例，参见属性 legend.type。此时，设置 type 属性的值为"scroll"，表示图例只显示在一行，多余的部分会自动呈现为滚动效果，如图 3-16 所示。

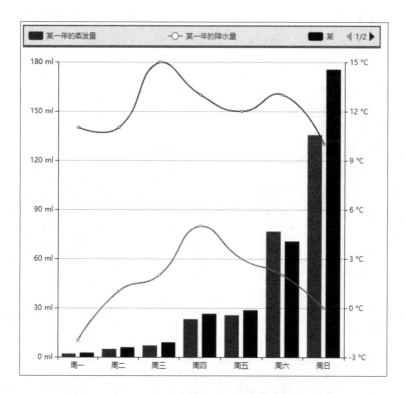

图 3-16　图例组件(滚动效果)实例图

在图 3-16 中的右上方的 ◀ 1/2 ▶ 图标，即图例的滚动图标，可以将图例呈现为滚动效果。

在 ECharts 中实现图 3-16 所示的图形绘制，如代码 3-6 所示。

代码 3-6　图例组件(滚动效果)实例的关键代码

```
var option = {
    color:['red','green','blue','grey'],      //使用自己预定义的颜色
    legend: {
        type: 'scroll',          //设置为滚动图例，type 属性默认值为'plain'(普通图例，不滚动)
        orient: 'horizontal',            // 'vertical'
        x: 'right',                      // 'center' | 'left' | {number},
        y: 'top',                        // 'center' | 'bottom' | {number}
        backgroundColor: '#eee',
        borderColor: 'rgba(178,34,34,0.8)',
        borderWidth: 4,
        padding: 10,                     // [5, 10, 15, 20]
        itemGap: 20,      textStyle: {color: 'red'},
    },
    xAxis :{                             //x 轴
    data: ['周一','周二','周三','周四','周五','周六','周日']
```

```
    },
    yAxis : [                        //y 轴
        {                            //第 1 条 y 轴
            type : 'value',
            axisLabel : {  formatter: '{value} ml'  }
        },
        {                            //第 2 条 y 轴
            type : 'value',
            axisLabel : {  formatter: '{value} ℃'  },
            splitLine : {show : false}
        }
    ],
    series:[                          //数据系列
        {                            //数据系列 1
            name:'某一年的蒸发量                          ',      type:'bar',
            data:[2.0, 4.9, 7.0, 23.2, 25.6, 76.7, 135.6]
        },
        {                            //数据系列 2
            name:'某一年的降水量                        ',      smooth:true,
            type:'line',     yAxisIndex: 1,   data:[11, 11, 15, 13, 12, 13, 10]
        },
        {                            //数据系列 3
            name:'某一年的最高气温                        ',      type:'bar',
            data:[2.6, 5.9, 9.0, 26.4, 28.7, 70.7, 175.6]
        },
        {                            //数据系列 4
            name:'某一年的最低气温                        ',      smooth:true,
            type:'line',     yAxisIndex: 1,   data:[-2, 1, 2, 5, 3, 2, 0]
        }
    ]
};
```

任务 3.4　工具箱组件与详情提示框组件

任务描述

ECharts 中的工具箱(toolbox)组件包含了可视化图表中的一些附加功能，它内置了多个子工具。详情提示框(tooltip)组件可以展现出更为详细的数据。为了更加便捷地操作图表、详细观察图表中的数据，需要配置和使用工具箱组件与详情提示框组件。

(1) 配置和使用工具箱组件。

(2) 配置和使用详情提示框组件。

(3) 格式化处理详情提示框组件。

3.4.1　工具箱组件

ECharts 中的工具箱(toolbox)组件功能非常强大，内置有 6 个子工具，包括标记(mark)、数据区域缩放(dataZoom)、数据视图(dataView)、动态类型切换(magicType)、重置(restore)、导出图片(saveAsImage)。工具箱组件中最主要的属性是 feature，这是工具箱组件的配置项，6 个子工具的配置都需要在 feature 中实现。

除了各个内置的工具按钮外，开发者还可以自定义工具按钮。注意，自定义的工具名字只能以 my 开头，如 myTool1、myTool2，具体可参见代码 3-7 中的 myTool 自定义工具按钮的实现。

在 ECharts 中，工具箱(toolbox)组件的属性如表 3-7 所示。

表 3-7　工具箱(toolbox)组件的属性表

参　数	默认值	描　述
{boolean} show	true	是否显示工具框组件，可选项为 true(显示)、false(隐藏)
{number} zlevel	0	同表 3-5
{number} z	2	同表 3-5
{string} orient	'horizontal'	布局方式，默认为水平布局，可选项为 horizontal、vertical
{string | number} x	'center'	水平安放位置，默认为全图居中，可选项为 center、left、right、{number}(x 坐标，单位为 px)
{string | number} y	'top'	垂直安放位置，默认为全图顶端，可选项为 top、bottom、center、{number}(y 坐标，单位为 px)
{color}backgroundColor	'rgba(0,0,0,0)'	工具箱背景颜色，默认透明
{string} borderColor	'#ccc'	工具箱边框颜色
{number} borderWidth	0	工具箱边框线宽，单位为 px，默认为 0 (无边框)
{number | Array} padding	5	工具箱的内边距，单位为 px，默认各方向内边距为 5，接受数组分别设定上右下左边距，同 css，见图 3-14
{number} itemGap	10	工具栏 icon 每项之间的间隔，单位为 px，默认为 10，横向布局时为水平间隔，纵向布局时为纵向间隔
{number} itemSize	15	工具箱 icon 大小，单位为 px
{boolean} showTitle	true	是否在鼠标 hover 的时候显示每个工具 icon 的标题
{Object} feature	Object(省略)	各工具配置项。除了各个内置的工具按钮外，还可以自定义工具按钮。注意，自定义的工具名字只能以 my 开头

利用 2020 年 3 月 7 日—2020 年 3 月 22 日某学校作业成绩的最高和最低分数据，绘制折线图，并为图表配置工具箱组件，如图 3-17 所示。

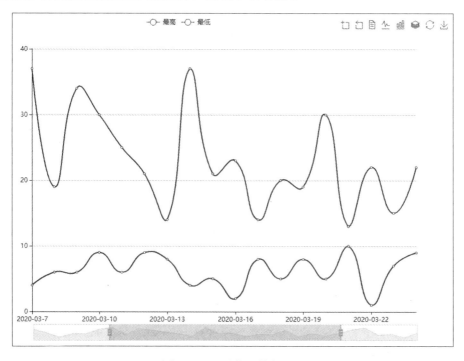

图 3-17　工具箱组件实例图

在图 3-17 中可以看出，图表的右上角配置了 8 个工具。

在 ECharts 中实现图 3-17 所示的图形绘制，如代码 3-7 所示。

代码 3-7　工具箱组件实例的关键代码

```
var option = {
    color:["red",'green','blue','yellow','grey','#FA8072'],//使用自己预定义的颜色
    tooltip : {                    //提示框
        trigger: 'axis'      },
    legend: {                      //图例
        x:300,    data:['最高','最低']
    },
    toolbox: {                     //工具箱
        show : true,               //是否显示工具箱组件
        orient: 'horizontal',      //布局方式，默认为水平布局，可选: 'horizontal'｜'vertical'
        x: 'right',                //水平安放位置，默认为右对齐，可选 'center'｜'left'｜'right'
                                   //｜{number}(x 坐标，单位 px)
        y: 'top',                  // 垂直安放位置，默认为顶端，可选 'top'｜'bottom'｜'center'
                                   //｜{number}(y 坐标，单位 px)
        color : ['#1e90ff','#22bb22','#4b0082','#d2691e'],
```

```
        backgroundColor: 'rgba(0,0,0,0)',      //工具箱背景颜色
        borderColor: '#ccc',      //工具箱边框颜色
        borderWidth: 0,           // 工具箱边框线宽，单位 px，默认为 0(无边框)
        padding: 5,               // 工具箱内边距，单位 px，默认各方向内边距为 5
        showTitle: true,
    feature : {
        mark : {                  //标记
        show : true,
            title : {
                    mark : '辅助线-开关',
                    markUndo : '辅助线-删除',
                    markClear : '辅助线-清空'
                },
            lineStyle : {   width : 1,color:'#1e90ff',      type : 'dashed'          }
        },
        dataZoom : {              //数据区域缩放
            show : true,
            title : {   dataZoom : '区域缩放',      dataZoomReset : '区域缩放-后退'   }
        },
        dataView : {              //数据视图
            show : true,              title : '数据视图',
            readOnly: false,      lang : ['数据视图', '关闭', '刷新'],
            optionToContent: function(opt) {
                var axisData = opt.xAxis[0].data;
                var series = opt.series;
                var table = '<table style="width:100%;text-align:center"><tbody><tr>'
                        + '<td>时间</td>'
                        + '<td>' + series[0].name + '</td>'
                        + '<td>' + series[1].name + '</td>'
                        + '</tr>';
                for (var i = 0, l = axisData.length; i < l; i++) {
                    table += '<tr>'
                        + '<td>' + axisData[i] + '</td>'
                        + '<td>' + series[0].data[i] + '</td>'
                        + '<td>' + series[1].data[i] + '</td>'
                        + '</tr>';
                }
                    table += '</tbody></table>';
```

```
                            return table;
                        }
                },
                magicType: {                //动态类型切换
                    show : true,
                    title : {
                            line : '动态类型切换-折线图',
                            bar : '动态类型切换-柱形图',
                            stack : '动态类型切换-堆积',
                            tiled : '动态类型切换-平铺'
                        },
                    type : ['line', 'bar', 'stack', 'tiled']
                },
                restore : {                  //数据重置
                    show : true,      title : '还原',      color : 'black'
                },
                saveAsImage : {              //导出图片
                    show : true,      title : '保存为图片',
                    type : 'jpeg',      lang : ['单击本地保存']
                },
                myTool : {                   //自定义工具按钮
                    show : true,          title : '自定义扩展方法',
                    icon:"image://../images/girl3.gif",      //改变默认的图标为一个特定的图标
                    icon:'image://http://echarts.baidu.com/images/favicon.png',
                    onclick : function ()    {alert('广科院，大数据与人工智能学院')}
                }
            }
        }
    },
calculable : true,
    dataZoom : {                        //数据区域缩放
        show : true,          realtime : true,
        start : 20,        end : 80
    },
    xAxis : [                          //x 轴
        {
            type : 'category',      boundaryGap : false,
            data : function (){
                var list = [];
```

```
            for (var i = 1; i <= 30; i++)   {    list.push('2020-03-' + i);   }
            return list;
        }()
    }
],
yAxis : [                    //y 轴
    {    type : 'value'    }
],
series : [                    //数据系列
    {                        //数据系列 1
        name:'最高',          type:'line',      smooth:true,
        data:function (){
            var list = [];
            for (var i = 1; i <= 30; i++) {
                list.push(Math.round(Math.random()* 30) + 10);
            }
            return list;
        }()
    },
    {                        //数据系列 2
        name:'最低',
    type:'line',          smooth:true,
        data:function (){
            var list = [];
            for (var i = 1; i <= 30; i++) {
                list.push(Math.round(Math.random()* 10));
            }
            return list;
        }()
    }
]
};
```

3.4.2   详情提示框组件

详情提示框(tooltip)组件又称气泡提示框组件或弹窗组件，也是一个功能比较强大的组件，在鼠标滑过图表中的数据标签时，会自动弹出一个小窗体，展现更详细的数据。有时为了更友好地显示数据内容，还需要对显示的数据内容作格式化处理，或添加自定义内容。详情提示框(tooltip)组件的属性如表 3-8 所示。在详情提示框组件中，最为常用的属性是 trigger 属性。

表 3-8　详情提示框(tooltip)组件的属性表

参　数	默认值	描　述
{boolean} show	true	是否显示详情提示框组件，可选项为 true(显示)、false(隐藏)
{number} zlevel	0	同表 3-5
{number} z	2	同表 3-5
{boolean} showContent	true	是否显示提示框浮层，只需 tooltip 触发事件或显示 axisPointer 而不需要显示内容时可配置该项为 false，可选项为 true(显示)、false(隐藏)
{string} trigger	'item'	触发类型，默认数据触发，可选项为 item、axis、none
{Array | Function} position	null	提示框浮层的位置，默认不设置时位置会跟随鼠标的位置
{string | Function} formatter	null	提示框浮层内容格式器，支持字符串模板和回调函数两种形式
{number} showDelay	0	浮层显示的延迟，添加显示延迟可以避免频繁切换，特别是在详情内容需要异步获取的场景，单位为 ms
{number} hideDelay	100	浮层隐藏的延迟，单位为 ms
{number} transitionDuration	0.4	提示框浮层的移动动画过渡时间，单位为 s，设置为 0 的时候会紧跟着鼠标移动
{boolean} enterable	false	鼠标是否可进入提示框浮层中，默认为 false，如需详情内交互，如添加链接、按钮，可设置为 true
{color} backgroundColor	'rgba(50,50,50,0.7)'	提示框浮层的背景颜色
{string} borderColor	'#333'	提示框浮层的边框颜色
{number} borderRadius	4	提示边框圆角，单位为 px，默认为 4
{number} borderWidth	0	提示框浮层的边框宽，单位为 px，默认为 0 (无边框)
{number | Array} padding	5	提示框浮层内边距，单位为 px，默认各方向内边距为 5，接受数组分别设定上右下左边距，同 css
{Object} axisPointer	Object(省略)	坐标轴指示器配置项，默认 type 为 line，可选项为 line、cross、shadow、none(无)，指定 type 后对应 style 生效
{Object} textStyle	{ color:'#fff' }	提示框浮层的文本样式，默认为白色字体

利用一周内商家的收入数据绘制柱状图，并为图表配置详细提示框组件，如图 3-18 所示。

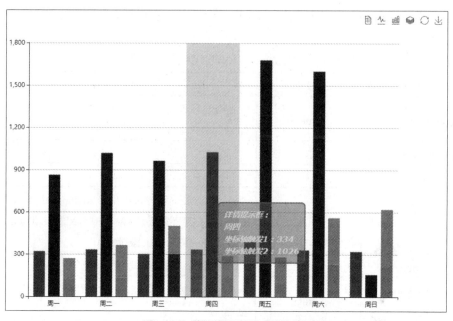

图 3-18　详情提示框组件实例图

在图 3-18 中，当光标滑过图表中的数据标签时，图表中出现了更为详细的信息。在 ECharts 中实现图 3-18 所示的图形绘制，如代码 3-8 所示。

代码 3-8　详情提示框组件实例的关键代码

```
var option = {
    tooltip : {                          // 详情提示框组件
        trigger: 'axis',
        axisPointer:
        {
            type: 'shadow',
            lineStyle: {
                color: '#48b',    width: 2,    type: 'solid'    },
            crossStyle: {
                color: '#1e90ff',    width: 1,    type: 'dashed'    },
            shadowStyle: {
                color: 'rgba(150,150,150,0.3)',         width: 'auto',    type: 'default'    }
        },
        showDelay: 0,    hideDelay: 0,    transitionDuration:0,
        backgroundColor : 'rgba(0,222,0,0.5)',
        borderColor : '#f50',    borderRadius : 8,    borderWidth: 2,
        padding: 10,             // [5, 10, 15, 20]
        position : function(p) {
                                  // 位置回调
```

```
                return [p[0] + 10, p[1] - 10];
        },
        textStyle : {
                color: 'yellow',       decoration: 'none',       fontFamily: 'Verdana, sans-serif',
                fontSize: 15,       fontStyle: 'italic',       fontWeight: 'bold'
        },
        formatter: function (params,ticket,callback) {
                console.log(params)
                var res = '详情提示框 : <br/>' + params[0].name;
                for (var i = 0, l = params.length; i < l; i++) {
                        res += '<br/>' + params[i].seriesName + ' : ' + params[i].value;
                }
                setTimeout(function (){
                                // 仅为了模拟异步回调
                        callback(ticket, res);
                }, 500)
                return 'loading';
        }
    },
toolbox: {                        //工具箱组件
    show : true,
    feature : {
            mark : {show: true},       dataView : {show: true, readOnly: false},
            magicType : {show: true, type: ['line', 'bar', 'stack', 'tiled']},
            restore : {show: true},       saveAsImage : {show: true}
    }
},
calculable : true,
xAxis : {                        //x 轴
    data : ['周一','周二','周三','周四','周五','周六','周日']
},
yAxis : {                        //y 轴
    type : 'value'
},
series : [                        //数据系列
    {                        //数据系列 1
        name:'坐标轴触发 1',              type:'bar',
        data:[
```

```
                        {value:320, extra:'Hello~'},
                        332, 301, 334, 390, 330, 320
                    ]
            },
            {                         //数据系列 2
                name:'坐标轴触发 2',              type:'bar',
                data:[862, 1018, 964, 1026, 1679, 1600, 157]
            },
            {                         //数据系列 3
                name:'数据项触发 1',            type:'bar',
                tooltip : {              // Series config.
                    trigger:'item',      backgroundColor: 'black',      position:[0,0],
                    formatter: "Series formatter: <br/>{a}<br/>{b}:{c}"
                },
                stack: '数据项',
                data:[
                    120, 132,
                    {
                        value: 301,        itemStyle: {normal: {color: 'red'}},
                        tooltip : {      // Data config
                            backgroundColor: 'blue',
                            formatter: "Data formatter: <br/>{a}<br/>{b}:{c}"
                        }
                    },
                    134, 90,
                    {    value: 230,tooltip: {show: false}      },
                    210
                ]
            },
            {                         //数据系列 4
                name:'数据项触发 2',              type:'bar',
                tooltip : {
                    show : false,      trigger: 'item'
                },
                stack: '数据项',       data:[150, 232, 201, 154, 190, 330, 410]
            }
        ]
};
```

任务 3.5　标记点和标记线

 任务描述

在一些折线图或柱状图当中，经常看到图中会对最高值和最低值进行标记。在 ECharts 中，标记点(markPoint)常用于表示最高值和最低值等数据。而有些图表中，会有一个平行于 x 轴的、表示平均值等数据的虚线。在 ECharts 中，标记线(markLine)常用于表示平均值等水平线的。为了更好地观察数据中的最高值、最低值和平均值等数据，需要在图表中配置和使用标记点与标记线。

 任务分析

(1) 配置和使用标记点。
(2) 配置和使用标记线。

3.5.1　标 记 点

在 ECharts 中，标记点(markPoint)可以在最大值、最小值、平均值上，也可以在任意位置上，它需要在 series 字段下进行配置。标记点的各种属性如表 3-9 所示。

表 3-9　标记点(series.markPoint)的属性表

名　词	默认值	描　述
{boolean} clickable	true	数据图形是否可点击，默认开启，如果没有 click 事件响应可以关闭
{Array | string} symbol	'pin'	标记点的类型如果都一样，可以直接传 string，同 series 中的 symbol
{Array|number| Function} symbolSize	50	标记点大小，同 series 中的 symbolSize
{Array|number}symbolRotate	null	标记的旋转角度，同 series 中的 symbolRotate
boolean large	false	是否启用大规模标线模式，默认关闭
{Object} itemStyle	{...}	标记图形样式属性，同 series 中的 itemStyle
{Array} data	[]	标记图形数据

3.5.2　标 记 线

ECharts 中的标记线(markLine)是一条平行于 x 轴的水平线，有最大值、最小值、平均值等数据的标记线，它也是在 series 字段下进行配置。标记线的各种属性如表 3-10 所示。

表 3-10　标记线(series.markLine)的属性表

名　词	默认值	描　述
{boolean} clickable	true	数据图形是否可点击,默认开启,如果没有 click 事件响应可以关闭
{Array | string} symbol	['circle', 'arrow']	标记线起始和结束的 symbol 介绍类型,默认循环选择类型有 circle、rectangle、triangle、diamond、emptyCircle、emptyRectangle、emptyTriangle、emptyDiamond
{Array| number} symbolSize	[2, 4]	标记线起始和结束的 symbol 大小,半宽(半径)参数,如果都一样,可以直接传 number,同 series 中的 symbolSize
{Array|number} symbolRotate	null	标线起始和结束的 symbol 旋转控制,同 series 中的 symbolRotate
{Object} itemStyle	{...}	标记线图形样式属性,同 series 中的 itemStyle
{Array} data	[]	标记线的数据数组

利用某商场商品的销量数据绘制柱状图,并利用标记线和标记点标记出数据中的最大值、最小值和平均值,如图 3-19 所示。

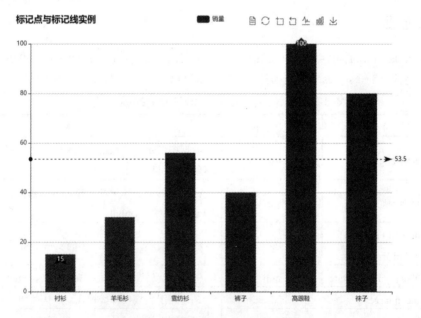

图 3-19　标记线、标记点实例图

在图 3-19 中可以看出,图表中利用标记点标记出了数据中的最小值 15,最大值 100,并利用标记线标记出了数据中的平均值 53.5。

在 ECharts 中实现图 3-19 所示的图形绘制,如代码 3-9 所示。

代码 3-9　标记线、标记点实例的关键代码

```
var option = {
    color:['green',"red",'blue','yellow','grey','#FA8072'],//使用自己预定义的颜色
```

```
title:{                          //标题
    x:55,
    text:'markLine_markPoint 实例',
},
toolbox:{                 //工具箱
     x:520,
    show:true,
    feature:{
        dataView:{          //数据视图
            show:true
        },
        restore:{           //还原
            show:true
        },
        dataZoom:{          //区域缩放
            show:true
        },
            magicType: {   //动态类型切换
                show : true,
                title : {
                    line : '动态类型切换-折线图',
                    bar : '动态类型切换-柱形图'
                },
                type : ['line', 'bar']
            },
            saveAsImage:{       //保存图片
                show:true
            }
        }
    },
    tooltip:{         //工具箱
        trigger:'axis'
    },
    legend:{        //图例
        data:['销量']
    },
    xAxis:{        //x 轴
        data:["衬衫","羊毛衫","雪纺衫","裤子","高跟鞋","袜子"]
    },
    yAxis:{},                //y 轴
```

```
        series:[{                    //数据系列
            name:'销量',
            barWidth: 60,            // 柱子的宽度
            type:'bar',              //柱状图
            data:[15,30,56,40,100,80],
            markPoint:{              //标记点
            data:[
                {
                type:'max',name:'最大值',symbol:'diamond',symbolSize:25,
                    itemStyle:{          //标记点的样式
                        normal: {    color:'red'   }
                    },
                },
                {
                type:'min',name:'最小值',symbol:'arrow',symbolSize:20,
                    itemStyle:{          //标记点的样式
                        normal: {    color:'blue'   }
                    },
                },
                ]
            },
            markLine:{                   //标记线
                data:[
                    {type:'average',name:'平均值',
                        itemStyle:          //标记点的样式
                        {
                            normal:{ borderType:'dotted',color:'darkred'}
                        },
                    }],
                }
        }]
};
```

小　　结

本章介绍了 ECharts 官方文档的使用、ECharts 的基础框架和常用术语。还介绍了 ECharts 图表中常用几种组件的配置和使用，包括网格组件、坐标轴组件、标题组件、图例组件、工具箱组件、详情提示框组件、标记点组件和标记线组件等。

实　　训

销售经理能力对比分析

1. 训练要点

(1) 掌握直角坐标系下的网格及坐标轴的配置方法。

(2) 掌握标题组件与图例组件的配置方法。

(3) 掌握工具箱组件与详情提示框组件的配置方法。

(4) 掌握标记线和标记点的配置方法。

2. 需求说明

"销售经理能力考核表.xlsx"文件上的数据为某公司对王斌、刘倩、袁波 3 个销售代表从多方面进行考核得到的评分数据，评分项具体包括销售、沟通、服务、协作、培训和组织。绘制柱状图，并配置直角坐标系下的网格及坐标轴、标题组件、图例组件、工具箱组件、详情提示框组件、标记线和标记点，实现更清晰、更便捷地分析销售经理的能力。

3. 实现思路及步骤

(1) 在 VS Code 中创建销售经理能力对比分析.html 文件。

(2) 绘制柱状图。首先，在销售经理能力对比分析.html 文件中引入 echarts.js 库文件。其次，准备一个具备大小(weight 与 height)的 div 容器，并使用 init()方法初始化容器。最后设置柱形图的配置项、"销售经理能力考核表.xlsx"数据完成柱状图绘制。

(3) 配置网格及坐标轴。利用网格组件为绘制的柱状图设置网格边框和背景颜色，并利用坐标轴组件为坐标轴设置坐标轴刻度标记和坐标轴文本标签。

(4) 配置标题组件和图例组件。利用标题组件在绘制的柱状图正上方设置红色字体"销售经理能力对比分析"为主标题，并利用图例组件在柱状图的左上角配置图例。

(5) 配置工具箱组件和详情提示框组件。利用工具箱组件在绘制的柱状图右上角配置含有边框的工具箱，并利用详情提示框组件为绘制的柱状图配置详情提示框。

(6) 配置标记线和标记点。利用标记线标记出考核评分中的平均分数，利用标记点标记出考核评分中的最高分和最低分。

第 4 章

ECharts 中的其他图表

在第 2 章和第 3 章中介绍了 ECharts 中最常见三大图表的制作方法、注意事项和常用组件的制作方法。本章将探讨 ECharts 中另外一些常见图表(包括散点图、气泡图、仪表盘、漏斗图(金字塔)、雷达图、词云图和矩形树图等)的制作方法。

(1) 掌握 ECharts 中散点图的绘制方法。
(2) 掌握 ECharts 中气泡图的绘制方法。
(3) 掌握 ECharts 中仪表盘的绘制方法。
(4) 掌握 ECharts 中漏斗图(金字塔)的绘制方法。
(5) 掌握 ECharts 中雷达图的绘制方法。
(6) 掌握 ECharts 中词云图的绘制方法。
(7) 掌握 ECharts 中矩形树图的绘制方法。

任务 4.1　散点图、气泡图

在大数据时代,人们更关注数据之间的相关关系,而非因果关系。散点图既能用来呈现数据点的分布,表现两个元素的相关性,又能像折线图一样表示随着时间的推移数据的发展趋势。为了更直观地查看男性与女性的身高和体重数据、1990 和 2015 年各国人均寿命与 GDP 数据、北上广三城市空气污染指数等数据中的相关关系,需要在 ECharts 中绘制散点图和气泡图进行展示。

(1) 在 ECharts 中绘制散点图。

(2) 在 ECharts 中绘制气泡图。

4.1.1 绘制散点图

散点图(scatter)是由一些散乱的点组成的图表。因为其中点的位置是由其 x 值和 y 值确定的，所以也叫作 xy 散点图。

散点图又称散点分布图，是以一个变量为横坐标，以另一变量为纵坐标，利用散点(坐标点)的分布形态反映变量统计关系的一种图形，因此，需要为每个散点至少提供两个数值。散点图的特点是能直观表现出影响因素和预测对象之间的总体关系趋势，优点是能通过直观醒目的图形方式反映变量间关系的变化形态，以便决定用何种数学表达方式来模拟变量之间的关系。散点图的核心思想是研究，适用于发现变量间的关系与规律，不适用于清晰表达信息的场景。散点图包含的数据越多，比较的效果就越好。在默认情况下，散点图以圆点显示数据点。如果在散点图中有多个序列，则可以考虑将点的标记更改为方形、三角形、菱形或其他形状。

通过观察散点图上数据点的分布情况，可以推断出变量间的相关性。如果变量之间不存在相互关系，那么在散点图上就会表现为随机分布的离散的点；如果存在某种相关性，那么大部分数据点就会相对密集并以某种趋势呈现。数据的相关关系主要分为正相关(两个变量值同时增长)、负相关(一个变量值增加，另一个变量值下降)、不相关、线性相关、指数相关、U 形相关等，表现在散点图上的大致分布如图 4-1 所示。离点集群较远的点称为离群点或者异常点。

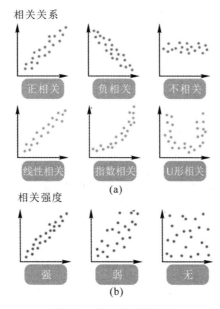

图 4-1　散点图"家族"

1. 在 ECharts 中绘制基本散点图

基本散点图可用于观察两个指标的关系。利用男性和女性的身高、体重数据观察身高和体重两者间的关系，如图 4-2 所示。

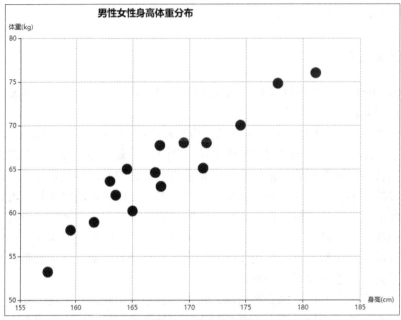

图 4-2　基本散点图

从图 4-2 中可以看出，身高与体重基本上呈现出正相关的关系，即身高越高，体重也相应越大。另外，还可以发现，身高主要集中在 1.62 m 至 1.72 m 之间。

在 ECharts 中实现图 4-2 所示图形的绘制，如代码 4-1 所示。

代码 4-1　基本散点图的关键代码

```
var option = {
    title:{x:222,text:'男性女性身高体重分布'},
    color:['blue','green'],
    xAxis: {scale:true,name:'身高(cm)',color:'red'},
    yAxis: {scale:true,name:'体重(kg)'},
    series: [{
        type: 'scatter',        symbolSize:20,
        data: [
            [167.0, 64.6], [177.8, 74.8], [159.5, 58.0], [169.5, 68.0],
            [163.0, 63.6], [157.5, 53.2], [164.5, 65.0], [163.5, 62.0],
            [171.2, 65.1], [161.6, 58.9], [167.4, 67.7], [167.5, 63.0],
            [181.1, 76.0], [165.0, 60.2], [174.5, 70.0], [171.5, 68.0],],
        }],
};
```

在代码 4-1 中，数据中的数组[167.0, 64.6]表示一个人的身高和体重。由于在代码中标识了 type: 'scatter'，所以 ECharts 会自动从这个数组中读取第一个元素 167.0 作为坐标的横坐标，第二个元素 64.6 作为坐标的纵坐标。

2. 在 ECharts 中绘制两个序列的散点图

与代码 4-1 中的实例不同的是，当利用两组数据分别代表两个序列数据的男性和女性的身高、体重时，得到的结果如图 4-3 所示。

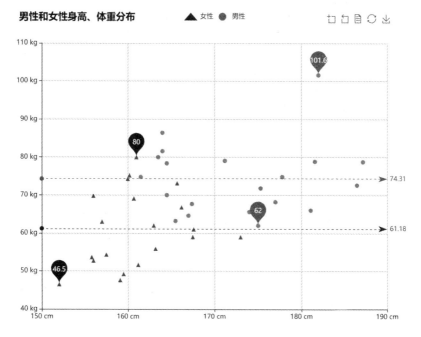

图 4-3　两个序列的散点图

图 4-3 中，两种不同颜色分别表示了男性和女性不同序列的数据，并分别标记出了数据中男性和女性体重的最大值、最小值和平均值。

在 ECharts 中实现图 4-3 所示图形的绘制，如代码 4-2 所示。

代码 4-2　两个序列散点图的关键代码

```
var option = {
    color:['red','green','blue','greys'],
    title:{x:33, text:'男性女性身高体重分布',subtext:'抽样调查来自:FLQ 2022'},
    legend: {data:['女性','男性']},          //指定图表
    toolbox: {                   //工具箱
        x:600,        show : true,
        feature : {
            mark : {show: true},
            dataZoom : {show: true},
            dataView : {show: true, readOnly: false},
            restore : {show: true},
            saveAsImage : {show: true}
        }
    },
    xAxis:[{type:'value',scale:true,axisLabel:{formatter:'{value} cm'}}],
    yAxis:[{type:'value',scale:true,axisLabel:{formatter:'{value} kg'}}],
    series : [          //数据系列
        {              //女性数据
            name:'女性',   type:'scatter',   symbolSize:8，  symbol:'striangle',
```

```
        data:[[161.2,51.6],[167.5,59],[159.5,49.2],[157,63],[155.8,53.6],
              [173.0,59],[159.1,47.6],[156,69.8],[166.2,66.8],[160.2,75.2],
              [167.6,61],[160.7,69.1],[163.2,55.9],[152,46.5],[157.5,54.3],
              [156,52.7],[160,74.3],[163,62],[165.7,73.1],[161,80]],
        markPoint:{data:[{type:'max',name:'最大值'},{type:'min',name:'最小值'}]},
        markLine:{data:[{type:'average',name:'平均值'}]}
    },
    {            //男性数据
        name:'男性',    type:'scatter',    symbolSize:8,
        data:[[174,65.6],[175.3,71.8],[163.5,80],[186.5,72.6],[187.2,78.8],
              [167, 64.6],[177.8,74.8],[164.5,70],[182,101.6],[165.5,63.2],
              [171.2,79.1],[181.6,78.9],[167.4,67.7],[181.1,66],[177,68.2],
              [161.5,74.8],[164.0,86.4],[164.5,78.4],[175,62], [164,81.6]],
        markPoint:{data:[{type:'max',name:'最大值'},{type:'min',name:'最小值'}]},
        markLine:{data:[{type:'average',name:'平均值'}]}
    }
    ]
};
```

3. 在 ECharts 中绘制带涟漪特效的散点图

在 ECharts 中，通过使用 effectScatter 可以设置带有涟漪特效动画的 ECharts 散点(气泡)图。把男性和女性的身高、体重数据做出动画特效可以将某些重要数据进行视觉突出，如图 4-4 所示。

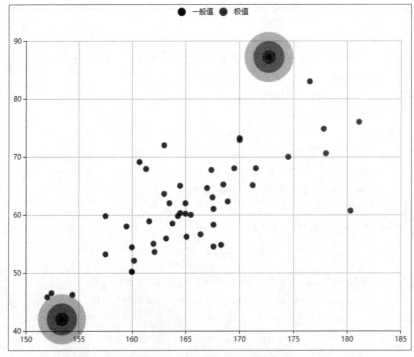

图 4-4　带涟漪特效的散点图

在图 4-4 中，分别对[172.7, 87.2]、[153.4, 42]两个点设置了涟漪特效。涟漪特效的位置、大小、绘制方式等可以根据自身的需求进行设置。

在 ECharts 中实现图 4-4 所示图形的绘制，如代码 4-3 所示。

代码 4-3　带涟漪特效的散点图的关键代码

```
var option = {
    //指定图表的配置项和数据
    legend: {data:['一般值','极值']},
    xAxis: {scale: true    },
    yAxis: {scale: true },
    series: [{
        type:'effectScatter',        //具有涟漪特效的散点图
        silent:false,    //图形是否不响应和触发鼠标事件，默认为 false，即响应和触发鼠标事件
        name:'极值', //系列名称，用于筛选 legend 的图例，在 setOption 更新数据和配置项时用
                     //于指定对应的系列
        legendHoverLink:false,        //是否启用图例 hover 时的联动高亮
        hoverAnimation:false,         //是否开启鼠标 hover 的提示动画效果
        effectType:'ripple',          //特效类型，目前只支持涟漪特效 'ripple'
        showEffectOn:'render',        //配置何时显示特效。'render' 绘制完成后显示特效
        //'emphasis'高亮(hover)的时候显示特效
        rippleEffect:{                //涟漪特效的相关配置
            period:2,                 //动画的时间，数字越小，动画越快
            scale:5.5,                //动画中波纹的最大缩放比例
            brushType:'fill',         //波纹的绘制方式，可选 'stroke' 和 'fill'
        },
        symbolSize: 20,               //特效散点图符号的大小
        data: [                       //特效散点图的数据值
            [172.7, 87.2],
            [153.4, 42]]
    },
    {
        name:'一般值',      type: 'scatter',
        data:[[167.0, 64.6], [177.8, 74.8], [159.5, 58.0], [169.5, 68.0],  [152.0, 45.8],
            [163.0, 63.6], [157.5, 53.2], [164.5, 65.0], [163.5, 62.0], [166.4, 56.6],
            [171.2, 65.1], [161.6, 58.9], [167.4, 67.7], [167.5, 63.0], [168.5, 65.2],
            [181.1, 76.0], [165.0, 60.2], [174.5, 70.0], [171.5, 68.0], [163.0, 72.0],
            [154.4, 46.2], [162.0, 55.0], [176.5, 83.0], [160.0, 54.4], [164.3, 59.8],
            [162.1, 53.6], [170.0, 73.2], [160.2, 52.1], [161.3, 67.9], [178.0, 70.6],
            [168.9, 62.3], [163.8, 58.5], [167.6, 54.5], [160.0, 50.2], [172.7, 87.2],
            [167.6, 58.3], [165.1, 56.2], [160.0, 50.2], [170.0, 72.9], [157.5, 59.8],
            [167.6, 61.0], [160.7, 69.1], [163.2, 55.9], [152.4, 46.5], [153.4, 42],
            [168.3, 54.8], [180.3, 60.7], [165.5, 60.0], [165.0, 62.0], [164.5, 60.3]],
    }]
};
```

在代码 4-3 中，通过设置 type 的值为"effectScatter"，就可以设置带有涟漪特效动画的 ECharts 散点(气泡)图，其他配套的设置项用于设置涟漪特效动画的其他显示效果。

4.1.2　绘制气泡图

在 4.1.1 小节中介绍过的散点图只含有 2 个变量。如果想要再增加变量，就可以使用点的大小来表示。这就使得图中的散点变成了有大有小的点，像气泡一样，所以叫气泡图(bubble)。因此，气泡图与散点图不同的是，气泡图是在基础散点图上添加了一个维度，即用气泡大小表示一个新的维度。此外，气泡图与散点图最直观的区别在于：散点图中的数据点大小一样，气泡图中的气泡大小各不相同。

1. 在 ECharts 中绘制标准气泡图

标准气泡图可用于观察三个指标的关系。利用系统使用随机函数自动生成的 100 个元素观察每个元素中三个数值的关系，如图 4-5 所示。

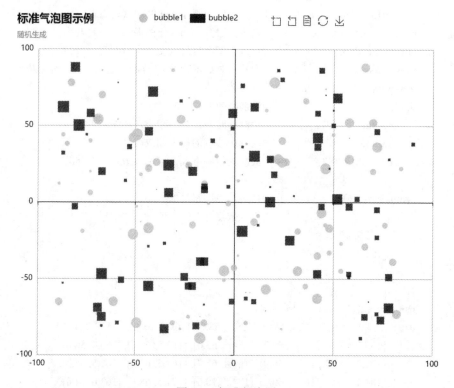

图 4-5　标准气泡图

图 4-5 中出现了两种颜色的气泡，分别为 bubble1 和 bubble2，并且每个气泡的大小都不相同。

在 ECharts 中实现图 4-5 所示图形的绘制，如代码 4-4 所示。

代码 4-4　标准气泡图的关键代码

```
function random(){                    //生成一个范围在(-90,90)的随机函数
    var r=Math.round(Math.random()*90);
```

```
        return (r*(r%2==0? 1:-1));      //返回一个值为(-90,90)的随机数
}
//生成有 100 个元素的数组，每个元素有三个数值，数组中前两个元素的值的范围为(-90,90),
//第三个元素的值是表示气泡大小的随机数，其范围是[0,90)
function randomDataArray() {
        var d=[];
        var len=100;
        while (len--) {
                d.push([random(),random(),Math.abs(random()),]);
        }
        return d;
}
var option = {
        color:['green','darkblue','red']            //气泡的颜色系列
        title : {                                   //图表标题
                x:40,       text:'标准气泡图示例',    subtext:"随机生成"
        },
        tooltip : {                                 //详情提示框
                trigger:'axis',showDelay:0,
                axisPointer:{
                        show: true,      type:'cross',
                        lineStyle: {      type:'dashed',      width:1    }
                }
        },
        legend: {x:240,data:['bubble1','bubble2']}, //图例
        toolbox: {                                  //工具箱
                show : true,       x:450,
                feature : {
                        mark:{show:true},       dataZoom:{show:true},
                        dataView:{show:true,readOnly:false},
                        restore:{show:true},saveAsImage:{show:true}
                }
        },
        xAxis : [{type:'value',       splitNumber:4,       scale:true    }],
        yAxis : [{ type:'value',        splitNumber:4,scale:true}],
        series : [                                  //数据系列
        {   //数据系列中的第 1 类气泡 bubble1
                name:'bubble1',   type:'scatter',     symbol:'circle',
                symbolSize:function(value)    {return Math.round(value[2]/5);   },
```

```
            data:randomDataArray()
        },
        {      //数据系列中的第 2 类气泡 bubble2
            name:'bubble2',      type:'scatter',      symbol:'arrow',
            symbolSize:function(value)      {     return Math.round(value[2]/5); },
            data:randomDataArray()
        }]
    };
```

代码 4-4 中共有两组气泡数组 bubble1 和 bubble2。每组气泡数组中有 100 个元素，数组中每个元素具有三个数值，这三个数值是由系统使用随机函数自动生成的，元素的前两个值为(-90，90)之间的随机数，用于表示数据的位置；元素的第三个值是[0，90)之间的随机数，用于表示气泡的大小。

2. 在 ECharts 中绘制各国人均寿命与 GDP 气泡图

利用 1990 年和 2015 年各国人均寿命与 GDP 数据观察人均 GDP、人均寿命、总人口、国家名称和年份 5 个指标的关系，如图 4-6 所示。

【课程思政】

　　经济发展的根本目的之一是改善人民生活质量，提高百姓平均寿命。值得骄傲的是，中国人均寿命从 1949 年的 35 岁提高到了 2022 年的 78 岁。人均寿命的提高有赖于社会经济条件、卫生医疗水平、个人体质、遗传因素、个人生活方式、气候环境等因素。新中国成立以来，我国人民生活、医疗越来越有保障，人民生活越来越幸福，人均寿命越来越长。人均寿命作为衡量经济社会发展水平和医疗卫生服务水平的综合指标，在七十三年间实现了巨大跨越，这充分体现了社会主义制度的优越性。

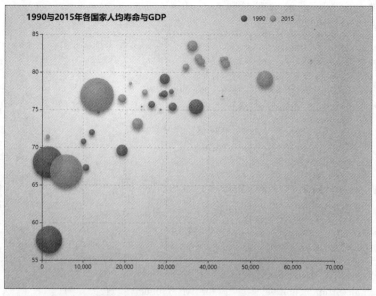

图 4-6　1990 年与 2015 年各国人均寿命与 GDP 气泡图

在图 4-6 中，横坐标表示人均 GDP，纵坐标表示人均寿命，圆圈的大小表示该国的人口数量，不同颜色代表着年份。当鼠标指向图 4-6 中的某个圆圈时，就会在圆圈的上面显示这个圆圈所代表的国家和所对应的年份。

在 ECharts 中实现图 4-6 所示图形的绘制，如代码 4-5 所示。

代码 4-5　各国人均寿命与 GDP 气泡图的关键代码

```
var data = [
    [[28604,77,17096869,'Australia',1990], [31163,77.4,27662440,'Canada',1990],
    [1516,68,1154605773,'China',1990], [13670,74.7,10582082,'Cuba',1990],
    [28599,75,4986705,'Finland',1990], [29476,77.1,56943299,'France',1990],
    [31476,75.4,78958237,'Germany',1990], [28666,78.1,254830,'Iceland',1990],
    [1777,57.7,870601776,'India',1990], [29550,79.1,122249285,'Japan',1990],
    [2076,67.9,20194354,'North Korea',1990], [12087,72,42972254,'South Korea',1990],
    [24021,75.4,3397534,'New Zealand',1990], [43296,76.8,4240375,'Norway',1990],
    [10088,70.8,38195258,'Poland',1990], [19349,69.6,147568552,'Russia',1990],
    [10670,67.3,53994605,'Turkey',1990], [26424,75.7,57110117,'United Kingdom',1990],
    [37062,75.4,252847810,'United States',1990]],     //1990 年的数据
    [[44056,81.8,23968973,'Australia',2015], [43294,81.7,35939927,'Canada',2015],
    [13334,76.9,1376048943,'China',2015], [21291,78.5,11389562,'Cuba',2015],
    [38923,80.8,5503457,'Finland',2015], [37599,81.9,64395345,'France',2015],
    [44053,81.1,80688545,'Germany',2015], [42182,82.8,329425,'Iceland',2015],
    [5903,66.8,1311050527,'India',2015], [36162,83.5,126573481,'Japan',2015],
    [1390,71.4,25155317,'North Korea',2015], [34644,80.7,50293439,'South Korea',2015],
    [34186,80.6,4528526,'New Zealand',2015], [64304,81.6,5210967,'Norway',2015],
    [24787,77.3,38611794,'Poland',2015], [23038,73.13,143456918,'Russia',2015],
    [19360,76.5,78665830,'Turkey',2015], [38225,81.4,64715810,'United Kingdom',2015],
    [53354,79.1,321773631,'United States',2015]]];     //2015 年的数据
var option = {
    backgroundColor: new echarts.graphic.RadialGradient(0.3, 0.3, 0.8, [
        {offset: 0,      color: '#f7f8fa'},
        {offset: 1,      color: '#cdd0d5'}]),
    title: {x:40,      y:10,      text: '1990 与 2015 年各国家人均寿命与 GDP'  },
    legend: {x:510,      y:14,   right:10,   data: ['1990', '2015']},
    xAxis: { splitLine: {   lineStyle: { type: 'dashed'   } } },
    yAxis: { splitLine: {   lineStyle: { type: 'dashed'   } },      scale: true },
    series: [{
        name: '1990',   data: data[0],   type: 'scatter',
        symbolSize: function (data)    {   return Math.sqrt(data[2]) / 5e2; },
        label: {
```

```
            emphasis: {
                show: true,              position: 'top',
                formatter: function (param) {    return (param.data[3]+"," + param.data[4]); }
            }
        },
        itemStyle: {
            normal: {
                shadowBlur: 10,              shadowOffsetY: 5,
                shadowColor: 'rgba(120, 36, 50, 0.5)',
                color: new echarts.graphic.RadialGradient(0.4, 0.3, 1, [{
                    offset: 0,     color: 'rgb(251, 118, 123)'
                }, {
                    offset: 1,     color: 'rgb(204, 46, 72)'    }])
            }}
    },
    {
        name: '2015',     data: data[1],     type: 'scatter',
        symbolSize: function (data)              { return Math.sqrt(data[2]) / 5e2; },
        label: {
            emphasis: {
                show: true, position: 'top',
                formatter: function (param) {    return (param.data[3]+"," + param.data[4]);    }
            }
        },
        itemStyle: {
            normal: {
                shadowBlur: 10,    shadowOffsetY: 5,
                shadowColor: 'rgba(25, 100, 150, 0.5)',
                color: new echarts.graphic.RadialGradient(0.4, 0.3, 1, [
                    {  offset: 0,    color: 'rgb(129, 227, 238)'    },
                    {  offset: 1,    color: 'rgb(25, 183, 207)'    }] )
            }
        }
    }]
};
```

在代码 4-5 中，每一组数据的各个元素的含义为人均 GDP、人均寿命、总人口、国家名称、年份。此外，在代码 4-5 中能够自动利用数据每个元素中的前两项来表示每个圆圈中心点的坐标位置，即该点的横坐标、纵坐标，圆圈的大小则由第三个数据(总人口)

换算后得来。

3. 在 ECharts 中绘制北上广三城市空气污染指数气泡图

利用北京、上海、广州三个城市空气污染指数数据，观察 AQI 指数、PM2.5、二氧化硫(SO_2)等指标的关系，如图 4-7 所示。

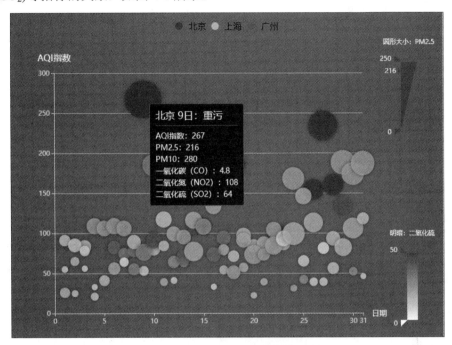

图 4-7　北上广三城市空气污染指数气泡图

在图 4-7 中，横坐标表示当月的天数，纵坐标表示 AQI 指数，圆圈的大小表示当天的 PM2.5 的值，圆圈的明暗代表当天 SO_2 的值。当鼠标指向图 4-7 中的某个圆圈时，就会显示这个城市当天空气污染指数的各种不同的数值。

在 ECharts 中实现图 4-7 所示图形的绘制，如代码 4-6 所示。

代码 4-6　北上广三城市空气污染指数气泡图的关键代码

```
var dataBJ = [    //北京的空气污染指数数据
    [1,55,9,56,0.46,18,6,"良"], [2,25,11,21,0.65,34,9,"优"],
    [3,56,7,63,0.3,14,5,"良"], [4,33,7,29,0.33,16,6,"优"],
    [5,42,24,44,0.76,40,16,"优"], [6,82,58,90,1.77,68,33,"良"],
    [7,74,49,77,1.46,48,27,"良"], [8,78,55,80,1.29,59,29,"良"],
    [9,267,216,280,4.8,108,64,"重污"], [10,185,127,216,2.52,61,27,"中污"],
    [11,39,19,38,0.57,31,15,"优"], [12,41,11,40,0.43,21,7,"优"],
    [13,64,38,74,1.04,46,22,"良"], [14,108,79,120,1.7,75,41,"轻污"],
    [15,108,63,116,1.48,44,26,"轻污"], [16,33,6,29,0.34,13,5,"优"],
    [17,94,66,110,1.54,62,31,"良"], [18,186,142,192,3.88,93,79,"中污"],
    [19,57,31,54,0.96,32,14,"良"], [20,22,8,17,0.48,23,10,"优"],
    [21,39,15,36,0.61,29,13,"优"], [22,94,69,114,2.08,73,39,"良"],
```

```
        [23,99,73,110,2.43,76,48,"良"], [24,31,12,30,0.5,32,16,"优"],
        [25,42,27,43,1,53,22,"优"], [26,154,117,157,3.05,92,58,"中污"],
        [27,234,185,230,4.1,123,69,"重污"], [28,160,120,186,2.77,91,50,"中污"],
        [29,134,96,165,2.76,83,41,"轻污"], [30,52,24,60,1.03,50,21,"良"],
        [31,46,5,49,0.28,10,6,"优"]];
var dataGZ = [      //广州的空气污染指数数据
        [1,26,37,27,1.163,27,13,"优"], [2,85,62,71,1.195,60,8,"良"],
        [3,78,38,74,1.363,37,7,"良"], [4,21,21,36,0.634,40,9,"优"],
        [5,41,42,46,0.915,81,13,"优"], [6,56,52,69,1.067,92,16,"良"],
        [7,64,30,28,0.924,51,2,"良"], [8,55,48,74,1.236,75,26,"良"],
        [9,76,85,113,1.237,114,27,"良"], [10,91,81,104,1.041,56,40,"良"],
        [11,84,39,60,0.964,25,11,"良"], [12,64,51,101,0.862,58,23,"良"],
        [13,70,69,120,1.198,65,36,"良"], [14,77,105,178,2.549,64,16,"良"],
        [15,109,68,87,0.996,74,29,"轻污"], [16,73,68,97,0.905,51,34,"良"],
        [17,54,27,47,0.592,53,12,"良"], [18,51,61,97,0.811,65,19,"良"],
        [19,91,71,121,1.374,43,18,"良"], [20,73,102,182,2.787,44,19,"良"],
        [21,73,50,76,0.717,31,20,"良"], [22,84,94,140,2.238,68,18,"良"],
        [23,93,77,104,1.165,53,7,"良"], [24,99,130,227,3.97,55,15,"良"],
        [25,146,84,139,1.094,40,17,"轻污"], [26,113,108,137,1.481,48,15,"轻污"],
        [27,81,48,62,1.619,26,3,"良"], [28,56,48,68,1.336,37,9,"良"],
        [29,82,92,174,3.29,0,13,"良"], [30,106,116,188,3.628,101,16,"轻污"],
        [31,118,50,0,1.383,76,11,"轻污"]];
var dataSH = [      //上海的空气污染指数数据
        [1,91,45,125,0.82,34,23,"良"], [2,65,27,78,0.86,45,29,"良"],
        [3,83,60,84,1.09,73,27,"良"], [4,109,81,121,1.28,68,51,"轻污"],
        [5,106,77,114,1.07,55,51,"轻污"], [6,109,81,121,1.28,68,51,"轻污"],
        [7,106,77,114,1.07,55,51,"轻污"], [8,89,65,78,0.86,51,26,"良"],
        [9,53,33,47,0.64,50,17,"良"], [10,80,55,80,1.01,75,24,"良"],
        [11,117,81,124,1.03,45,24,"轻污"], [12,99,71,142,1.1,62,42,"良"],
        [13,95,69,130,1.28,74,50,"良"], [14,116,87,131,1.47,84,40,"轻污"],
        [15,108,80,121,1.3,85,37,"轻污"], [16,134,83,167,1.16,57,43,"轻污"],
        [17,79,43,107,1.05,59,37,"良"], [18,71,46,89,0.86,64,25,"良"],
        [19,97,71,113,1.17,88,31,"良"], [20,84,57,91,0.85,55,31,"良"],
        [21,87,63,101,0.9,56,41,"良"], [22,104,77,119,1.09,73,48,"轻污"],
        [23,87,62,100,1,72,28,"良"], [24,168,128,172,1.49,97,56,"中污"],
        [25,65,45,51,0.74,39,17,"良"], [26,39,24,38,0.61,47,17,"优"],
        [27,39,24,39,0.59,50,19,"优"], [28,93,68,96,1.05,79,29,"良"],
        [29,188,143,197,1.66,99,51,"中污"], [30,174,131,174,1.55,108,50,"中污"],
        [31,187,143,201,1.39,89,53,"中污"]];
var schema = [      //定义数据的模式
```

```
            {name: 'date', index: 0, text: '日'},
            {name: 'AQIindex', index: 1, text: 'AQI 指数'},
            {name: 'PM25', index: 2, text: 'PM2.5'},
            {name: 'PM10', index: 3, text: 'PM10'},
            {name: 'CO', index: 4, text: '一氧化碳(CO)'},
            {name: 'NO2', index: 5, text: '二氧化氮(NO2)'},
            {name: 'SO2', index: 6, text: '二氧化硫(SO2)'}];
var myitemStyle = {      //自定义数据项样式 myitemStyle
    normal: {opacity: 0.8, shadowBlur: 10, shadowOffsetX: 0,
                        shadowOffsetY:0, shadowColor:'rgba(0, 0, 0, 0.5)'     }};
    var option = {        //指定图表的配置项和数据
        backgroundColor:'#778800', color:['red','#fec42c','#4169E1'],
        legend: {        //图例的配置
            y:11, data:['北京','上海','广州'],
            textStyle:{color:'black', fontSize:16}},
        grid: {x: '10%', x2:150, y:'18%', y2:'10%'},       //网格的配置
        tooltip: {      //工具箱的配置
            padding: 10, backgroundColor: '#222',
            borderColor: '#777', borderWidth: 1,
            formatter: function (obj) {
                var value = obj.value;
                    return '<div style="border-bottom:1px solid rgba(255,255,255,.3);\
                    font-size:18px;padding-bottom:7px;margin-bottom:7px">'
                    + obj.seriesName + ' ' + value[0] + '日： '+ value[7]+ '</div>'
                    + schema[1].text + ': ' + value[1] + '<br>'
                    + schema[2].text + ': ' + value[2] + '<br>'
                    + schema[3].text + ': ' + value[3] + '<br>'
                    + schema[4].text + ': ' + value[4] + '<br>'
                    + schema[5].text + ': ' + value[5] + '<br>'
                    + schema[6].text + ': ' + value[6] + '<br>';
            }
        },
        xAxis: {      //x 轴的配置
            type: 'value', name: '日期', nameGap: 16,
            nameTextStyle: {color: '#fff', fontSize: 14},
                max:31, splitLine: {show: false},
                axisLine: {lineStyle: {color:'#eee'}}},
        yAxis: {      //y 轴的配置
            type:'value',name:'AQI 指数',nameLocation:'end',nameGap:20,
            nameTextStyle: {color: '#fff',fontSize: 16},
```

```
                axisLine: { lineStyle: {color: '#eee'} },
                splitLine: {show: true}        },
        visualMap: [         //视觉映射组件的配置
            {
                    left: 678, top: '7%', dimension: 2, min: 0,
                    max: 250, itemWidth: 30, itemHeight: 120, calculable: true,
                    precision: 0.1, text: ['圆形大小：PM2.5'], textGap: 30,
                    textStyle: { color: '#fff'        },
                    inRange: { symbolSize: [10, 70]        },
                    outOfRange: {symbolSize:[10,70],color:['rgba(255,255,255,.2)']},
                    controller: {inRange:{color:['#c23531']},outOfRange: {color:['#444']}}
            },
            {
                    left: 695, bottom:'2%', dimension:6, min:0,
                    max:50, itemHeight:120, calculable:true, precision:0.1,
                    text:['明暗：二氧化硫'], textGap: 30,
                    textStyle:{color:'#fff'}, inRange:{colorLightness:[1,0.5]},
                    outOfRange: {color: ['rgba(255,255,255,.2)']},
                    controller:{inRange:{color:['#c23531']},outOfRange:{color:['#444']}}
            }
        ],
        series:[         //指定数据系列
            {name:'北京',type:'scatter', itemStyle:myitemStyle,data:dataBJ},
            {name:'上海',type:'scatter', itemStyle:myitemStyle,data:dataSH,},
            {name:'广州',type:'scatter', itemStyle:myitemStyle,data:dataGZ,}]
    };
```

在代码 4-6 中，每一组数据的各个元素的含义为日期、AQI 指数、PM2.5、PM10、一氧化碳(CO)、二氧化氮(NO_2)、二氧化硫(SO_2)。此外，在代码 4-6 中能够自动利用数据每个元素中的前两项来表示每个圆圈中心点的坐标位置，即该点的横坐标、纵坐标，圆圈的大小由第三个数据(PM2.5)来表示。

由 4.1.1～4.1.2 小节介绍的散点图和气泡图可知，散点图适用于研究大规模数据中两个变量之间的相关关系，而气泡图适用于研究三个或更多个变量之间的关系。

任务4.2 仪 表 盘

任务描述

仪表盘(Gauge)也被称为拨号表图或速度表图，用于显示类似于拨号/速度计上的数据，是一种拟物化的展示形式。仪表盘是常用商业 BI 类的图表之一，可以轻松展示用户的数据，并能清晰看出某个指标值所在的范围。为了更直观地查看项目的实际完成率数据，以及汽车的速度、发动机的转速、油表和水表的现状，需要在 ECharts 中绘制单仪表盘和多仪表盘进行展示。

 任务分析

(1) 在 ECharts 中绘制单仪表盘。

(2) 在 ECharts 中绘制多仪表盘。

4.2.1　绘制单仪表盘

ECharts 的主要创始人林峰曾经说过，他在一次漫长的拥堵当中，有机会观察和思考仪表盘的问题，突然间意识到仪表盘不仅是在传达数据，而且能传达出一种易于记忆的状态，并且影响人的情绪，这种情绪影响对决策运营有一定的帮助。

在仪表盘中，颜色可以用于划分指示值的类别，而刻度、指针指示维度、指针角度则可用于表示数值。仪表盘只需分配最小值和最大值，并定义一个颜色范围，指针将显示出关键指标的数据或当前进度。仪表盘可应用于诸如速度、体积、温度、进度、完成率、满意度等。

利用项目实际完成率数据观察项目的完成情况，如图 4-8 所示。

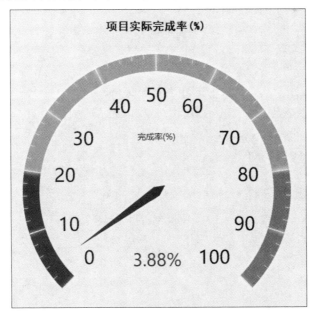

图 4-8　单仪表盘实例

在图 4-8 中，使用三种不同的颜色表示项目的实际完成情况。其中，左边的红色区域提示项目实际完成率过低，而变动的指针与下方随之变动的数字同时指示出当前的实际完成率。

在 ECharts 中实现图 4-8 所示的图形绘制，如代码 4-7 所示。

代码 4-7   单仪表盘的关键代码

```
var color1=[[0.2,"rgba(255,0,0,1)"],[0.8,"rgba(0,255,255,1)"],[1,"rgba(0,255,0,1)"]];
var data1 = [{
    name: "完成率(%)",
    value: 50,
}];
var option = {                        //指定图表的配置项和数据
    backgroundColor: 'rgba(128, 128, 128, 0.1)', //rgba 设置透明度 0.1
    tooltip: {                        //本系列特定的 tooltip 设定
        show: true,
        formatter: "{b}：{c}%",
        backgroundColor: "rgba(255,0,0,0.8)",    //提示框浮层的背景颜色
        borderColor: "#333",        //提示框浮层的边框颜色
        borderWidth: 0,             //提示框浮层的边框宽
        padding: 5,                 //提示框浮层内边距，单位 px，默认各方向内边距为 5
        textStyle: {                //提示框浮层的文本样式
            //color,fontStyle,fontWeight,fontFamily,fontSize,lineHeight
        },
    },
    title: {                        //仪表盘标题
        text: '项目实际完成率(%)',
        x: 'center', y:25,
        show: true,                 //是否显示标题,默认 true
        //相对于仪表盘中心的偏移位置，数组第一项是水平方向的偏移，第二项是垂直方向的
         偏移
        offsetCenter:[50,"20%"],
        textStyle:{
            fontFamily:"黑体",      //字体名称，默认宋体
            color: "blue",          //字体颜色，默认#333
            fontSize: 20,           //字体大小，默认 15
        }
    },
    series: [
        {
            name: "单仪表盘示例",  //系列名称，用于 tooltip 的显示和 legend 的图例筛选
            type: "gauge",          //系列类型
            radius:     "80%",      //参数为 number 和 string，仪表盘半径默认为75%
            center: ["50%", "55%"], //仪表盘位置(圆心坐标)
```

```
startAngle: 225,          //仪表盘起始角度，默认为 225
endAngle: -45,            //仪表盘结束角度，默认为-45
clockwise: true,          //仪表盘刻度是否顺时针增长，默认 true
min: 0,                   //最小的数据值，默认为 0，映射到 minAngle
max: 100,                 //最大的数据值，默认为 100，映射到 maxAngle
splitNumber: 10,          //仪表盘刻度的分割段数，默认为 10

axisLine: {               //仪表盘轴线(轮廓线)相关配置
    show: true,           //是否显示仪表盘轴线(轮廓线)，默认为 true
    lineStyle: {          //仪表盘轴线样式
        color: color1,    //仪表盘的轴线可以被分成不同颜色的多段
        opacity: 1,       //图形透明度，支持从 0 到 1 的数字，为 0 时不绘制该图形
        width: 30,        //轴线宽度，默认为 30
        shadowBlur: 20,   //(发光效果)图形阴影的模糊大小
        shadowColor:"#fff", //阴影颜色，支持的格式同 color
    }
},
splitLine: {     //分隔线样式
    show: true,           //是否显示分隔线，默认为 true
    length: 30,           //分隔线线长，支持相对半径的百分比，默认为 30
    lineStyle: {          //分隔线样式
        color: "#eee",    //线的颜色，默认为#eee
        opacity: 1,       //图形透明度，支持从 0 到 1 的数字，为 0 时不绘制该图形
        width: 2,         //线度，默认为 2
        type: "solid",    //线的类型，默认为 solid，此外还有 dashed, dotted
        shadowBlur: 10,   //(发光效果)图形阴影的模糊大小
        shadowColor: "#fff", //阴影颜色，支持的格式同 color
    }
},
axisTick: {               //刻度(线)样式
    show: true,           //是否显示刻度(线)，默认为 true
    splitNumber: 5,       //分隔线之间分割的刻度数，默认为 5
    length: 8,            //刻度线长，支持相对半径的百分比，默认为 8
    lineStyle: {          //刻度线样式
        color: "#eee",    //线的颜色，默认为#eee
        opacity: 1,       //图形透明度，支持从 0 到 1 的数字，为 0 时不绘制该图形
        width: 1,         //线度，默认为 1
        type: "solid",    //线的类型，默认为 solid，此外还有 dashed, dotted
```

```
                shadowBlur: 10,          //(发光效果)图形阴影的模糊大小
                shadowColor: "#fff",     //阴影颜色，支持的格式同 color
            },
        },
        s axisLabel: {                   //刻度标签
            show: true,                  //是否显示标签，默认为 true
            distance: 25,                //标签与刻度线的距离，默认为 5
            color: "blue",               //文字的颜色
            fontSize: 32,                //文字的字体大小，默认为 5
            formatter: "{value}",        //刻度标签的内容格式器，支持字符串模板和回调函数
        },
        pointer: {                       //仪表盘指针
            show: true,                  //是否显示指针，默认为 true
            length: "70%",               //指针长度，可以是绝对值，也可是相对于半径百分比，默认为 80%
            width: 9,                    //指针宽度，默认为 8
        },
        itemStyle: {                     //仪表盘指针样式
            color: "auto",               //指针颜色，默认(auto)取数值所在的区间的颜色
            opacity: 1,                  //图形透明度，支持从 0 到 1 的数字，为 0 时不绘制该图形
            borderWidth: 0,              //描边线宽，默认为 0，为 0 时无描边
            borderType: "solid",         //柱条的描边类型，默认为实线，支持 'solid','dashed','dotted'
            borderColor: "#000",         //图形的描边颜色，默认为"#000"，不支持回调函数
            shadowBlur: 10,              //(发光效果)图形阴影的模糊大小
            shadowColor: "#fff",         //阴影颜色，支持的格式同 color
        },
        emphasis: {                      //高亮的仪表盘指针样式
            itemStyle: {
                //高亮和正常，两者具有同样的配置项，只是在不同状态下配置项的值不同
            }
        },
        detail: {                        //仪表盘详情，用于显示数据
            show: true,                  //是否显示详情，默认为 true
            offsetCenter: [0,"50%"],     //相对于仪表盘中心的偏移位置
            color: "auto",               //文字的颜色，默认为 auto
            fontSize: 30,                //文字的字体大小，默认为 15
            formatter: "{value}%",       //格式化函数或者字符串
        },
        data: data1
```

```
            }
        ]
    };
    setInterval(function() {
        option.series[0].data[0].value = (Math.random() * 100).toFixed(2);
        myChart.setOption(option, true);          //使用指定的配置项和数据显示图表
    },2000);                                      //每 2 秒重新渲染一次，以实现动态效果
```

在代码 4-7 的最后一段，使用了一个 setInterval(function())，每间隔 2 秒重新渲染一次，以实现动态效果。

4.2.2　绘制多仪表盘

在 4.2.1 小节介绍过的单仪表盘相对比较简单，只能表示一类事物的范围情况。如果想要同时表现几类不同事物的范围情况，就需要使用多仪表盘进行展示。利用汽车的速度、发动机的转速、油表和水表的数据展示汽车的现状，如图 4-9 所示。

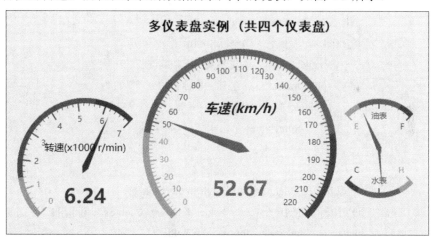

图 4-9　多仪表盘实例

在图 4-9 中共有四种不同的仪表盘：左边为转速仪表盘，中间为车速仪表盘，右边并列了油表仪表和水表仪表盘。其中每个仪表盘的红色区域提示可能出现危险情况，变动的指针与下方随之变动的数字指示出当前仪表盘的数值。

在 ECharts 中实现图 4-9 所示的图形绘制，如代码 4-8 所示。

代码 4-8　多仪表盘的关键代码

```
var option = {                                    //指定图表的配置项和数据
    backgroundColor: 'rgba(128, 128, 128, 0.1)',  //rgba 设置透明度 0.1
    title: {         //仪表盘标题
        text: '多仪表盘实例 (共四个仪表盘)',
        x: 'center', y:100,
        show: true,                               //是否显示标题，默认为 true
```

```
    offsetCenter:[50,"20%"],        //相对于仪表盘中心的偏移
    textStyle:{
        fontFamily:"黑体",        //字体名称，默认为宋体
        color: "blue",            //字体颜色，默认为#333
        fontSize: 20,             //字体大小，默认为 15
    }
},
tooltip:{formatter:"{a} <br/>{c} {b}"},      //详情提示框
series : [//数据系列,共有 4 个仪表盘
    {        //数据系列之 1:速度
        name: '速度',        type: 'gauge',           z: 3,
        min: 0,        //速度仪表盘的最小值
        max: 220,                //速度仪表盘的最大值
        splitNumber: 22,        //速度仪表盘的分隔数目为 22
        radius: '50%',          //速度仪表盘的大小
        axisLine:        {lineStyle:{width: 10}},
        axisTick:        {        //坐标轴小标记
            length: 15,        //属性 length 控制线长
            splitNumber: 5,    //坐标轴小标记的分隔数目为 5
            lineStyle: {        //属性 lineStyle 控制线条样式
                color: 'auto'
            }
        },
        splitLine:        {length:20,lineStyle:{color:'auto'}},
        title:{textStyle:{fontWeight:'bolder',fontSize:20,fontStyle:'italic'}},
        detail:        {textStyle: {fontWeight: 'bolder'}},
        data:        [{value: 40, name: '车速(km/h)'}]
    },
    {        //数据系列之 2:转速
        name: '转速',        type: 'gauge',
        center:['20%','55%'],        //转速仪表盘中心点的位置，默认全局居中
        radius: '35%',              //转速油表仪表盘的大小
        min:0,                      //转速仪表盘的最小值
        max:7,                      //转速仪表盘的最大值
        endAngle:45,
        splitNumber:7,              //转速仪表盘的分隔数目为 7
        axisLine:{lineStyle:{width:8}}, //属性 lineStyle 控制线条样式
        axisTick: {                 //坐标轴小标记
```

```
                length:12,          //属性 length 控制线长
                splitNumber:5,      //坐标轴小标记的分隔数目为 5
                lineStyle: {        //属性 lineStyle 控制线条样式
                        color: 'auto'
                }
            },
            splitLine: {    //分隔线
                length:20,          //属性 length 控制线长
                lineStyle: {        //属性 lineStyle(详见 lineStyle)控制线条样式
                        color: 'auto'
                }
            },
            pointer:{    width:5    },
            title:    {    offsetCenter:[0,'-30%'],},      //x，y，单位为 px
            detail: {textStyle: { fontWeight: 'bolder'}},
            data:[{value: 1.5, name: '转速(x1000 r/min)'}]
    },
    {    //数据系列之 3:油表
        name: '油表',        type: 'gauge',
        center:['77%','50%'],         //油表仪表盘中心点的位置，默认全局居中
        radius: '25%',                //油表仪表盘的大小
        min: 0,                       //油表仪表盘的最小值
        max: 2,                       //油表仪表盘的最大值
        startAngle: 135,      endAngle: 45,
        splitNumber: 2,               //油表的分隔数目为 2
        axisLine:{lineStyle:{width:8}},//属性 lineStyle 控制线条样式
        axisTick: {      //坐标轴小标记
            splitNumber: 5,      //小标记分隔数目为 5
            length: 10,          //属性 length 控制线长
            lineStyle: {         //属性 lineStyle 控制线条样式
                    color: 'auto'
            }
        },
        axisLabel: {
            formatter:function(v){
                switch (v + ") {
                    case '0' : return 'E';
                    case '1' : return '油表';
```

```
                                  case '2' : return 'F';
            }}},
    splitLine: {                          //分隔线
        length: 15,                    //属性 length 控制线长
        lineStyle: {                       //属性 lineStyle(详见 lineStyle)控制线条样式
            color: 'auto'
        }
    },
    pointer:{      width:4      },  //油表的指针宽度为 4
    title:    {      show: false          },
    detail:    {      show: false          },
    data:[{value: 0.5, name: 'gas'}]
},
{      //数据系列之 4:水表
    name: '水表',        type: 'gauge',
    center:['77%','50%'],          //水表仪表盘中心点的位置，默认全局居中
    radius : '25%',              //水表仪表盘的大小
    min: 0,                  //水表的最小值
    max: 2,                  //水表的最大值
    startAngle: 315,        endAngle: 225,
    splitNumber: 2,              //分隔数目
    axisLine: {                  //坐标轴线
        lineStyle: {              //属性 lineStyle 控制线条样式
            width: 8        //线条宽度
        }
    },
    axisTick:{show:false},      //不显示坐标轴小标记
    axisLabel: {
        formatter:function(v){
            switch (v + '') {
                case '0' : return 'H';
                case '1' : return '水表';
                case '2' : return 'C';
            }}},
    splitLine: {                  //分隔线
        length: 15,          //属性 length 控制线长
        lineStyle: {              //属性 lineStyle(详见 lineStyle)控制线条样式
            color: 'auto'
```

```
                }
            },
            pointer: {width:2},          //水表的指针宽度为2
            title: {      show: false        },
            detail:{      show: false        },
            data:[{value: 0.5, name: 'gas'}]
        }
    ]
};
setInterval(function(){
    option.series[0].data[0].value = (Math.random()*100).toFixed(2) - 0;
    option.series[1].data[0].value = (Math.random()*7).toFixed(2) - 0;
    option.series[2].data[0].value = (Math.random()*2).toFixed(2) - 0;
    option.series[3].data[0].value = (Math.random()*2).toFixed(2) - 0;
    myChart.setOption(option,true);
},2000);      //每间隔 2 秒重新渲染一次，以实现动态效果
```

在代码 4-8 中，通过 center:['77%','50%'] 指定每个仪表盘中心点的位置，通过 startAngle:xx,endAngle:yy 指定每个仪表盘的大小。代码的最后一段使用了一个 setInterval(function())，每间隔 2 秒重新渲染一次，以实现动态效果。

由 4.2.1～4.2.2 小节介绍的单仪表盘和多仪表盘可知,仪表盘非常适合在量化的情况下显示单一的价值和衡量标准,不适合用于比较不同变量或者趋势的分析。此外，仪表盘上可以同时展示不同维度的数据，但是为了避免指针重叠影响数据的查看，仪表盘的指针数量建议最多不要超过 3 根。如果确实有多个数据需要展示，建议使用多个仪表盘。

任务4.3　漏斗图或金字塔

 任务描述

漏斗图(funnel)(或金字塔)是一个倒(正)三角形的条形图,适用于业务流程比较规范、周期较长、环节较多的流程分析。漏斗图也是常用的商业 BI 类图表之一，通过漏斗图(或金字塔)对各环节业务数据进行比较，不仅能够直观地发现和说明问题，而且可以通过漏斗图分析销售中哪些环节出了问题。为了更直观地查看电商网站数据，需要在 ECharts 中绘制标准漏斗图、标准金字塔、多漏斗图和多金字塔进行展示。

任务分析

(1) 在 ECharts 中绘制标准漏斗图。
(2) 在 ECharts 中绘制标准金字塔。

(3) 在 ECharts 中绘制多漏斗图。

(4) 在 ECharts 中绘制多金字塔。

4.3.1　绘制标准漏斗图或金字塔

漏斗图又叫倒三角图，漏斗图将数据呈现为几个阶段，每个阶段的数据都是整体的一部分，从一个阶段到另一个阶段数据自上而下逐渐下降，所有阶段占比总计 100%。与饼图一样，漏斗图呈现的也不是具体的数据，而是该数据相对于总数的占比。此外，漏斗图不需要使用任何数据轴。

在电商网站中，一个完整的网上购物步骤大致为：浏览网站选购商品→添加购物车→购物车结算→核对订单信息→提交订单→选择支付方式→完成支付。某电商网站购物步骤数据如表 4-1 所示。

表 4-1　某电商网站购物步骤数据

所处环节	当前人数	整体转化率
选购商品	1000	100.0%
添加购物车	600	60.0%
购物车结算	420	42.0%
核对订单信息	25	25.0%
提交订单	90	9.0%
选择支付方式	40	4.0%
完成支付	25	2.5%

利用表 4-1 的数据展示网上购物过程中各步骤的整体转化率，绘制基本漏斗图如图 4-10 所示。

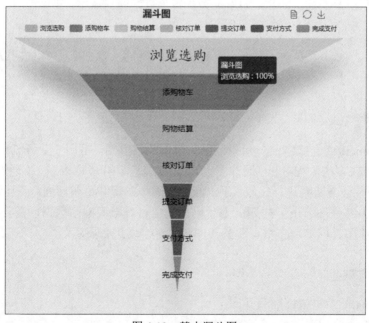

图 4-10　基本漏斗图

在图 4-10 中，不仅可以直观地看出从最初"浏览网站选购商品"到最终"完成支付"整个流程中的转化状况，还可看出每个步骤的转化率，能够直观展示和说明问题。

在 ECharts 中实现图 4-10 所示的图形绘制，如代码 4-9 所示。

代码 4-9　基本漏斗图的关键代码

```
var option = {          //指定图表的配置项和数据
    color : ['lightblue',          'rgba(0,150,0,0.5)',      'rgba(255,200,0,0.5)',
        'rgba(155,200,50,0.5)',      'rgba(44,44,0,0.5)',      'rgba(33,33,30,0.5)',
        'rgba(255,66,0,0.5)',        'rgba(155,23,31,0.5)',    'rgba(23,44,55,0.5)'],
    title: {left:270,top:0,textStyle:{color:'green'},text:'漏斗图'        },   //标题
    backgroundColor: 'rgba(128, 128, 128, 0.1)',   //rgba 设置透明度 0.1
    tooltip: {trigger: 'item',formatter: "{a} <br/>{b} : {c}%"},              //详情提示框
    toolbox: {left:555,top:0,
        feature: {dataView: {readOnly: false},
        restore: {},        saveAsImage: {}
        }
    },   //工具箱组件
    legend:{ left:40, top:30 ,data:['浏览选购','添购物车','购物结算','核对订单','提交订单',
        '支付方式','完成支付']},        //图例
    calculable: true,
    series: [      //数据系列
        {
            name:'漏斗图',          type:'funnel',        left: '3%',
            sort : 'descending',      //金字塔:'ascending';      漏斗图:'descending'
            top: 60,bottom: 60,width:'80%',
            min: 0,max: 100,
            minSize: '0%',          //每一块的最小宽度
            maxSize: '100%',         //每一块的最大，一次去除掉尖角
            gap: 2,              //每一块之间的间隔
            label: {show: true,position:'inside'},      //标签显示在里面|外面
            labelLine: {
                length: 10,          //设置每一块的名字前面的线的长度
                lineStyle: {
                    width: 1,        //设置每一块的名字前面的线的宽度
                    type: 'solid'    //设置每一块的名字前面的线的类型
                }
            },
            itemStyle: {
                normal:  {   //图形在正常状态下的样式
```

```
label:{        show:true, fontSize:15,        color:'blue', position:'inside', },
borderColor: '#fff',            //每一块的边框颜色
borderWidth: 0,                 //每一块边框的宽度
shadowBlur: 50,                 //整个外面的阴影厚度
shadowOffsetX: 0,               //每一块的 y 轴的阴影
shadowOffsetY: 50,              //每一块的 x 轴的阴影
shadowColor:'rgba(0,255,0,0.4)'  //阴影颜色
        }
    },
    emphasis:{label:{fontFamily:"楷体",color:'green',fontSize:28}},
    //鼠标 hover 时高亮样式
    data: [    //在漏斗图中展示的数据
        {value: 100, name: '浏览选购'},      {value: 60, name: '添购物车'},
        {value: 42, name: '购物结算'},       {value: 25, name: '核对订单'},
        {value: 9, name: '提交订单'},        {value: 4, name: '支付方式'},
        {value: 2.5, name: '完成支付'},]
    }
    ]
};
```

　　漏斗图与金字塔的差别只在于数据系列排列顺序(由 sort 属性来决定)的不同。代码 4-9 中把图表配置项中的 series 中 sort 的取值由 'descending' 改为 'ascending' 时，就由漏斗图变为金字塔，如图 4-11 所示。

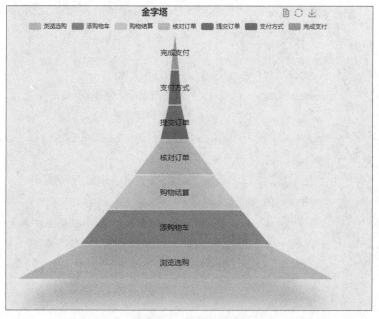

图 4-11　基本金字塔

4.3.2　绘制多漏斗图或多金字塔

在 4.3.1 小节中介绍的标准漏斗图(金字塔)相对比较简单。单一的漏斗图反映的数据过于单一，无法进行比较，有时会失去分析的意义。此时可以利用用户购买流程优化前后的数据，比较前后占比的变化，如图 4-12 所示。

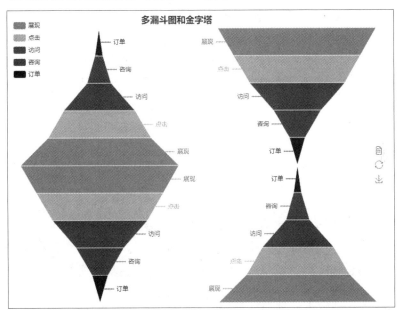

图 4-12　多漏斗图与多金字塔

图 4-12 中的多漏斗图实际上显示了两个漏斗图和两个金字塔。在观察两个漏斗图时，可以明显看出两组数据有一定的差异。

在 ECharts 中实现图 4-12 所示图形的绘制，如代码 4-10 所示。

代码 4-10　多漏斗图和多金字塔的关键代码

```
option = {    //指定图表的配置项和数据
    color:[ 'red','green','blue','#8CC7B5','#32CD32','#7CFC00','#19CAAD','grey'],
                                                    //使用预定义的颜色
    title: {
        text: '多漏斗图和金字塔', left: 280, top: 'top'
    },
    tooltip: {trigger:'item',formatter:"{a} <br/>{b}:{c}%"},
    toolbox: {
        left:750,top:12,
            orient:'vertical',        top: 'center',
            feature: {dataView: {readOnly:false},restore:{},saveAsImage:{}}
    },
    legend: {orient:'vertical',left: 'left',
```

```
        left:22,top:12,
            data: [ '展现',  '点击',  '访问',  '咨询',  '订单']},
    calculable: true,
      series: [
        {
            name: '漏斗图', type: 'funnel', width: '40%', height: '45%', left: '5%', top: '50%',
            data:[
                {value:60,name:'访问'},        {value:30, name:'咨询'},{value:10,name:'订单'},
                {value:80,name:'点击'},        {value:100,name:'展现'}
            ]
        },
        {
            name: '金字塔', type: 'funnel', width: '40%', height: '45%', left: '5%', top: '5%',
            sort:'ascending',
            data:[
                {value:50,name:'访问'},        {value:20, name:'咨询'},{value: 10,name:'订单'},
                {value:70,name:'点击'},        {value:100, name:'展现'}]
        },
        {
            name:'漏斗图',type:'funnel',       width:'40%',height:'45%',left:'55%',top:'5%',
            label: {normal: {position:'left'}},
            data:[
                {value:60,name:'访问'},        {value: 30, name: '咨询'},
                {value:10,name:'订单'},        {value: 80, name: '点击'},
                {value:100,name:'展现'}        ]
        },
        {
            name: '金字塔',        type:'funnel',        width: '40%',        height: '45%',
            left: '55%',        top: '50%',        sort: 'ascending',
            label: {    normal: {    position: 'left'    }},
            data:[
                {value: 50, name: '访问'},        {value: 20, name: '咨询'},
                {value: 10, name: '订单'},        {value: 70, name: '点击'},
                {value: 100, name: '展现'}        ]
        }
      ]
    };
```

在代码 4-10 中，通过设置图表配置项中 series 中的 sort 的取值为'descending'或

'ascending'，来分别指定图表为漏斗图或金字塔，并通过设置图表配置项 series 中的
left:'xx%',top:'yy%'为不同的值，来改变漏斗图或金字塔的显示位置。

　　由 4.3.1～4.3.2 小节介绍的标准漏斗图和多漏斗图可知，漏斗图适用于业务流程比
较规范、周期较长、环节较多的流程分析。漏斗图并不是表示各个分类的占比情况，
而是展示数据变化的一个逻辑流程。如果数据是无逻辑顺序的占比比较，使用饼图更
合适。在漏斗图中，可以根据数据选择使用对比色或同一种颜色的色调渐变，从最暗
到最浅来依照漏斗的尺寸排列。但是，当添加过多的图层和颜色时，会造成漏斗图难
以阅读的问题。

任务4.4　雷达图和词云图

 **任务描述**

　　雷达图(Radar)又叫戴布拉图、蜘蛛网图、蜘蛛图，适用于显示三个或更多维度的变
量，如学生的各科成绩分析。词云图又叫文字云，是使用颜色和大小展示文本信息的一
种图形。为了更直观地查看各教育阶段男女人数统计、浏览器占比变化、某软件性能、
全球编程语言的 TIOBE 排名等数据，需要在 ECharts 中绘制基本雷达图、复杂雷达图、
多雷达图和词云图进行展示。

任务分析

　　(1) 在 ECharts 中绘制基本雷达图。
　　(2) 在 ECharts 中绘制复杂雷达图。
　　(3) 在 ECharts 中绘制多雷达图。
　　(4) 在 ECharts 中绘制词云图。

4.4.1　绘制雷达图

　　雷达图将多个维度的数据映射到坐标轴上，坐标轴起始于同一个圆心点，通常结束
于圆周边缘，将同一组的点使用线连接起来就成了雷达图。在坐标轴设置恰当的情况下，
雷达图所画面积能表现出一些信息。雷达图把纵向和横向的分析比较方法结合起来，可
以展示出数据集中各个变量的权重高低情况，适用于展示性能数据。

　　雷达图不仅可以查看哪些变量具有相似的值、变量之间是否有异常值，而且还可用
于查看哪些变量在数据集内得分情况。此外，雷达图也常用于排名、评估、评论等数据
的展示。

1. 在 ECharts 中绘制基本雷达图

　　利用各教育阶段男女人数统计数据查看男女学生在各教育阶段的人数情况，如图
4-13 所示。

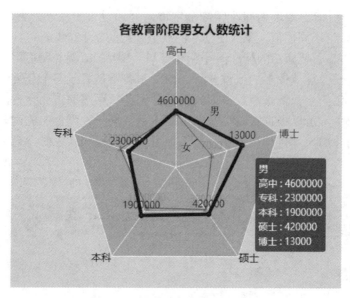

图 4-13　基本雷达图

在图 4-13 所示的基本雷达图中，显示了各教育阶段男女人数的统计结果。同时可以看出，在高中和硕士阶段男女学生人数相差不大，而在博士阶段男女学生人数则相差较大。

在 ECharts 中实现图 4-13 所示图形的绘制，如代码 4-11 所示。

代码 4-11　基本雷达图的关键代码

```
var option = {          //指定图表的配置项和数据
    backgroundColor:'rgba(204,204,204,0.7)',    //背景色，默认无背景
    title: {          //标题组件
        text:'各教育阶段男女人数统计',
        target:'blank',top:'10',left:'160',          textStyle:{color:'blue',fontSize:18,}
    },
    legend:{          //图例组件
        show: true,                   //是否显示图例
        icon: 'rect',      //'circle' | 'rect' | 'roundRect' | 'triangle' | 'diamond' | 'pin' | 'arrow' | 'none'
        top : '14',                   //图例距离顶部边距
        left : 430,                   //图例距离左侧边距
        itemWidth: 10,                //图例标记的图形宽度
        itemHeight: 10,               //图例标记的图形高度
        itemGap: 30,                  //图例每项之间的间隔
        orient: 'horizontal',         //图例列表的布局朝向, 'horizontal' | 'vertical'
        textStyle:{fontSize:15,color: '#fff'}, //图例的公用文本样式
        data:[          //图例的数据数组, 数组项通常为字符串，每项代表一个系列 name
            {name:'男',icon: 'rect',
                textStyle:{color:'rgba(51,0,255,1)',fontWeight:'bold'}}, //图例项的文本样式
```

```
                {name:'女',        icon:'rect',
                  textStyle:{color:'rgba(255,0,0,1)',fontWeight:'bold'}}//'normal'|'bold'|'bolder'|'lighter'
            ],
        },
        tooltip : {      //详情提示框
            //雷达图的 tooltip 不会超出 div，也可设置 position 属性，定位不会随着鼠标移动而
              变化
            confine: true,                     //是否将 tooltip 框限制在图表的区域内
            enterable: true,                   //鼠标是否可以移动到 tooltip 区域内
        },
        radar: [{      //雷达图坐标系组件，只适用于雷达图
            center: ['50%', '56%'],             //圆中心坐标，数组的第 1 项是横坐标，第 2 项是纵坐标
            radius: 160,                        //圆的半径，数组的第 1 项是内半径，第 2 项是外半径
            startAngle: 90,                     //坐标系起始角度，也就是第 1 个指示器轴的角度
            name: {                             //(圆外的标签)雷达图每个指示器名称的配置项
                formatter: '{value}',
                textStyle: {fontSize:15, color:'#000'}
            },
            nameGap:2,                          //指示器名称和指示器轴的距离，默认为 15，重要
            splitNumber:2,                      //指示器轴的分割段数，default
            //shape:'circle',                   //雷达图绘制类型，支持 'polygon','circle'
            axisLine: {lineStyle:{color:'#fff',width:1,type:'solid',}},//坐标轴轴线设置
            splitLine: {lineStyle:{color:'#fff',width:1,}},//坐标轴在 grid 区域中的分隔线
            splitArea:{show:true,
                areaStyle:{color:['#abc','#abc','#abc','#abc']}},//分隔区域的样式设置
            indicator:[       //雷达图指示器，指定雷达图中的多个变量，跟 data 中 value 对应
                {name:'高中',max:9000000,color:'green'},{name:'专科',max:5000000},
                {name:'本科',max:3500000},{name:'硕士',max:800000},
                {name:'博士',max:20000,color:'red'}]    //指示器的名称，最大值，标签的颜色
        }],
        series: [{
            name: '雷达图',             //系列名称，用于 tooltip 的显示，图例筛选
            type: 'radar',             //系列类型：雷达图
            symbol: 'triangle',        //拐点样式, 'circle' | 'rect' | 'roundRect' | 'triangle' | 'diamond' | 'pin' |
                        'arrow' | 'none'
            itemStyle: {                        //折线拐点标志的样式
                normal:      {lineStyle:{width:1},opacity:0.2},      //普通状态时的样式
                emphasis:    {lineStyle:{width:5},opacity:1}        //高亮时的样式
            },
            data: [//雷达图的数据是多变量(维度)
```

```
        {   //第 1 个数据项
            name:'女',              //数据项名称
            value:[4400000,2700000,1600000,380000,7000],   //value 是具体数据
            symbol:'triangle',      //单个数据标记的图形,可选的有: 'circle' | 'roundRect'
                                    //| 'triangle' | 'diamond' | 'pin' | 'arrow' | 'none'
            symbolSize:5,           //单个数据标记的大小
            label:{                 //单个拐点文本的样式设置
                normal: {
                show: true,         //单个拐点文本的样式设置
                    position: 'top',    //标签的位置
                    distance: 5,        //距离图形元素的距离
                    color: 'rgba(255,0,0,1)', //文字的颜色
                    fontSize: 14,       //文字的字体大小
                    formatter:function(params){return params.value;}
                }
            },
            itemStyle:{normal:{borderColor:'blue',borderWidth:3}},//拐点标志样式
            lineStyle:{normal:{color:'red',width:1,opacity:0.9}},    //单项线条样式
            //areaStyle: {normal:{color:'red'}}                      //单项区域填充样式
        },
        {//第 2 个数据项
            name:'男',value:[4600000,2300000,1900000,420000,13000],
            symbol:'circle',        //单个数据标记的图形,可选的有:'circle'|
                                    //'roundRect'|'triangle'|'diamond'|'pin'|'arrow'|'none'
            symbolSize:5,           //单个数据标记的大小
            label:{                 //单个拐点文本的样式设置
                normal:{
                    show:true,position:'top',distance:5,
                    color:'rgba(51,0,255,1)',fontSize:14,
                    formatter:function(params){return params.value;}
                }
            },
            itemStyle:{normal:{borderColor:'rgba(51,0,255,1)',borderWidth:3,}},
            lineStyle:{normal:{color:'blue',width:1,opacity:0.9}},
            //areaStyle:{normal:{color:'blue'}}          //单项区域填充样式
        }
        ]
    },]
};
```

在代码 4-11 中，通过设置图表配置项 series 中 type 的取值为'radar'，来指定图表为

雷达图，并通过设置图表配置项属性 radar 中的 center:['xx%',top:'yy%'] 和 radius:zz 的值，来指定雷达图的位置。此外，其他配置信息参考详细的注释内容。

图 4-13 是一个比较简单的雷达图。稍复杂的雷达图如图 4-14 所示，是利用浏览器占比变化数据绘制的。

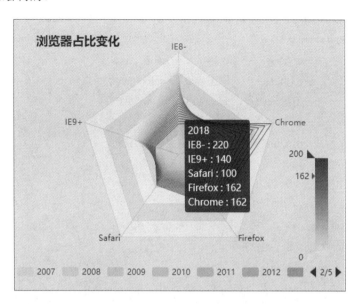

图 4-14　复杂雷达图

图 4-14 显示了各个浏览器的占比变化，加入一个 visualMap 组件(视觉映射组件)，功能是把数据的哪个维度映射到什么视觉元素上。此外，还增加了一个滚动图例。

在 ECharts 中实现图 4-14 所示的图形绘制，如代码 4-12 所示。

代码 4-12　复杂雷达图的关键代码

```
var option = {        //指定图表的配置项和数据
    backgroundColor:'rgba(204,204,204,0.7)',     //背景色，默认无背景
    title: {    //标题组件
        text: '浏览器占比变化',              textStyle:{color:'blue'},
        top: 20,      left: 30
    },
    tooltip:{trigger:'item',     backgroundColor:'rgba(0,0,250,0.8)'},
    legend: {    //图例组件
        type: 'scroll',                    bottom: 15,
        data: (function (){
            var list = [];
            for (var i = 1; i <=28; i++) {
                list.push(i + 2000 + "");
            }
            return list;
```

```
                })()
        },
        visualMap:{top:'47%',    right:20,    color:['red','yellow'],    calculable:true},
        radar: {        //雷达图坐标系组件，只适用于雷达图
            nameGap:2,        //指示器名称和指示器轴的距离，默认为 15
            indicator:[        //雷达图指示器，指定雷达图中的多个变量，跟 data 中 value 对应
                { text: 'IE8-',    max: 400,        color:'green'},
                { text: 'IE9+',        max: 400,        color:'green'},
                { text: 'Safari',        max: 400,        color:'blue'},
                { text: 'Firefox',        max: 400,        color:'blue'},
                { text: 'Chrome',    max: 400,        color:'red'}
            ]
        },
        series : (function (){        //数据系列
            var series = [];
            for (var i = 1; i <= 28; i++) {
                series.push({
                    name:'浏览器(数据纯属虚构)',    type:'radar',    symbol:'none',
                    lineStyle: {width:1},
                    emphasis:{areaStyle:{color:'rgba(0,250,0,0.3)'}}},
                    data:[        //雷达图的数据是多变量(维度)
                    {
                        value:[
                            (40 - i) * 10,    (38 - i) * 4 + 60,
                            i * 5 + 10,        i * 9,    i * i /2
                        ],
                        name: i + 2000 + "
                    }]
                });
            }
            return series;
        })()
    };
```

在代码 4-12 中，通过设置图表配置项 series 中 type 的取值为'radar'，来指定图表为雷达图，并将图例中 type 的值取为'scroll'，实现滚动式图例。其中，滚动式图例可以节约图表空间，也让图表更加简洁漂亮。

2. 在 ECharts 中绘制多雷达图

在 4.4.1 小节介绍过的基本雷达图只能表示一类事物的维度变量。当想要同时表现

几类不同事物的维度变量时，就需要使用多雷达图进行展示。利用某软件的性能、小米与苹果手机的功能、降水量与蒸发量的数据展示出三类数据的不同维度变量，如图4-15 所示。

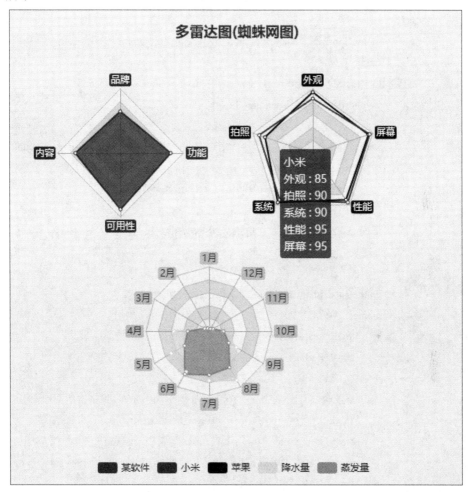

图 4-15　多雷达图

图 4-15 显示了三个不同的雷达图。当光标移动到图 4-15 中的某一个雷达图的维度时，就会显示出这一维度的详细信息。

在 ECharts 中实现图 4-15 所示的图形绘制，如代码 4-13 所示。

代码 4-13　多雷达图的关键代码

```
var option = {        //指定图表的配置项和数据
    color: ["red",'green','blue','yellow','#FA8072','grey'],    //使用自己预定义的颜色
    backgroundColor: 'rgba(128, 128, 128, 0.1)',        //rgba 设置透明度 0.1
    title:{        //标题组件
        text:'多雷达图(蜘蛛网图)',            top:15,
        textStyle:{color:'green'},            left:240
    },
```

```
tooltip:{trigger:'axis'},              //标题组件
legend:{top:560,left:140,data:['某软件','小米','苹果','降水量','蒸发量']},   //图例组件
radar: [      //雷达图坐标系组件，只适用于雷达图
    {
        nameGap:3,        shape:'polygon',        //'polygon'|'circle'
        name:{
            textStyle:{fontSize:12,color:'#fff',backgroundColor:'green',
            borderRadius: 3,padding: [2,2]}
        },
        indicator:[   //雷达图指示器，指定雷达图中的多个变量，跟 data 中 value 对应
            {text: '品牌', max: 100},            {text: '内容', max: 100},
            {text: '可用性', max: 100},        {text: '功能', max: 100}
        ],
        center: ['25%','30%'],       radius: 80      //指定第 1 个雷达图的位置
    },
    {
        nameGap:3,shape:'polygon',        //'polygon'|'circle'
        name:{
            textStyle:{fontSize:12,color:'#fff',backgroundColor:'blue',
            borderRadius: 3,padding: [2,2]}
        },
        indicator: [{text: '外观', max: 100},     //雷达图指示器,指定雷达图中的多个变量
            {text: '拍照', max: 100},       {text: '系统', max: 100},
            {text: '性能', max: 100},        {text: '屏幕', max: 100}],
            center: ['60%','30%'],radius:80       //指定第 2 个雷达图的位置
    },
    {
        nameGap:3,        shape:'polygon',           //'polygon' 和 'circle'
        name:{
            textStyle:{fontSize:12,color:'red',backgroundColor:'lightblue',
            borderRadius: 3,padding: [2,2]}
        },
        indicator: (function (){
            var res = [];
            for(var i=1;i<=12;i++){res.push({text:i+'月',max:100});}
                return res;
        })(),
        center: ['41%','67%'], radius: 80,           //指定第 3 个雷达图的位置
```

```
            }
        ],
        series: [      //数据系列
            {//第 1 个数据项:某软件
                type: 'radar',      tooltip:{trigger:'item'},
                itemStyle: {normal:      {areaStyle: {type: 'default'}}},
                data: [{value:[65,72,88,80],name:'某软件'}] //第 1 个数据项的具体数据
            },
            { //第 2 个数据项:小米与苹果
                type:'radar',radarIndex: 1,
                tooltip:{trigger:'item'},
                data:[//第 2 个数据项的具体数据
                    {value:[85, 90, 90, 95, 95],      name:'小米'},
                    {value:[95, 80, 95, 90, 93],      name:'苹果'}]
            },
            { //第 3 个数据项:降水量与蒸发量
                type:'radar',radarIndex: 2,
                tooltip:{trigger:'item'},
                itemStyle:{normal:{areaStyle:{type:'default'}}},
                data: [//第 3 个数据项的具体数据
                    {name:'降水量',value:[5,6,9,56,69,73,77,88,50,22,7,5]},
                    {name:'蒸发量',value:[3,5,8,34,45,77,68,65,36,23,7,4]}
                ]
            }]
    };
```

在代码 4-13 所示的多雷达图中，通过设置属性 center:['xx%','yy%']，radius:zz，来指定每个雷达图的位置和大小。其他属性的设置与基本雷达图一致。

4.4.2　绘制词云图

词云图是对文本中出现频率较高的“关键词”予以视觉化展现，词云图可以过滤掉大量低频低质的文本信息，使浏览者只要一眼扫过文本就可领略大概主旨。词云图是一种非常好的图形展现方式，这种图形可以让人们分析同一篇文章中或者同一网页中关键词出现的频率。词云图对于产品排名、热点问题或舆情监测是十分有帮助的。

最新版的 Echarts 4.X 官网已不再支持词云图功能，也找不到相应的 API。如果需要进行词云图开发的话，首先需要引入 echarts.js 文件，然后再通过命令引入 echarts-wordcloud.min.js 文件。

利用 2019 年 10 月全球编程语言的 TIOBE 排名数据展现其中的文本信息，如图 4-16

所示。

图 4-16　词云图实例

在图 4-16 中可知，每个文本都呈现出不同的大小和颜色。此外，C、Java、Python 这三个文本明显呈现出与其他文本不同的大小，这说明这三个词的值相对大于其他文本的值。

在 ECharts 中实现图 4-16 所示的图形绘制，如代码 4-14 所示。

代码 4-14　编程语言词云图的完整代码

```html
<!DOCTYPE html>
<html>
<head>
    <meta charset="utf-8">
    <title>词云图案例</title>
    <script type="text/javascript" src="http://echarts.baidu.com/build/dist/echarts.js"></script>
    <script type="text/javascript" src='../js/echarts27.js'></script>
</head>
<body>
    <div id="main" style="width:80%;height: 500px;border: 1px solid black"></div>
</body>
<script type="text/javascript">
require.config({
    paths: {echarts: 'http://echarts.baidu.com/build/dist'}
});
require(
    [
        'echarts',                      //引入 ECharts 主模块
        'echarts/chart/wordCloud',      //按需加载(例如:使用词云图就加载 wordCloud 模块)
    ],
    function (ec) {
```

```
//基于准备好的 dom，初始化 ECharts 图表
var myChart = ec.init(document.getElementById('main'));
function createRandomItemStyle() {//创建随机样式函数，产生随机颜色
    return {
        normal: {
            color: 'rgb(' + [
                Math.round(Math.random() * 255),
                Math.round(Math.random() * 255),
                Math.round(Math.random() * 255)
            ].join(',') + ')'
        }
    };
}
option = {      //指定图表的配置项和数据
    title: {      //标题
        text: 'TIOBE Index for October 2019--wordCloud',
        link: 'http://www.baidu.com/',left:'center',   top:36,
        textStyle:{color:'green',fontSize:22,}
    },
    backgroundColor: 'rgba(128, 128, 128, 0.1)', //rgba 设置透明度 0.1
    tooltip: {show: true },      //详情提示框
    series: [{    //数据系列及其配置
        name: 'TIOBE Index',              //名称
        type: 'wordCloud',                //图表类型为词云图
        sizeRange: [100, 17000],          //数据大小范围
        size: ['95%', '95%'],             //显示的词云图的大小
        textRotation:[0,45,90,135,-45,-90],   //文字倾斜角度
        textPadding: 4,                   //文字之间的间距
        autoSize: {enable: true, minSize: 2}, //最小的文字大小
        data: [   //具体的数据
            {name: "Java",value: 16884,itemStyle: {normal: {color: 'red'}}},
            {name: "C", value: 16180, itemStyle: createRandomItemStyle() },
            {name: "Python", value: 9089, itemStyle: createRandomItemStyle()},
            {name: "C++", value: 6229, itemStyle: createRandomItemStyle()},
            {name: "C#", value: 3860, itemStyle: createRandomItemStyle()},
            {name: "VB.NET", value: 3745, itemStyle: createRandomItemStyle()},
            {name: "JavaScript", value: 2076, itemStyle: createRandomItemStyle()},
            {name: "SQL", value: 1935, itemStyle: createRandomItemStyle()},
```

```
{name: "PHP", value: 1909, itemStyle: createRandomItemStyle()},
{name: "Objective-C", value: 1501, itemStyle: createRandomItemStyle()},

{name: "Groovy", value: 1394, itemStyle: createRandomItemStyle()},
{name: "Swift", value: 1362, itemStyle: createRandomItemStyle()},
{name: "Ruby", value: 1318, itemStyle: createRandomItemStyle()},
{name: "Assembly", value: 1307, itemStyle: createRandomItemStyle()},
{name: "R", value: 1261, itemStyle: createRandomItemStyle()},
{name: "VB", value: 1234, itemStyle: createRandomItemStyle()},
{name: "Go", value: 1100, itemStyle: createRandomItemStyle()},
{name: "Delphi", value: 1046, itemStyle: createRandomItemStyle()},
{name: "Perl", value: 1023, itemStyle: createRandomItemStyle()},
{name: "Matlab", value: 924, itemStyle: createRandomItemStyle()},

{name: "SAS", value: 915, itemStyle: createRandomItemStyle()},
{name: "PL/SQL", value: 822, itemStyle: createRandomItemStyle()},
{name: "D", value: 814, itemStyle: createRandomItemStyle()},
{name: "Transact-SQL", value: 569, itemStyle: createRandomItemStyle()},
{name: "Scratch", value: 524, itemStyle: createRandomItemStyle()},
{name: "Dart", value: 448, itemStyle: createRandomItemStyle()},
{name: "COBEL", value: 447, itemStyle: createRandomItemStyle()},
{name: "ABAP", value: 447, itemStyle: createRandomItemStyle()},
{name: "Scala", value: 442, itemStyle: createRandomItemStyle()},
{name: "Fortran", value: 439, itemStyle: createRandomItemStyle()},

{name: "Lisp", value: 409, itemStyle: createRandomItemStyle()},
{name: "F#", value: 391, itemStyle: createRandomItemStyle()},
{name: "Lua", value: 379, itemStyle: createRandomItemStyle()},
{name: "Rust", value: 356, itemStyle: createRandomItemStyle()},
{name: "Kotlin", value: 319, itemStyle: createRandomItemStyle()},
{name: "Ada", value: 316, itemStyle: createRandomItemStyle()},
{name: "TypeScript", value: 304, itemStyle: createRandomItemStyle()},
{name: "RPG", value: 274, itemStyle: createRandomItemStyle()},
{name: "Logo", value: 261, itemStyle: createRandomItemStyle()},
{name: "Prolog", value: 261, itemStyle: createRandomItemStyle()},

{name: "LabVIEW",  value: 243, itemStyle: createRandomItemStyle()},
{name: "Julia", value: 224, itemStyle: createRandomItemStyle()},
```

```
                    {name: "Haskell", value: 209, itemStyle: createRandomItemStyle()},
                    {name: "VBScript", value: 203, itemStyle: createRandomItemStyle()},
                    {name: "Bash", value: 196, itemStyle: createRandomItemStyle()},
                    {name: "Scheme", value: 193, itemStyle: createRandomItemStyle()},
                    {name: "ActionScript", value: 182, itemStyle: createRandomItemStyle()},
                    {name: "PowerShell", value: 178, itemStyle: createRandomItemStyle()},
                    {name: "LiveCode", value: 169, itemStyle: createRandomItemStyle()},
                    {name: "Crystal", value: 168, itemStyle: createRandomItemStyle()}
                ]
            }]
        };
        myChart.setOption(option);   //为 echarts 对象加载数据
    }
);
    </script>
</html>
```

由代码 4-14 可知，利用 function()创建随机样式函数，该函数通过随机函数产生红、绿、蓝(RGB)的三原色取值，从而合成一个随机的颜色，即可使得每个词云获得一个随机的颜色。

4.4.3　绘制矩形树图

矩形树图(Treemap)是用于展现有群组、层次关系比例数据的一种分析工具。它不仅可以通过矩形的面积、排列和颜色来显示复杂的数据关系，并具有群组、层级关系展现的功能，而且能够直观体现同级之间的比较，呈现树状结构的数据比例关系。

某公司各销售经理带领的销售代表某月接待客户人数数据如表 4-2 所示。

表 4-2　各销售经理带领的销售代表某月接待客户人数数据

销售经理	销售代表	客户人数/人
陈大姐	神小龙	17
	赣小许	13
	常小君	15
	娄小青	7
林三妹	魏芷兰	19
	高常德	11
	桂尧尧	8
吴二姐	郴慕慕	22
	杨株洲	17

利用表 4-2 的数据展示销售经理、销售代表和客户人数间的层次关系，如图 4-17

所示。

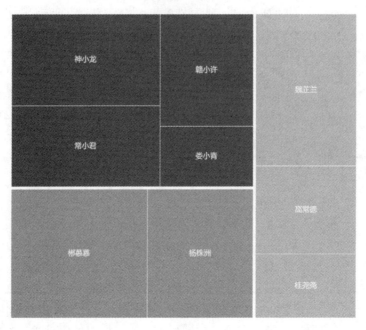

图 4-17　矩形树图实例

图 4-17 中的矩形出现了 3 种不同灰度和面积。其中，每一种灰度代表一位销售经理，而面积的大小则代表着客户人数。

在 ECharts 中实现图 4-17 所示的图形绘制，如代码 4-15 所示。

代码 4-15　矩形树图的关键代码

```
//指定图表的配置项和数据
function getLevelOption() {
    return [{
        itemStyle: {
            borderWidth: 0,
            gapWidth: 5
        }
    },
    {
        itemStyle: {
            gapWidth: 1
        }
    },
```

```
            {
                colorSaturation: [0.7, 0.2],
                itemStyle: {
                    gapWidth: 1,
                    borderColorSaturation: 0.5
                }
            }
        ];
    }
    var option = { //指定图表的配置项和数据
        title: { //配置标题组件
            text: '矩形树图',
            top: 15,
            textStyle: {
                color: 'green'
            },
            left: 270
        },
        series: [{
            name: '全部',
            type: 'treemap',
            levels: getLevelOption(),
            data: [{
                name: '陈大姐', // The first tree
                value: 52, // The sum of the first tree
                children: [{
                    name: '神小龙', // The first leaf of the first tree
                    value: 17
                }, {
                    name: '赣小许', // The second leaf of the first tree
                    value: 13
                }, {
                    name: '常小君', // The third leaf of the first tree
                    value: 15
                }, {
                    name: '娄小青', // The fourth leaf of the first tree
                    value: 7
                }]
```

```
    }, {
        name: '吴二姐', // The second tree
        value: 39, // The sum of the second tree
        children: [{
            name: '郴慕慕', // The first leaf of the second tree
            value: 22
        }, {
            name: '杨株洲', // The second leaf of the second tree
            value: 17
        }]
    }, {
        name: '林三妹', // The third tree
        value: 38, // The sum of the third tree
        children: [{
            name: '魏芷兰', // The first leaf of the third tree
            value: 19
        }, {
            name: '高常德', // The second leaf of the second tree
            value: 11
        }, {
            name: '桂尧尧', // Third leaf of the second tree
            value: 8
        }]
    }, ]
    }]
};
```

在代码 4-15 中，利用 data()设置了 3 组数据，并使用 getLevelOption()函数设置了每一组数据所绘制的矩形之间的间隔。

由 4.4.1～4.4.3 小节介绍的雷达图、词云图和矩形树图可知，一个雷达图包含的多边形数量是有限的，当有 5 个以上要评估的事物时，无论是轮廓还是填充区域，都会产生覆盖和混乱，使得数据难以阅读。同时，当雷达图变量过多时，将会产生过多的轴，从而使图表变得混乱。因此，需要保持雷达图的简单并限制其变量数量。此外，由于雷达图径向距离很难判断，虽然有网格线的参考，但还是很难直观比较图表内变量具体的值，因此当需要比较具体值时，不建议使用雷达图。词云图是对文本中出现频率较高关键词的视觉化描述，用于汇总用户生成的标签或一个网站的文字内容。词云图可以过滤掉大量低频低质的文本信息，使得浏览者只要一眼扫过文本就可领略大概主旨。此外，词云图对于产品排名、热点问题或舆情监测等问题十分有帮助。而矩形树图适合展现有层级关系的数据，能更有效地利用空间，并且拥有展示占比的功能。但是当分类占比太小的时候，文本会变得很难排布，使得矩形树图的树形数据结构表达不够直观、明确。

小　　结

本章介绍了常见的散点图，包括基本散点图、两个序列的散点图和带涟漪特效的散点图，常见的气泡图。还介绍了常见的仪表盘，包括了单仪表盘和多仪表盘；常见的漏斗图，包括了标准漏斗图和多漏斗图；常见的金字塔，包括了标准金字塔和多金字塔；常见的雷达图，包括了标准雷达图和多雷达图；常见的词云图和矩形树图等。

实　　训

实训 1　客户数量与销售额相关分析

1. 训练要点

掌握散点图的绘制。

2. 需求说明

"销售任务完成情况表.xlsx"文件记录了某公司的销售信息数据，包含某公司销售经理、销售代表、客户总数、已购买客户数量、销售额、销售任务额信息，通过绘制散点图分析已购买客户数量与销售额之间的关系。

3. 实现思路及步骤

(1) 在 VS Code 中创建 scatter.html 文件。

(2) 绘制散点图。首先，在 scatter.html 文件中引入 echarts.js 库文件。其次，准备一个具备大小(weight 与 height)的 div 容器，并使用 init()方法初始化容器。最后设置散点图的配置项、"已购买客户数量"与"销售额"数据完成散点图绘制。

实训 2　店铺销售情况分析

1. 训练要点

掌握仪表盘的绘制。

2. 需求说明

基于"销售任务完成情况表.xlsx"数据，绘制仪表盘分析店铺销售任务完成情况。

3. 实现思路及步骤

(1) 在 VS Code 中创建 dashboard.html 文件。

(2) 绘制仪表盘。首先，在 dashboard.html 文件中引入 echarts.js 库文件。其次，准备一个具备大小(weight 与 height)的 div 容器，并使用 init()方法初始化容器。最后设置仪表盘的配置项、"销售额"与"销售任务额"数据完成仪表盘绘制。

实训 3　各销售环节人数转化情况分析

1. 训练要点

掌握漏斗图的绘制。

2. 需求说明

"客户签约率调查表.xlsx"数据包含客户签约中市场调查、潜在客户、客户跟踪、客户邀约、客户谈判和签订合同这 6 个步骤的参与人数,通过绘制漏斗图反映各销售环节人数转化情况的对比。

3. 实现思路及步骤

(1) 在 VS Code 中创建 funnel.html 文件。

(2) 绘制漏斗图。首先,在 funnel.html 文件中引入 echarts.js 库文件。其次,准备一个具备大小(weight 与 height)的 div 容器,并使用 init()方法初始化容器。最后设置漏斗图的配置项、客户签约 6 个步骤的参与人数数据完成漏斗图绘制。

实训 4　销售能力对比分析

1. 训练要点

掌握雷达图的绘制。

2. 需求说明

"销售经理能力考核表.xlsx"文件中记录某公司销售能力的考核信息,包含 3 个销售代表的销售、沟通、服务、协作和培训这 5 个方面的考核评分,通过绘制雷达图综合展现 3 个销售代表各方面能力对比。

3. 实现思路及步骤

(1) 在 VS Code 中创建 radar.html 文件。

(2) 绘制雷达图。首先,在 radar.html 文件中引入 echarts.js 库文件。其次,准备一个具备大小(weight 与 height)的 div 容器,并使用 init()方法初始化容器。最后设置雷达图的配置项、3 个销售代表 5 个方面的考核评分数据完成雷达图绘制。

第 5 章

ECharts 的高级功能

ECharts 除了提供常规的折线图、柱状图、散点图、饼图、K 线图外，还支持多图表、组件的联动和混搭展现。本章介绍 ECharts 的图表混搭及多图表联动、动态切换主题、自定义 ECharts 主题、ECharts 中的事件和行为，并介绍了如何使用异步数据加载和显示加载动画。

 学习目标

(1) 掌握 ECharts 的图表混搭及多表联动。
(2) 掌握 ECharts 主题切换及自定义主题。
(3) 掌握 ECharts 中的事件和行为。
(4) 掌握 ECharts 中异步数据加载和显示加载动画。

任务 5.1　ECharts 的图表混搭及多图表联动

 任务描述

为了使图表更具表现力，可以使用混搭图表对数据进行展现。多个系列的数据存在极强的关联意义不可分离，为了避免在同一个直角坐标系内同时展现时会产生混乱，需要使用联动的多图表对多个系列的数据进行展现。

 任务分析

(1) 在 ECharts 中绘制混搭图表。
(2) 在 ECharts 中绘制联动的多图表。

5.1.1　ECharts 的图表混搭

在 ECharts 的图表混搭中，一个图表包含唯一图例、工具箱、数据区域缩放、值域

漫游模块和一个直角坐标系，直角坐标系可包含一条或多条类目轴线，一条或多条值轴线，类目轴线和值轴线最多上、下、左、右各 1 条。ECharts 支持任意图表的混搭，其中常见的有折线图与柱状图的混搭、折线图与饼状图的混搭等。利用某地区一年的降水量和蒸发量数据绘制双 y 轴折线图与柱状图混搭图表，如图 5-1 所示。

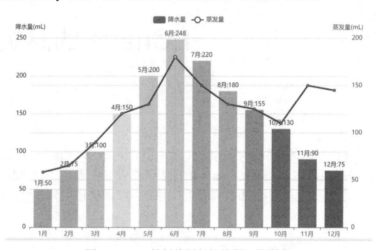

图 5-1　双 y 轴折线图与柱状图混搭图表

在 ECharts 中实现图 5-1 所示的图形绘制，如代码 5-1 所示。

代码 5-1　双 y 轴折线图与柱状图混搭图表的关键代码

```
option = { //指定图表的配置项和数据
var option = {
        backgroundColor: 'rgba(128, 128, 128, 0.1)', //rgba 设置透明度 0.1
        tooltip: {   trigger: 'axis'  },
        legend: {   data: ['降水量', '蒸发量'],  left: 'center',   top: 12   },
        xAxis: [{
            type: 'category',
            data: ['1 月', '2 月', '3 月', '4 月', '5 月', '6 月', '7 月', '8 月', '9 月', '10 月', '11 月', '12 月']
        }],
        yAxis: [ //y 轴
            { //第 1 个 y 轴:降水量
                type: 'value',  name: '降水量(mL)',  min: 0,  max: 250,  interval: 50,
                axisLine: { lineStyle: {   color: 'blue'  }  },
                axisLabel: { formatter: '{value}'  }
            },
            { //第 2 个 y 轴:蒸发量
                type: 'value',  name: '蒸发量(mL)',  min: 0, max: 200,  position: 'right',
                offset: 0, //向右偏移的距离
                axisLine: { lineStyle: {   color: 'red'  } },
                axisLabel: {   formatter: '{value}'  }
            }
```

```
                ],
            series: [ //数据系列
                { //第 1 个 y 轴的数据和配置
                    name: '降水量',  type: 'bar',
                    itemStyle: {
                        /*设置柱状图颜色*/
                        normal: {
                            color: function (params) {
                                var colorList = [ //创建一个颜色数组
                                    '#fe9f4f', '#fead33', '#feca2b', '#fef728', '#c5ee4a',
                                    '#87ee4a', '#46eda9', '#47e4ed', '#4bbbee', '#4f8fa8',
                                    '#4586d8', '#4f68d8', '#F4E001', '#F0805A', '#26C0C0'
                                ];
                                return colorList[params.dataIndex]
                            },
                            /*信息显示方式*/
                            label: { show: true,  position: 'top',  formatter: '{b}:{c}' }
                        }
                    },
                    data: [50, 75, 100, 150, 200, 248, 220, 180, 155, 130, 90, 75]
                },
                { //第 2 个 y 轴的数据和配置
                    name: '蒸发量',  type: 'line',
                    yAxisIndex: 1, //指定使用第 2 个 y 轴
                    itemStyle: {  normal: {  color: 'red'  }
                    }, //设置折线颜色
                    data: [58, 65, 90, 120, 130, 180, 150, 130, 125, 110, 150, 145]
                }
            ] //end of series
        };
```

在代码 5-1 中数据的 yAxis 数组中，通过代码 position:'right' 指定 y 轴的位置(如果没有指定 position 的值，那么默认位置为 'left')；在 series 数组中，通过代码 yAxisIndex:1，指定使用第 2 个 y 轴(0 代表第 1 个 y 轴，1 代表第 2 个 y 轴)。

利用 ECharts 各图表的在线构建次数、各图表组件的使用次数、各版本下载和各主题下载情况的数据绘制柱状图与饼图混搭图表，如图 5-2 所示。

【课程思政】

开源共享，创新发展，创新和共享是 ECharts 得以迅速发展的关键因素。创新改变未来，共享席卷浪潮。要实现中华民族的伟大复兴梦，闭门造车、故步自封是不可取的。必须具有强大的科技实力和创新能力，同时也要开放思想，锐意进取。

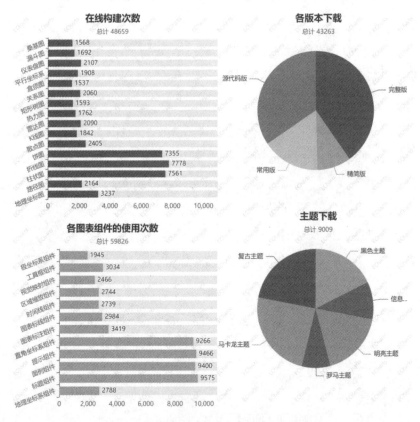

图 5-2　带水印的柱状图与饼图混搭图表

　　图 5-2 是由左边的两个柱状图和右边的两个饼图共同组成的一个混搭图表。左边的两个柱状图分别表示在线构建的各种不同图表的次数和各图表组件的使用次数。从左上角的柱状图中可以看出，折线图、柱状图和饼图 3 种图表最为常用；从左下角的柱状图中可以看出，在各种图表组件中，使用较多的图表组件分别有标题组件(title)、提示组件(tooltip)、图例组件(legend)和直角坐标系组件(grid)。右边的两个饼图分别表示各种 ECharts 版本下载情况的统计分析和各种主题(Themes)下载情况的统计分析。

　　在 ECharts 中实现图 5-2 所示的图形绘制，如代码 5-2 所示。

代码 5-2　带水印的柱状图与饼图混搭图表的关键代码

```javascript
var myChart=echarts.init(document.getElementById('main')); //初始化 echarts 实例
var builderJson = {
    "all": 10887,
    "charts": {    //各 ECharts 图表的 json 数据
        "地理坐标图": 3237,"路径图": 2164,"柱状图": 7561,"折线图": 7778,
        "饼图": 7355,"散点图": 2405,"K 线图": 1842,"雷达图": 2090,
        "热力图":1762,"矩形树图": 1593,"关系图": 2060,"盒须图": 1537,
        "平行坐标系":1908,"仪表盘图": 2107, "漏斗图": 1692,"桑基图": 1568
        },
    "components": {    //各 ECharts 组件的 json 数据
```

```
        "地理坐标系组件": 2788,"标题组件": 9575,"图例组件": 9400,"提示组件": 9466,
        "直角坐标系组件": 9266,"图表标注组件": 3419,"图表标线组件": 2984,"时间线组件": 2739,
        "区域缩放组件": 2744,"视觉映射组件": 2466,"工具框组件": 3034,"极坐标系组件": 1945
        },
        "ie": 9743
    };
    var downloadJson = {      //各 ECharts 版本下载的 json 数据
        "完整版": 17365,   "精简版": 4079,
        "常用版": 6929,    "源代码版": 14890
    };
    var themeJson = {      //各 ECharts 下载的主题 json 数据
        "黑色主题": 1594,   "信息主题": 925,        "明亮主题": 1608,
        "罗马主题": 721,    "马卡龙主题": 2179,   "复古主题": 1982
    };
var waterMarkText = '百度--ECharts';      //水印的字符
var canvas = document.createElement('canvas');
var ctx = canvas.getContext('2d');
canvas.width = canvas.height = 100;
ctx.textAlign = 'center';
ctx.textBaseline = 'middle';
ctx.globalAlpha = 0.08;
ctx.font = '20px Microsoft Yahei';          //水印文字的字体
ctx.translate(50, 50);                       //水印文字的偏转值
ctx.rotate(-Math.PI / 4);                    //水印旋转的角度
ctx.fillText(waterMarkText, 0, 0);           //填充水印
option = {   //指定图表的配置项和数据
    backgroundColor: {type: 'pattern',image: canvas,repeat: 'repeat'},
    tooltip: {},
    title: [{     //指定图表的标题
        text: '在线构建',
        subtext: '总计  ' + builderJson.all,
        x: '25%',
        textAlign: 'center'
        }, {
            text: '各版本下载',
            subtext: '总计  ' + Object.keys(downloadJson).reduce(function (all, key) {
                return all + downloadJson[key];
            }, 0),
            x: '75%',  textAlign: 'center'
        }, {
            text: '主题下载',
            subtext: '总计  ' + Object.keys(themeJson).reduce(function (all, key) {
                return all + themeJson[key];
```

```
            }, 0),
            x: '75%',  y: '50%',
            textAlign: 'center'
    }],
    grid: [{   //指定图表的网格
            top: 50,    width: '50%',    bottom: '45%',
            left: 10,   containLabel: true
    }, {
            top: '55%',       width: '50%',
            bottom: 0,        left: 10,      containLabel: true
    }],
    xAxis: [{       //指定图表的 x 轴
            type: 'value',
            max: builderJson.all,
            splitLine: {show: false}
    }, {
            type: 'value',
            max: builderJson.all,
            gridIndex: 1,
            splitLine: {show: false}
    }],
    yAxis: [{       //指定图表的 y 轴
            type: 'category',
            data: Object.keys(builderJson.charts),
            axisLabel: {interval: 0,rotate: 20},
            splitLine: {show: false}
    }, {
            gridIndex: 1,
            type: 'category',
            data: Object.keys(builderJson.components),
            axisLabel: {interval: 0,rotate: 20},
            splitLine: {show: false}
    }],
    series: [{//指定图表的数据系列
            type: 'bar',stack: 'chart',     z: 3,
            label: {normal: {position: 'right', show: true}},
            data: Object.keys(builderJson.charts).map(function (key) {
                    return builderJson.charts[key];
            })
    }, {
            type: 'bar',stack: 'chart', silent: true,
            itemStyle: { normal: { color: '#eee'}},
            data: Object.keys(builderJson.charts).map(function (key) {
```

```
                        return builderJson.all - builderJson.charts[key];
                })
        }, {
                type: 'bar', stack: 'component', xAxisIndex: 1,        yAxisIndex: 1, z:3,
                label: {normal: { position: 'right', show: true}},
                data: Object.keys(builderJson.components).map(function (key) {
                        return builderJson.components[key];
                })
        }, {
                type: 'bar', stack: 'component', silent: true,
                xAxisIndex: 1, yAxisIndex: 1,
                itemStyle: {normal: {color: '#eee'}},
                data: Object.keys(builderJson.components).map(function (key) {
                        return builderJson.all - builderJson.components[key];
                })
        }, {
                type: 'pie', radius: [0, '30%'], center: ['75%', '25%'],
                data: Object.keys(downloadJson).map(function (key) {
                        return {
                                name: key.replace('.js', ''),
                                value: downloadJson[key]
                        }
                })
        }, {
                type: 'pie', radius: [0, '30%'], center: ['75%', '75%'],
                data: Object.keys(themeJson).map(function (key) {
                        return {
                                name: key.replace('.js', ''),
                                value: themeJson[key]
                        }
                })
        }]
};
        myChart.setOption(option);
```

在代码 5-2 中，首先定义了 ECharts 图表的数据、ECharts 组件的数据、ECharts 版本下载的数据和下载主题的数据，然后设置水印的各种格式。

5.1.2　ECharts 的多图表联动

当需要展示的数据比较多时，放在一个图表进行展示的效果不佳，此时，可以考虑使用两个图表进行联动展示。ECharts 提供了多图表联动的功能(connect)，联动的多个图表可以共享组件事件并实现保存图片时的自动拼接。多图表联动支持直角坐标系下 tooltip 的联动。

要实现 ECharts 中的多图表联动，可以使用以下两种方法。

(1) 分别设置每个ECharts对象为相同的group值，并通过在调用ECharts对象的connect方法时，传入 group 值，从而使用多个 ECharts 对象建立联动关系，如代码 5-3 所示。

代码 5-3　设置相同的 group 值

```
myChart1.group = 'group1';   //给第 1 个 ECharts 对象设置一个 group 值
myChart2.group = 'group1';   //给第 2 个 ECharts 对象设置一个相同的 group 值
echarts.connect('group1');     //调用 ECharts 对象的 connect 方法时，传入 group 值
```

(2) 直接调用 ECharts 的 connect 方法，参数为一个由多个需要联动的 ECharts 对象组成的数组，如代码 5-4 所示。

代码 5-4　调用 connect 方法

```
echarts.connect([myChart1,myChart2]);
```

若想要解除已有的多图表联动，则可以调用 disConnect()方法，如代码 5-5 所示。

代码 5-5　调用 disConnect 方法

```
echarts.disConnect('group1');
```

利用某学院 2021 年和 2022 年的专业招生情况绘制柱状图联动图表，如图 5-3 所示。

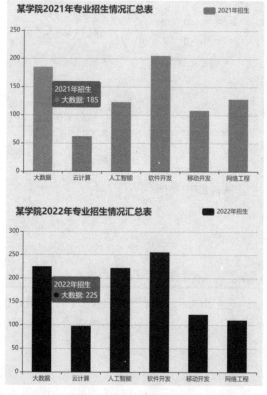

图 5-3　柱状图联动图表

在图 5-3 中，共有上下两个柱状图分别表示 2021、2022 两个年度的招生情况汇总，由于建立了多图表联动，光标滑过 2021 年或 2022 年的某专业(如大数据专业)柱体时，系统会同时在 2021 年、2022 年的相应专业上自动弹出相应的详情提示框(tooltip)。

【课程思政】

在 2018 年 1 月—2021 年 10 月这四年中，全球超过 100 个国家和地区共 65 万件人工智能产品专利申请，其中申请数量最多的前三个国家分别为中国、美国、日本，专利申请量分别是 44.5 万件，占比 68.5%；7.3 万件，占比 11.2%；3.9 万件，占比 6.0%。近年来，中国已成为人工智能产品专利申请大国，远超第二名美国。值得一提的是，这 4 年内，中国人工智能产品专利申请量增速也始终以超出第二名 1～2 倍的速度高速增长，创新势头迅猛。

在 ECharts 中实现图 5-3 所示的图形绘制，如代码 5-6 所示。

代码 5-6　柱状图联动图表的关键代码

```
var option1 = {        //指定第 1 个图表的配置项和数据
    color:['LimeGreen', 'DarkGreen', 'red', 'blue', 'Purple'],
    backgroundColor: 'rgba(128, 128, 128, 0.1)',      //rgba 设置透明度 0.1
    title: { text: '某学院 2021 年专业招生情况汇总表', left:40, top:5 },
    tooltip: {tooltip: {show:true},},
    legend: {data:['2021 年招生'], left:422, top:8},
    xAxis: [{
        data: ["大数据", "云计算", "人工智能",
        软件开发", "移动开发", "网络工程"],axisLabel:{interval: 0} }],
    yAxis: [{type: 'value',}],
    series: [{    //第 1 个图表的数据系列
        name: '2021 年招生',
        type: 'bar', barWidth: 40,         //设置柱状图中每个柱子的宽度
        data: [185, 62, 123, 205, 128, 123],
    }]
};
var option2 = {        //指定第 2 个图表的配置项和数据
    color:['blue','LimeGreen','DarkGreen','red','Purple'],
    backgroundColor: 'rgba(128, 128, 128, 0.1)',      //rgba 设置透明度 0.1
    title: {text: '某学院 2022 年专业招生情况汇总表', left:40, top:8},
    tooltip: {show:true},
    legend: {data:['2022 年招生'], left:422, top:8},
    xAxis:[{data:["大数据","云计算","人工智能","软件开发","移动开发","网络工程"],}],
    yAxis: [{type: 'value',}],
    series: [{        //第 2 个图表的数据系列
        name: '2022 年招生',
        type: 'bar', barWidth: 40,          //设置柱状图中每个柱子的宽度
        data: [225, 98, 222, 256, 125, 121],
    }]
};
myChart1.setOption(option1);          //为 myChart1 对象加载数据
```

```
myChart2.setOption(option2);        //为 myChart2 对象加载数据
//多图表联动配置方法 1:分别设置每个 echarts 对象的 group 值
  myChart1.group = 'group1';
  myChart2.group = 'group1';
  echarts.connect('group1');
//多图表联动配置方法 2:直接传入需要联动的 echarts 对象 myChart1,myChart2
//echarts.connect([myChart1,myChart2]);
```

多图表联动详情提示框(tooltip)的联动可以通过分别设置每个 ECharts 对象的 group 值实现，如代码 5-7 所示。

代码 5-7　设置 group 值

```
myChart1.group = 'group1';
myChart2.group = 'group1';
echarts.connect('group1');
```

也可以直接将需要联动的 ECharts 对象 myChart1、myChart2 作为数组传入 ECharts 的 connect 方法中，如代码 5-8 所示。

代码 5-8　调用 connect 方法

```
echarts.connect([myChart1,myChart2])。
```

根据某大学各专业 2018—2022 年的招生情况分析结果绘制饼图与柱状图的联动图表，如图 5-4 所示。

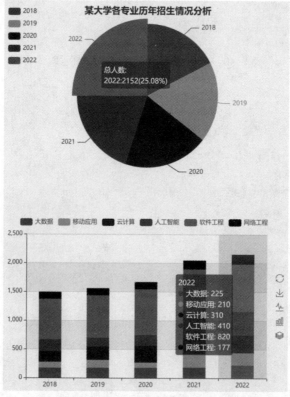

图 5-4　饼图与柱状图的联动图表

图 5-4 中有两个图表，上方的饼图和下方的柱状图(柱状图也可以通过工具箱转为折线图)。当光标滑过饼图的某个扇区时，饼图出现的详情提示框(tooltip)显示该扇区所对应年份的招生人数及其所占当年总招生人数的比例，同时柱状图(或折线图)也会相应出现详情提示框(tooltip)，显示对应年份各个专业招生人数的详细数据。

在 ECharts 中实现图 5-4 所示的图形绘制，如代码 5-9 所示。

代码 5-9　饼图与柱状图的联动图表的关键代码

```
//基于准备好的 dom，初始化 echarts 实例 main1
yChart1 = echarts.init(document.getElementById('main1'));
option1 = {        //指定第 1 个图表 option1 的配置项和数据
    color:['red', 'Lime', 'blue', 'DarkGreen', 'DarkOrchid', 'Navy'],
    backgroundColor: 'rgba(128, 128, 128, 0.1)',   //设置背景色，rgba 设置透明度 0.1
    title: {text:'某大学各专业历年招生情况分析', x: 'center', y:12},
    tooltip: {trigger: "item",formatter: "{a}<br/>{b}:{c}({d}%)"},
    legend: {orient: 'vertical', x: 15, y:15,data: ['2018','2019','2020','2021','2022']},
    series: [{      //第 1 个图表的数据系列
        name: '总人数:',     type: 'pie',
        radius: '70%',         center: ['50%',190],
        data: [
            {value: 1492, name: '2018'}, {value: 1557, name: '2019'},
            {value: 1667, name: '2020'}, {value: 1714, name: '2021'},
            {value: 2152, name: '2022' }]}]
};
myChart1.setOption(option1); //使用指定的配置项和数据显示饼图
//基于准备好的 dom，初始化 echarts 实例 main2
myChart2 = echarts.init(document.getElementById('main2'));
option2 = {        //指定第 2 个图表 option1 的配置项和数据
    color:['red', 'Lime', 'blue', 'DarkGreen', 'DarkOrchid', 'Navy'],
    backgroundColor: 'rgba(128, 128, 128, 0.1)',                //设置背景色，rgba 设置透明度 0.1
    tooltip: {trigger: 'axis',axisPointer: {type: 'shadow'}},   //详情提示框
    legend:{left:42,top:25,data:['大数据','移动应用','云计算','人工智能','软件工程','网络工程']},
    toolbox:{      //第 2 个图表的工具箱
    show: true, orient: 'vertical',     left: 459, top: 'center',
    feature: {
        mark: {show:true},restore:{show:true},saveAsImage:{show:true},
        magicType:{show:true,type:['line','bar','stack','tiled']}}},
    xAxis: [{type: 'category',data:['2018','2019','2020','2021','2022']}],   //第 2 个图表的 x 轴
    yAxis: [{type: 'value',       splitArea: {show: true}}],                 //第 2 个图表的 y 轴
    series: [ //第 2 个图表的数据系列
```

```
                {name: '大数据',        type: 'bar',   stack: '总量',data:[175, 177, 178, 185, 225], barWidth: 45, },
                {name: 移动应用,type: 'bar',    stack: '总量',data: [101, 134, 90, 230, 210]},
                {name: '云计算',      type: 'bar',  stack: '总量',data: [191, 234, 290, 330, 310]},
                {name: '人工智能', type: 'bar',stack: '总量',data: [201, 154, 190, 330, 410]},
                {name: '软件工程',type: 'bar',stack: '总量',data: [701, 734, 790, 812, 820]},
                {name: '网络工程', type: 'bar',stack: '总量',data: [123, 124, 129, 157, 177]}
            ]
        };
        myChart2.setOption(option2);        //使用指定的配置项和数据显示堆叠柱状图
        //多图表联动配置方法 1:分别设置每个 echarts 对象的 group 值
        myChart1.group = 'group1';
        myChart2.group = 'group1';
        echarts.connect('group1');
        //多图表联动配置方法 2:直接传入需要联动的 echarts 对象 myChart1，myChart2
        //echarts.connect([myChart1,myChart2]);
```

多图表联动的方法与代码 5-6 相同，此处不再赘述。多图表的联动，还可通过事件来实现。

任务 5.2　动态切换主题及自定义 ECharts 主题

 **任务描述**

　　主题是 ECharts 图表的风格抽象，用于统一多个图表的风格样式。为了顺应不同的绘图风格需求，ECharts 官方提供了 default、infographic、shine、roma、macarons、vintage等主题，可供下载和切换使用。此外，ECharts 还有主题构造工具，使用主题在线构建工具，可以根据需求快速直观地生成用户自己的主题配置文件，并在 ECharts 中使用此自定义的主题样式。

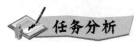 **任务分析**

　　(1) 在 ECharts 中进行动态主题的切换。
　　(2) 在 ECharts 中制作自定义主题。

5.2.1　动态切换主题

　　ECharts 是一款原生 js 写的图表类库，ECharts 为打造一款数据可视化平台提供了良好的图表支持。在前端开发中，站点样式主题 css 与样式组件 css 是分离的，这样可以根据不同的需求改变站点风格，如春节、中秋等节假日都需要改变站点风格。为顺应这种需求，百度 ECharts 团队提供了多种风格的主题。切换 ECharts 主题的步骤如下：

(1) 下载主题文件。在使用主题之前需要下载主题.js 文件(在 ECharts 官网上下载官方提供的主题，如 macarons.js 或自定义主题)。

(2) 引用主题文件。将下载的主题.js 文件引用到 HTML 页面中。注意：如果 ECharts 主题中需要使用到 jquery，那么还应该再在页面中引用 jquery 的.js 文件。

(3) 指定主题名。在 ECharts 对象初始化时，通过 init 的第 2 个参数指定需要引入的主题名。如 var myChart=echarts.init(document.getElementById('main'),主题名)。

利用某大学各专业招生情况绘制 ECharts 的 macarons 主题柱状图，如图 5-5 所示。

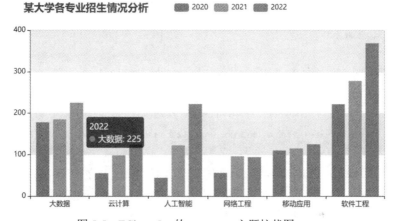

图 5-5　ECharts5.x 的 macarons 主题柱状图

图 5-5 使用了 3 种不同的颜色表示每个专业分别在 2020 年、2021 年、2022 年的招生情况。

在 ECharts 中实现图 5-5 所示的图形绘制，如代码 5-10 所示。

代码 5-10　ECharts5.x 的 macarons 主题柱状图的完整代码

```
<!DOCTYPE html>
<html>
  <head>
      <meta http-equiv="Content-Type" content="text/html; charset=utf-8">
      <title>ECharts 主题切换</title>
      <script src="../../js/jquery-3.3.1.js"></script><!--主题需要使用 jquery-->
      <script src="../../js/echarts.js" type="text/javascript" charset="utf-8"></script>
      <!--引入各种主题.js 文件-->
      <script src = '../../themes/dark.js'></script>
      <script src = '../../themes/infographic.js'></script>
      <script src = '../../themes/macarons.js'></script>
      <script src = '../../themes/roma.js'></script>
      <script src = '../../themes/shine.js'></script>
      <script src = '../../themes/vintage.js'></script>
  </head>
```

```
<body>
    <div id="themeArea"><label>ECharts 主题切换：</label></div>
    <div>
        <select name="you select theme:" id="selection">
            <option value="dark">dark</option>
            <option value="infographic">infographic</option>
            <option value="macarons">macarons</option>
            <option value="roma">roma</option>
            <option value="shine">shine</option>
            <option value="vintage">vintage</option>
        </select>
    </div>
    <div id = 'main' style="width: 600px; height: 400px;"></div>
    <script>
        //基于准备好的 dom，初始化 echarts 实例
        var myChart = echarts.init(document.getElementById('main'));
        var option = {    //指定图表的配置项和数据
        //backgroundColor:'WhiteSmoke',    //当设置了 color 和背景色后，主题的背景色无效
            title: { text: '某大学各专业招生情况分析', left: 60, top: 10 },
            tooltip: {},    //详情提示框
            legend: { left: 320, top: 10, data:['2020','2021', '2022']},    //图例
            xAxis: { data: ["大数据", "云计算", "人工智能", "网络工程", "移动应用", "软件工程"]},
            grid: { show: true },    //显示网格
            yAxis: {},          //y 轴，不可少
            series: [          //数据系列
                { name: '2020', type: 'bar', data: [178, 55, 44, 56, 110, 222]},
                { name: '2021', type: 'bar', data: [185, 98, 122, 96, 115, 278]},
                { name: '2022', type: 'bar', data: [225,123,210, 94, 125, 369]},
            ]
        };
        myChart.setOption(option);    //使用指定的配置项和数据显示图表
        $('#selection').change(function(){
            myChart.dispose();      //释放 ECharts 图表实例，释放后图表实例不再可用
            //获得主题名称,this.value 是 JS 原生态写法，$(this).val()是 JQ 写法
            let yourtheme = $(this).val();
            //基于准备好的 dom，初始化 ECharts 实例，第二个参数指定需要引入的主题
            myChart = echarts.init(document.getElementById('main'), yourtheme);
            myChart.setOption(option);//使用指定的配置项和数据显示图表
            myChart.resize(); // 图表自适应
        });
```

```
        </script>
    </body>
</html>
```

在代码 5-10 中，首先引入主题的.js 文件，同时，由于主题需要使用 jquery，所以也需要引入 jquery-3.3.1.js 文件。最后，使用 jquery 语句$(this).val()获得主题名称，在初始化 ECharts 实例时，通过 init 的第 2 个参数指定需要引入的主题。代码运行时，可以通过左上角的主题切换下拉菜单选择某个主题，如图 5-5 中选择了"macarons"主题。

5.2.2　自定义 ECharts 主题

ECharts 中的默认主题样式基本能满足日常的需求，为了让图表整体换装，除了官方提供的主题外，还可以自定义主题。自定义主题的步骤如下：

(1) 打开 ECharts 的主题下载页面(https://echarts.apache.org/zh/download-theme.html)，单击页面下方的"定制主题"，跳转到"主题编辑器"页面。

(2) 选择和配置主题。在 ECharts 的"主题编辑器"页面左边的"默认方案"中有几十套已经设计好的主题供用户选择。如果这些默认方案还满足不了需求，那么可以自己来设置各种不同的配置。ECharts 提供了基本配置、视觉映射、坐标轴、图例、提示框、时间轴等各个模块的样式配置，内容相当丰富。对"主题编辑器"中的基本配置中的背景、标题、副标题等进行相应的配置，如图 5-6 所示。

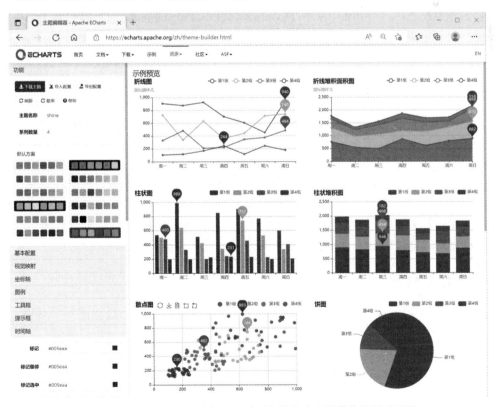

图 5-6　ECharts"主题编辑器"页面中的基本配置模块的样式配置

(3) 主题下载。在 ECharts 主题样式配置完成后，需要下载配置文件。点击"主题编辑器"页面左上角的"下载主题"按钮，弹出"主题下载"对话框，如图 5-7 所示。点击左边的"JS 版本"选项卡，将其中的代码复制到所命名的.JS 格式的文件中保存。ECharts提供了.JS、.JSON 两种格式的文件，主题下载时应该选择.JS 版本的配置文件。下载好.JS格式的文件后，对.JS 格式的文件的使用与 5.2.1 小节的方法相同。

图 5-7 "主题下载"对话框中的"JS 版本"选项卡

为了便于二次修改，ECharts 的主题编辑器支持导入、导出配置项。导出的配置可以通过导入恢复配置项。导出的 JSON 格式的文件仅用于在 ECharts 的主题构建工具中导入使用，而不能直接作为主题在 ECharts 页面中使用。

任务 5.3 ECharts 中的事件和行为

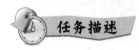 **任务描述**

事件是用户或浏览器自身执行的某种动作，如 click、mouseover、页面加载完毕后触发 load 事件都属于事件。在 ECharts 中，事件分为鼠标事件和用户在使用可以交互的组件后触发的行为事件两种类型。作为开发者，可以监听这些事件，并通过回调函数进行相应的处理，如跳转到一个地址，弹出对话框，进行数据下钻等。

 **任务分析**

(1) 在 ECharts 中处理鼠标事件。
(2) 在 ECharts 中处理组件交互的行为事件。

5.3.1 ECharts 中鼠标事件的处理

响应某个事件的函数称为事件处理程序，也可称为事件处理函数、事件句柄。鼠标事件即鼠标操作点击图表的图形(如 click、dblclick、contextmenu)或 hover 图表的图形(如 mouseover、mouseout、mousemove)时触发的事件。在 ECharts 中，用户的任何操作都可能会触发相应的事件。ECharts 支持九种常规的鼠标事件，包括 click、dblclick、mousedown、mousemove、mouseup、mouseover、mouseout、globalout、contextmenu。其中，click 事件最为常用。常规的鼠标事件及说明如表 5-1 所示。

表 5-1　九种常规的鼠标事件及说明

事件名称	事 件 说 明
click	在目标元素上，单击鼠标左键时触发。不能通过键盘触发
dblclick	在目标元素上，双击鼠标左键时触发
mouseup	在目标元素上，鼠标按钮被释放弹起时触发。不能通过键盘触发
mousedown	在目标元素上，鼠标按钮(左键或右键)被按下时触发。不能通过键盘触发
mouseover	鼠标移入目标元素上方时触发。鼠标移动到其后代元素上时也会触发
mousemove	鼠标在目标元素内部移动时不断触发。不能通过键盘触发
mouseout	鼠标移出目标元素上方时触发
globalout	鼠标移出整个图表时触发
contextmenu	鼠标右击目标元素时触发，即鼠标右击事件，会弹出一个快捷菜单

在一个图表元素上相继触发 mousedown 和 mouseup 事件，才会触发 click 事件。两次 click 事件相继触发才会触发 dblclick 事件。如果取消了 mousedown 或 mouseup 中的一个，则 click 事件不会被触发。若直接或间接取消了 click 事件，则 dblclick 事件不会被触发。

利用某学院 2022 年专业招生情况绘制添加鼠标单击事件的柱状图，如图 5-8 所示。

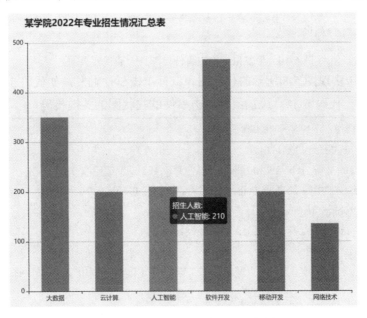

图 5-8　添加鼠标单击事件的柱状图

当点击图 5-9 中的"人工智能"柱体后，弹出一个提示对话框，如图 5-9 所示。

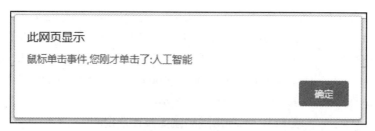

图 5-9 触发鼠标单击事件的提示对话框

单击图 5-9 中的"确定"按钮后，系统将自动打开相应的百度搜索页面，如图 5-10 所示。

图 5-10 触发鼠标单击事件自动打开的搜索页面

在 ECharts 中实现图 5-8 所示的柱状图和鼠标单击事件触发，如代码 5-11 所示。

代码 5-11 添加鼠标单击事件的柱状图的关键代码

```
var option = {//指定图表的配置项和数据
    color:['LimeGreen', 'DarkGreen', 'red', 'blue', 'Purple'],
    backgroundColor: 'rgba(128, 128, 128, 0.1)',     //rgba 设置透明度 0.1
    title: { text: '某学院 2022 年专业招生情况汇总表', left:70, top:9 },
    tooltip: {tooltip: {show:true},},
    legend: {data:['2022 年招生'], left:422, top:8},
    xAxis: {     //x 轴
        data: ["大数据","云计算","人工智能","软件技术","移动应用","计算机网络"]
    },
    yAxis: {},     //x 轴
    series: [{     //数据系列
        name: '招生人数:',
```

```
            type: 'bar',barWidth: 55,  //设置柱状图中每个柱子的宽度
            data: [350, 200, 210, 466, 200, 135]
        }]
};
myChart.setOption(option);    //使用刚指定的配置项和数据显示图表
//回调函数处理鼠标点击事件并跳转到相应的百度搜索页面
myChart.on('click', function (params) {
            var yt=alert("鼠标单击事件，您刚才单击了:"+params.name);
            window.alert("将为您打开一个新窗口，搜索关键字:" + params.name);  //弹出提示对话框
            window.open('https://www.baidu.com/s?wd=' + encodeURIComponent(params.name));
});
window.addEventListener("resize",function(){
    myChart.resize();  //使图表自适应窗口的大小
});
```

在代码 5-11 中，通过 on 方法绑定鼠标的单击事件(click)，鼠标事件包含一个参数 params，通过 params.name 获得用户鼠标单击的数据名称，再通过 window.alert()方法弹出一个对话框，最后通过 window.open()方法自动打开一个新的搜索网页。open()方法至少带一个参数，用于指定打开的新网页的网址；open()方法还可带多个其他参数，用于指定新打开网页的其他属性。

在 ECharts 中，所有的鼠标事件都包含一个参数 params。params 是一个包含点击图形的数据信息的对象。params 中的基本属性及含义如表 5-2 所示。

表 5-2　params 中的基本属性及含义

属性名称	属 性 含 义
componentType	string，当前点击的图形元素所属的组件名称，其值为"series""markLine""markPoint""timeLine"等
seriesType	string，系列类型，其值可能为"line""bar""pie"等。当 componentType 为"series"时该属性有意义
seriesIndex	number，系列在传入的 option.series 中的 index。当 componentType 为"series"时该属性有意义
seriesName	string，系列名称。当 componentType 为"series"时该属性有意义
name	string，数据名、类目名
dataIndex	number，数据在传入的 data 数组中的 index
data	Object，传入的原始数据项
dataType	string，sankey、graph 等图表同时含有 nodeData 和 edgeData 两种 data，dataType 的值会是"node"或"edge"，表示当前点击在 node 上还是在 edge 上。其他大部分图表中只有一种 data，dataType 无意义
value	number|Array，传入的数据值
color	string，数据图形的颜色。当 componentType 为"series"时该属性有意义

回调函数本身是主函数的一个参数,将回调函数作为参数传到另一个主函数中,当主函数执行完后,再执行回调函数,这个过程就叫作回调。在回调函数中获得对象中的数据名、系列名称,在数据中索引得到其他信息后更新图表,显示浮层等。

利用产品销量和产量利润数据绘制包含鼠标点击事件参数 params 的柱状图,如图 5-11 所示。

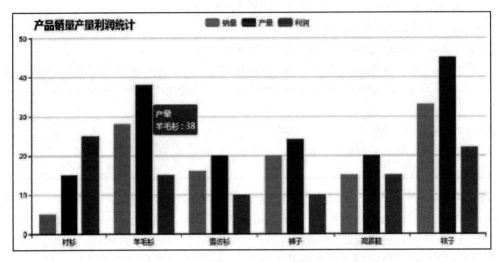

图 5-11　包含鼠标点击事件参数 params 的柱状图

当点击图 5-11 中第 2 件产品"羊毛衫"的"产量"柱体时,弹出一个提示对话框,如图 5-12 所示。

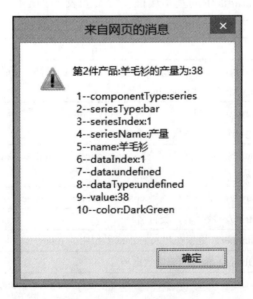

图 5-12　鼠标点击事件中参数 params 的基本属性的提示对话框

由图 5-12 可以得到图 5-11 中的第 2 件产品"羊毛衫"的"产量"柱体 params 参数的各属性信息。

在 ECharts 中实现图 5-11 和图 5-12 所示的柱状图鼠标单击事件,如代码 5-12 所示。

代码 5-12　包含鼠标点击事件的参数 params 的柱状图的关键代码

```
var option = {      //指定图表的配置项和数据
        color:['LimeGreen', 'DarkGreen', 'red', 'blue', 'Purple'],
        backgroundColor: 'rgba(128, 128, 128, 0.1)',      //rgba 设置透明度 0.1
        xAxis: {      //x 轴
            data: ["衬衫","羊毛衫","雪纺衫","裤子","高跟鞋","袜子"]
        },
        yAxis: {},      //y 轴
        tooltip:{      //详情提示框
            trigger: 'item', show: true,
            formatter: "{a} <br/>{b} : {c}"
        },
        series: [//数据系列
            {  //数据系列 1:销量
                name: '销量',   type: 'bar',
                data: [5, 28, 16, 20, 15, 33]
            },
            {  //数据系列 2:产量
                name: '产量',   type: 'bar',
                data: [15, 38, 20, 24, 20, 45]
            },
            {  //数据系列 3:利润
                name: '利润',   type: 'bar',
                data: [25, 15, 10, 10, 15, 22]
            }
        ]
};
myChart.setOption(option);      //使用刚指定的配置项和数据显示图表
window.addEventListener("resize",function(){
myChart.resize();          //使图表自适应窗口的大小
});
//回调函数处理鼠标点击事件并且显示各数据信息内容
myChart.on('click', function (params) {
    alert("第"+(params.dataIndex+1)+"件产品:"+params.name+"的" +
    params.seriesName +"为:" + params.value +
    "\n\n 1--componentType:" + params.componentType +
    "\n 2--seriesType:" + params.seriesType +
    "\n 3--seriesIndex:" + params.seriesIndex +
    "\n 4--seriesName:"+ params.seriesName +
```

```
        "\n 5--name:"         + params.name +
        "\n 6--dataIndex:"    + params.dataIndex +
        "\n 7--data:"         + params.data +
        "\n 8--dataType:"     + params.dataType +
        "\n 9--value:"        + params.value +
        "\n 10--color:"            + params.color);
});
```

在代码 5-12 中，可以通过调用回调函数，访问鼠标事件的参数 params 的基本属性，如 params.dataIndex、params.name、params.seriesName、params.value，在第一行显示出"第 2 件产品:羊毛衫产量为羊毛衫:38"。最后的 10 行代码依次访问鼠标事件参数 params 的 10 种基本属性，并依次显示在图 5-12 所示的提示对话框中的每一行上。注意，其中 params.data、params.dataType 的值为 undefined。

5.3.2　ECharts 组件交互的行为事件

用户在使用交互组件后触发的行为事件即调用"dispatchAction"后触发的事件，如切换图例开关时触发的 legendselectchanged 事件(这里需要注意，切换图例开关是不会触发 legendselected 事件的)、数据区域缩放时触发的 datazoom 事件等。在 ECharts 中基本上所有的组件交互行为都会触发相应的事件。

ECharts 中的交互事件及事件说明如表 5-3 所示。

表 5-3　ECharts 中的交互事件及事件说明

事件名称	事 件 说 明
legendselectchanged	切换图例选中状态后的事件，图例组件用户切换图例开关会触发该事件，不管有没有选择，点击就会触发
legendselected	图例组件用 legendSelect 选中事件，即点击显示该图例时触发生效
legendunselected	图例组件用 legendUnSelect 取消选中事件
datazoom	数据区域缩放事件。缩放视觉映射组件
datarangeselected	selectDataRange 视觉映射组件中，range 值改变后触发的事件
timelinechanged	timelineChange 时间轴中的时间点改变后的事件
timelineplaychanged	timelinePlayChange 时间轴中播放状态的切换事件
restore	restore 重置 option 事件
dataviewchanged	工具栏中数据视图的修改事件
magictypechanged	工具栏中动态类型切换的切换事件
geoselectchanged	geo 中地图区域切换选中状态的事件(用户点击选中会触发该事件)
geoselected	geo 中地图区域选中后的事件，使用 dispatchAction 可触发此事件，用户点击不会触发此事件(用户点击事件请使用 geoselectchanged)
geounselected	geo 中地图区域取消选中后的事件，使用 dispatchAction 可触发此事件，用户点击不会触发此事件(用户点击事件请使用 geoselectchanged)

续表

事件名称	事 件 说 明
pieselectchanged	series-pie 中饼图扇形切换选中状态的事件，用户点击选中会触发该事件
pieselected	series-pie 中饼图扇形选中后的事件，使用 dispatchAction 可触发此事件，用户点击不会触发此事件(用户点击事件请使用 pieselectchanged)
pieunselected	series-pie 中饼图扇形取消选中后的事件,使用 dispatchAction 可触发此事件，用户点击不会触发此事件(用户点击事件请使用 pieselectchanged)
mapselectchanged	series-map 中地图区域切换选中状态的事件，用户点击选中会触发该事件
mapselected	series-map 中地图区域选中后的事件，使用 dispatchAction 可触发此事件，用户点击不会触发此事件(用户点击事件请使用 mapselectchanged)
mapunselected	series-map 中地图区域取消选中后的事件，使用 dispatchAction 可触发此事件，用户点击不会触发此事件(用户点击事件请使用 mapselectchanged)
axisareaselected	平行坐标轴(Parallel)范围选取事件

在代码 5-12 的基础上增加一段新代码，添加图例选中事件，如代码 5-13 所示，运行结果如图 5-13 所示。

代码 5-13　图例选中事件的关键代码

```
myChart.on('legendselectchanged', function (params) {
    //获取点击图例的选中状态
    var isSelected = params.selected[params.name];
    //在控制台中打印
    console.log((isSelected ? '你选中了' : '你取消选中了') + '图例:' + params.name);
    //打印所有图例的状态
    console.log(params.selected);
});
```

对于代码 5-13 中的触发图例开关事件('legendselectchanged')，可以通过调用回调函数，在控制台中打印出用户的点击操作。

图 5-13　触发图例选中事件后在控制台中打印的用户点击操作

由图 5-13 可以看出，用户的点击操作依次为"你取消选中了图例：销量""你取消选中了图例：产量""你选中了图例：销量""你选中了图例：产量"。

利用随机生成的 300 个数据绘制调用 dataZoom 事件的折线图与柱状图，如图 5-14 所示。

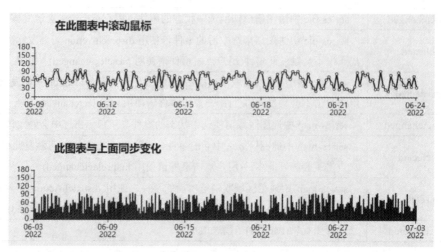

图 5-14　调用 dataZoom(数据区域缩放组件)事件的折线图与柱状图

图 5-14 有上、下两个图表，两个图表使用随机生成的 300 个相同数据。调用折线图的滚动鼠标，会带动柱状图的图表同步变化，这主要是因为鼠标在折线图中滚动时会产生 dataZoom(数据区域缩放组件)事件。

在 ECharts 中绘制图 5-14 所示的调用了 dataZoom(数据区域缩放组件)事件的折线图与柱状图，如代码 5-14 所示。

代码 5-14　调用 dataZoom(数据区域缩放组件)事件的折线图与柱状图的关键代码

```
var traffic1 = echarts.init(document.getElementById("main1"));
var traffic2 = echarts.init(document.getElementById("main2"));
var data = [];
var now = new Date(2020, 5, 2, 24, 60, 60);
var oneDay = 24 * 600 * 600;//控制 x 轴上时间的长短
function randomData() {//产生随机数据的函数
    now = new Date(+now + oneDay);
    value =   Math.random() * 80 + 20;
    return {
        name: now.toLocaleString('chinese',{hour12:false}),
        value: [
            now.toLocaleString('chinese',{hour12:false}),
            Math.round(value)
        ]
    }
}
for (var i = 0; i < 300; i++) {//随机生成 300 个数据,存放在数组 data 中
    data.push(randomData());
```

```
}
var option1 = {//指定图表 option1 的配置项和数据
    color:['DarkGreen','red','LimeGreen','blue','Purple','GreenYellow','DarkTurquoise'],
    backgroundColor: 'rgba(128, 128, 128, 0.1)', //rgba 设置透明度 0.1
  title: { text: '在此图表中滚动鼠标', left:110, top:12 },//标题
  tooltip: {//详情提示框
      trigger: 'axis',
      formatter: function (params) {
          params = params[0]; var date = new Date(params.name);
          return date.getFullYear()+'年'+(date.getMonth()+1)+'月'+date.getDate()+'日'
              + ' : '+params.value[1];
      },
      axisPointer: { animation: false }//坐标轴指示器
  },
  xAxis: { type: 'time', splitLine: { show: false}},//x 轴
  yAxis:{type:'value',boundaryGap:[0,'100%'],splitLine:{show:false}},//y 轴
  dataZoom: [//数据区域缩放组件
      {
          type:'inside',          //两种取值 inslide,slide
          show: true,
          start: 20,              //数据显示的开始位置
          end: 70,                //数据显示的终止位置
      },
  ],
    series: [{name:'模拟数据',type:'line',data:data}]//数据系列
};


var option2 = {//指定图表 option2 的配置项和数据
    color:['blue','LimeGreen','red','DarkGreen','Purple','GreenYellow','DarkTurquoise'],
    backgroundColor: 'rgba(128, 128, 128, 0.1)', //rgba 设置透明度 0.1
  title: {text: '此图表与上面同步变化',left:110, top:12},        //标题
  tooltip: {//详情提示框
      trigger: 'axis',
      formatter: function (params) {
          params = params[0];
          var date = new Date(params.name);
          return date.getFullYear()+'年'+(date.getMonth()+1)+'月'+date.getDate()+'日'
              + ' : ' + params.value[1];
      },
```

```
            axisPointer:{animation:false}    //坐标轴指示器
        },
        xAxis: {type: 'time',splitLine: {show: false}},    //x 轴
        yAxis:{type:'value',boundaryGap:[0,'100%'],splitLine:{show:false}}, //y 轴
        dataZoom: [    //数据区域缩放组件
            {
                type:'inside',    //两种取值 inslide,slide
                show: true,
                start: 0,         //数据显示的开始位置
                end: 100,         //数据显示的终止位置
            },
        ],
        series:[{name:'模拟数据',type:'bar',data: data}]//数据系列
};
traffic1.setOption(option1);   //使用指定的配置项和数据以显示图表
traffic2.setOption(option2);   //使用指定的配置项和数据以显示图表


traffic1.on('datazoom', function(params){
    //事件有很多，参见 http://echarts.baidu.com/api.html#events
    //params 是个好东西，里面有什么，可打印出来看看
    console.log(params);
    //可通过 params 获取缩放的起止百分比，但鼠标滚轮和伸缩条拖动触发的 params 格式不同，
    //所以用另一种方法，获得图表数据数组下标
    var startValue = traffic1.getModel().option.dataZoom[0].startValue;
    var endValue = traffic1.getModel().option.dataZoom[0].endValue;

    //获得起止位置的百分比
    var startPercent = traffic1.getModel().option.dataZoom[0].start;
    var endPercent = traffic1.getModel().option.dataZoom[0].end;
    console.log(startValue,endValue,startPercent,endPercent);
    option2.dataZoom[0].start = startPercent;
    option2.dataZoom[0].end = endPercent;
    traffic2.setOption(option2);
});
```

代码 5-14 的最后一段对 dataZoom(数据区域缩放组件)事件进行了相应的处理。

5.3.3 代码触发 ECharts 组件的行为

除了用户的交互操作，有时也需要在程序里调用方法并触发图表的行为，如显示

tooltip，选中图例等。与 ECharts 2.x 不同，在 ECharts 3.x 和 ECharts 4.x 中，通过 dispatchAction({ type: " })触发图表行为，统一管理所有动作，也可以根据需要记录用户的行为路径。

　　利用影响健康寿命的各类因素数据绘制圆环图，如图 5-15 所示。

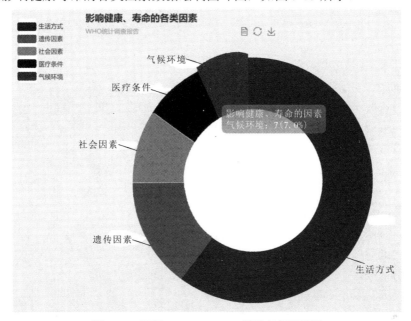

图 5-15　调用 dispatchAction 循环高亮圆环图

图 5-15 中有如下动画效果：

(1) 在高亮的扇区上显示 tooltip。

(2) 鼠标没有移入时，圆环图自动循环高亮显示各扇区。

(3) 鼠标移入时，取消自动循环高亮，只高亮显示鼠标选中的那一个扇区。

(4) 鼠标移出后，又恢复自动循环高亮显示各扇区。

　　在 ECharts 中实现图 5-15 所示的调用 dispatchAction 循环高亮显示圆环图每个扇区的绘制，如代码 5-15 所示。

　　代码 5-15　调用 dispatchAction 循环高亮显示圆环图的关键代码

```
option = {    //指定图表的配置项和数据
    color:['DarkGreen','red','LimeGreen','blue','Purple','GreenYellow'],
    backgroundColor: 'rgba(128, 128, 128, 0.1)', //rgba 设置透明度 0.1
    title : {//标题设置
        text: '影响健康寿命的各类因素',      //主标题
        subtext: 'WHO 统计调查报告',         //次标题
        left:144, top:5                      //主次标题都左右居中
    },
    tooltip : {    //详情提示框设置
        trigger: 'item',
```

```
                //formatter: "{a} <br/>{b} : {c} ({d}%)",
                formatter:function(data){
                        //console.log(data)
                        return data.seriesName + "<br/>"+ data.name+ ":" + data.value
                        +"("+data.percent.toFixed(1)+"%)"; //百分比的小数点 1 位，默认为 2 位
                }
        },
        legend: {       //图例设置
                orient : 'vertical',//垂直排列
                left : 22,                      //图例左边距
                top : 22,                       //图例顶边距
                data:['生活方式','遗传因素','社会因素','医疗条件','气候环境'],
        },
        toolbox: {      //工具箱设置
                show : true,                    //是否显示工具箱
                left : 444,                     //工具箱左边距
                top : 28,                       //工具箱顶边距
                feature : {
                        mark : {show: true},
                        dataView : {show: true, readOnly: false},
                        magicType : {
                                show : true,
                                type : ['pie', 'funnel'],
                            option : {
                                funnel : {
                                        x: '25%',               width: '50%',
                                        funnelAlign:'left',     max: 1548
                                }
                            }
                        },
                        restore : {show: true},
                        saveAsImage : {show: true}
                }
        },
},
calculable : true,
series : [      //数据系列
{
        cursor: 'crosshair',    //设置经过扇区时鼠标的形状为十字线
```

```
                name:'访问来源',      type:'pie',
            itemStyle: {
                normal: {
                    borderColor: '#fff', borderWidth: 1,
                    label: { show: true, position: 'outer' },
                    labelLine: {
                        show: true, length: 4,
                        lineStyle: { width: 1, type: 'solid' }
                    }
                }
            },
legendHoverLink:false,
radius:['45%', '75%'],       //半径，前者表示内半径，后者表示外半径
center:['58%', '55%'],       //圆心设置
data:[ {value:60, name:'生活方式'},      {value:15, name:'遗传因素'},
            {value:10, name:'社会因素'},    {value:8, name:'医疗条件'},
            {value:7, name:'气候环境'} ]   //数据的具体值
    }
    ]
};
myChart.setOption(option);    //使用刚指定的配置项和数据显示图表


    //动画效果的要求
    //(1)在高亮的扇区上显示 tooltip
    //(2)鼠标没有移入时，饼图自动循环高亮显示各扇区
    //(3)鼠标移入时，取消自动循环高亮，只高亮显示鼠标选中的那一个扇区
    //(4)鼠标移出后，又恢复自动循环高亮显示各扇区
    var _this = this
    var isSet = true              //为了做判断，当鼠标移上去时，自动高亮就被取消
    var currentIndex = -1         //循环起始位置


    //1--自动高亮展示
    var chartHover = function () {  //创建自定义函数 chartHover
        var dataLen = option.series[0].data.length
        _this.myChart.dispatchAction({
            type: 'downplay',          //取消之前高亮显示的图形
            seriesIndex: 0,
            dataIndex: currentIndex
```

```
        })
        currentIndex = (currentIndex + 1) % dataLen
        _this.myChart.dispatchAction({
            type: 'highlight',        //高亮显示当前图形
            seriesIndex: 0,
            dataIndex: currentIndex
        })
        _this.myChart.dispatchAction({
            type: 'showTip',            //显示 tooltip
            seriesIndex: 0,
            dataIndex: currentIndex
        })
    }

    //调用 chartHover 自定义函数，时间间隔为 3 秒
    _this.startCharts = setInterval(chartHover, 3000)

    //2--鼠标移上去时的动画效果
    this.myChart.on('mouseover', function (param) {
        isSet = false,
        clearInterval(_this.startCharts),
        _this.myChart.dispatchAction({
            type: 'downplay',        //取消之前高亮显示的图形
            seriesIndex: 0,
            dataIndex: param.dataIndex
        })

        _this.myChart.dispatchAction({
            type: 'highlight',        //高亮显示当前图形
            seriesIndex: 0,
            dataIndex: param.dataIndex
        })

        _this.myChart.dispatchAction({
            type: 'showTip',            //显示 tooltip
            seriesIndex: 0,
            dataIndex: param.dataIndex
        })
```

```
    })

    //3--鼠标移出之后，恢复自动高亮显示
    this.myChart.on('mouseout', function (param) {
        if (!isSet) {
            //调用 chartHover 自定义函数，时间间隔为 3 秒
            _this.startCharts = setInterval(chartHover, 3000),
            isSet = true
        }
    });
```

代码 5-15 主要通过 dispatchAction({ type: " })触发图表行为。在 type: " 中，引号中的内容用于指定具体的行为，如 'highlight' 'downplay' 'showTip'。在运行时，代码通过检测鼠标的行为调用相应的回调函数，myChart.on('mouseover',function(param)设置了鼠标移入时的动画效果，myChart.on('mouseout',function(param)设置了鼠标移出之后的动画效果。在代码 5-15 中设置了如下行为：

(1) type: 'highlight'，高亮显示当前图形。

(2) type: 'downplay'，取消之前高亮显示的图形。

(3) type: 'showTip'，显示 tooltip。

任务 5.4　异步数据加载与动画加载

任务描述

Echarts 的数据一般是在初始化后在 setOption 中直接填入的，但是很多时候数据需要异步加载后再填入。如果数据加载时间较长，则一个空的坐标轴放在画布上会让用户觉得可能产生了 bug，因此需要一个 loading 动画来提示用户数据正在加载。

任务分析

(1) 在 ECharts 中实现异步数据加载。

(2) 在 ECharts 中异步加载时显示加载动画。

5.4.1　ECharts 中的异步数据加载

在 ECharts 中实现异步数据更新的操作其实不难，在初始化图表后的任何时间，都可通过使用 jQuery 等工具异步获取数据后通过 setOption 填入数据和配置项。也可以通过先设置完图表样式，显示一个空的直角坐标轴后，获取数据、填入数据并显示图表的方式实现异步数据的更新。

利用各商品销量数据绘制简单数据异步加载柱状图，如图 5-16 所示。

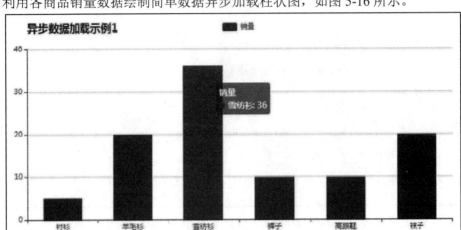

图 5-16　简单数据异步加载柱状图

在图 5-16 中使用了动态数据加载动画。即在加载数据前，先显示加载动画；加载数据完成后，再隐藏加载动画。

在 ECharts 中实现图 5-16 所示的图形绘制，如代码 5-16 所示。

代码 5-16　简单异步数据加载柱状图的关键代码

```
<script>
    //基于准备好的 DOM，初始化 ECharts 实例
    var myChart = echarts.init(document.getElementById("main"));
    //异步数据加载:第 1 步:先加载空的图表样式
    myChart.setOption({
        title:    { text:'异步数据加载示例 1' },
        tooltip:{},
        legend: { data:['销量']},
        xAxis:  { data: [] },
        yAxis:  {},
        series: [{name:'销量',type:'bar',barWidth:66,data:[]}]
    });

    //异步加载数据，第 2 步:异步获取数据并填充数据
    //请求的 json 数据如下:
    //{"State":1,"Message":"成功","Result":{"name":["衬衫","羊毛衫",
    //"雪纺衫","裤子","高跟鞋","袜子"],"value":[5,20,36,10,10,20]}}
    myChart.showLoading();            //在加载数据前，显示加载动画
    //$.get("http://api.lwpoor.cn/echarts/getjson",function(res){ //get 方式 1
    $.get("http://api.lwpoor.cn/echarts/getjson").done(function(res){ //get 方式 2
    myChart.setOption({    //填入数据
        color:['Purple', 'DarkGreen', 'red', 'blue', 'LimeGreen'],
        backgroundColor: 'rgba(128, 128, 128, 0.1)', //rgba 设置透明度 0.1
        title: {text: '异步数据加载示例 1', top:12, left:85},
```

```
        tooltip: {},
        legend: { data:['销量'], top:12 },
        xAxis:  { data:res.Result.name },
        yAxis: {},
        series: [{ name:'销量', type:'bar', data:res.Result.value }]
        });
    });
    myChart.hideLoading();        //加载数据完成后，隐藏加载动画
```

　　数据异步加载分为两步：第一步，先设置完其他的样式，显示一个空的直角坐标轴；第二步，获取数据后填入数据。在代码 5-16 中，没有输入所要展示的数据，而是从网页 http://api.lwpoor.cn/echarts/getjson 中获取数据，具体内容如代码 5-17 所示。

代码 5-17　网页数据内容

```
{"State":1,"Message":"成功","Result":{"name":["衬衫","羊毛衫","雪纺衫","裤子","高跟鞋","袜子"],"value":[5,20,36,10,10,20]}}
```

　　绘制根据各专业人数统计数据异步加载饼图，如图 5-17 所示。

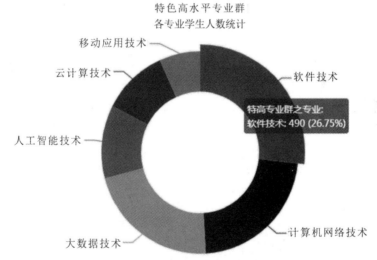

图 5-17　数据异步加载饼图

在 ECharts 中实现图 5-17 所示的图形绘制，如代码 5-18 所示。

代码 5-18　数据异步加载饼图的关键代码

```
<script type="text/javascript">
    //基于准备好的 dom，初始化 echarts 实例
    var myChart = echarts.init(document.getElementById('main'));
    myChart.showLoading();        //在加载数据前，显示加载动画
    $.get("ch6_5_2_data_pie.json", function(data) {
        myChart.setOption({
            color:['red', 'blue', 'LimeGreen', 'Teal', 'Purple', 'Olive'],
            backgroundColor: 'rgba(128, 128, 128, 0.1)',  //rgba 设置透明度 0.1
```

```
tooltip: {        //工具箱
    trigger: 'item',
    formatter: "{a} <br/>{b}: {c} ({d}%)"
},
title:{            //标题设置
    text: '特色高水平专业群',            //主标题
    subtext: '各专业学生人数统计',        //次标题
    left:'center',top:8                //主次标题都左右居中
},
series : [        //数据系列
    {
        name: '特高专业群之专业:',
        type: 'pie',                //设置图表类型为饼图
        radius:['45%', '75%'],      //饼图内外圆的半径
        center:['50%', '58%'],      //圆心的位置
        data:data.data_pie
    }
]
})
}, 'json') ;
myChart.hideLoading();        //加载数据完成后，隐藏加载动画
```

在代码 5-18 中，没有输入所要展示的数据，而是从本地文件"ch5_12_data.json"中获取数据。数据文件"ch5_12_data.json"的内容如代码 5-19 所示。

代码 5-19   ch5_12_data.json 内容

```
{
    "data_pie" : [
        {"value":490, "name":"软件技术"},
        {"value":410, "name":"计算机网络技术"},
        {"value":399, "name":"大数据技术"},
        {"value":214, "name":"人工智能技术"},
        {"value":196, "name":"云计算技术"},
        {"value":123, "name":"移动应用技术"}
    ]
}
```

异步加载数据时，需要配置 Google Chrome 浏览器以支持 AJAX 请求。具体操作如下：

(1) 右击"Google Chrome"快捷方式图标，在弹出的快捷菜单中选择最下面的"属性"菜单项。

(2) 在弹出的"Chrome Google 属性"对话框中，在"目标"文本框中添加如下内容：

--allow-file-access-from-files，再点击"确定"按钮，如图 5-18 所示。

图 5-18　"Google Chrome 属性"对话框设置

(3) 打开"Google Chrome"浏览器。

(4) 将网页文件拖放到打开的"Google Chrome"浏览器中。

5.4.2　异步数据加载时的动画加载

ECharts 默认提供了一个简单的加载动画，只需要在数据加载前，调用 showLoading() 方法显示该加载动画，在数据加载完成后，再调用 hideLoading()方法隐藏该加载动画即可。图 5-17 和图 5-18 分别使用了 ECharts 默认的简单加载动画。

当然，也可以根据需要自定义 showLoading()方法。根据某学院各专业男女生统计数据绘制异步加载双柱状图，如图 5-19 所示。

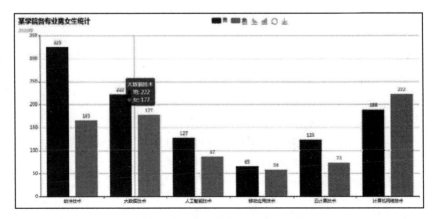

图 5-19　数据异步加载绘制双柱状图

在图 5-19 中，使用了自定义的数据加载动画，如图 5-20 所示。

图 5-20 数据异步加载自定义加载动画

在 ECharts 中实现图 5-19 和图 5-20 所示的图形绘制，如代码 5-20 所示。

代码 5-20 异步数据加载中自定义 showLoading()方法的关键代码

```
//异步数据加载:第 1 步:先只加载图表样式
myChart.setOption({     //指定图表的配置项和数据
    color:['Purple', 'LimeGreen', 'blue', 'red', 'DarkGreen'],
    backgroundColor: 'rgba(128, 128, 128, 0.1)',     //rgba 设置透明度 0.1
    title : {   //标题
        text: '某学院各专业男女生统计',
        subtext: '2020 年', top:8, left:66
    },
    tooltip : { trigger: 'axis' },          //工具箱
    legend: { data:['男','女'], top:8 },     //图例
    toolbox: {//工具框
        show : true, top:8,   left:680,
        feature : {
            mark : {show: true},
            dataView : {show: true, readOnly: false},
            magicType : {show: true, type: ['line', 'bar']},
            restore : {show: true},
            saveAsImage : {show: true}
        },
```

```
        },
        calculable : true,
        xAxis : [{ type : 'category', data : []}],    //x 轴，对应各专业名称
        yAxis : [{ type : 'value' }],                 //y 轴
        series : [//数据系列
            {
                name:'男', type:'bar',
                data:[],       //对应下面男生数据
                  itemStyle: {
                      normal: {
                          label : {
                              show: true, position: 'top'
                          }
                      }
                  }
            },
            {
                name:'女', type:'bar',
                data:[],       //对应下面数据中的女生数据
                  itemStyle: {
                      normal: { label : { show: true, position: 'top' } }
                  }
            }
        ]
});
//异步加载数据，第 2 步:异步获取数据并填充数据
//myChart.showLoading();    //在加载数据前，显示加载动画
myChart.showLoading({    //自定义的加载动画，必须引入 echarts27-all.js 才可设置 effect 属性
    text: '请您稍稍休息片刻，loading data...',    //提示的文字
    textStyle :{fontSize:35,color:'green'},       //文字的颜色
    effect: "bubble",//可选为:'spin'|'bar'|'ring'|'whirling'|'dynamicLine'|'bubble'
    color: 'red',              //转动的圆圈的颜色(与 effect 的设置有关)
    textColor: 'Lime',         //文字的颜色(与 effect 的设置有关)
    maskColor: 'yellow'        //蒙版的颜色(与 effect 的设置有关)
});
//获取和处理数据
$.getJSON("ch6_5_3_data.json",function(json){
    var d=json.data;              //json 数据
    var boyList   = [];           //男生数组
    var girlList = [];            //女生数组
```

```
var specList = [];              //专业名称数组

//循环获取男生数量、女生数量及专业名称
for(var i=0; i<d.length; i++){
    if(d[i].sex=='男'){
    boyList.push(d[i].value);
    specList.push(d[i].specName);
    }else{
        girlList.push(d[i].value);
    }
}

//将数据添加到数据图表中
myChart.setOption({
xAxis: { data: specList },               //显示各专业名称
    series: [{ name: '男', data: boyList    },
    { name: '女', data: girlList }]   //显示男女系列的数据
});
});
myChart.hideLoading();              //加载数据完成后，隐藏加载动画
```

在代码 5-20 中，没有输入所要展示的数据，数据从本地文件"ch5_13_data.json"中
获取。数据文件"ch5_13_data.json"的内容如代码 5-21 所示。

代码 5-21   ch5_13_data.json 内容

```
{
"data":
[
    {"sex":"男", "value":325,       "specName":"软件技术"},
    {"sex":"女", "value":165,       "specName":"软件技术"},

    {"sex":"男", "value":222,       "specName":"大数据技术"},
    {"sex":"女", "value":177,       "specName":"大数据技术"},

    {"sex":"男", "value":127,       "specName":"人工智能技术"},
    {"sex":"女", "value":87,        "specName":"人工智能技术"},

    {"sex":"男", "value":65,        "specName":"移动应用技术"},
    {"sex":"女", "value":58,        "specName":"移动应用技术"},

    {"sex":"男", "value":123,       "specName":"云计算技术"},
    {"sex":"女", "value":73,        "specName":"云计算技术"},
```

```
        {"sex":"男", "value":188,      "specName":"计算机网络技术"},
        {"sex":"女", "value":222,      "specName":"计算机网络技术"}
    ]
    }
```

在自定义数据加载动画中，可根据需要定义提示的文字、文字的样式、effect(可选为 spin、bar、ring、whirling、dynamicLine、bubble，必须引入 echarts27-all.js 才可设置 effect 属性)、自定义的数据加载动画蒙板颜色等属性。

小　结

本章通过实用案例，介绍了 ECharts 的高级使用功能，包括使图表更具表现力的图表混搭功能、使多个数据同时显示的多图表联动功能、动态切换主题功能、自定义 ECharts 主题功能、使图表能更加灵活响应用户多种操作行为的事件和行为处理功能、使数据不再局限固定配置，从而更加灵活地获取外部数据的异步数据加载功能。

实　训

实训 1　气候温度与降水量、蒸发量的关系分析

1. 训练要点
掌握 ECharts 混搭图表的绘制。

2. 需求说明
基于"气候温度与降水量蒸发量.xlsx"数据，绘制折线图与柱状图混搭图表，分析气候温度与降水量、蒸发量的关系。

3. 实现思路及步骤
(1) 在 VS Code 中创建 LineBarMashUp.html 文件。

(2) 绘制折线图与柱状图混搭图表。首先，在 LineBarMashUp.html 文件中引入 echarts.js 库文件。其次，准备一个具备大小(weight 与 height)的 div 容器，并使用 init() 方法初始化容器。最后设置折线图和柱状图的配置项、"温度""降水量"与"蒸发量"数据完成混搭图表的绘制。

实训 2　咖啡店热门订单分析

1. 训练要点
(1) 掌握 ECharts 多图表联动图形的绘制。

(2) 掌握 ECharts 加载异步数据。

2. 需求说明

基于"咖啡店年订单.json"数据,绘制饼图与折线图的多图表联动,对咖啡店各年的订单数据进行分析。

3. 实现思路及步骤

(1) 在 VS Code 中创建 PieLineChartLinkage.html 文件。

(2) 绘制饼图与折线图联动图表。首先,在 PieLineChartLinkage.html 文件中引入 echarts.js 库文件。其次,准备一个具备大小(weight 与 height)的 div 容器,并使用 init() 方法初始化容器。最后设置饼图与折线图的图表样式后,获取数据、填入数据并显示图表。

第 6 章

Vue.js 项目开发基础

本章通过简单、实用的教学案例，帮助读者快速入门 Vue，以便于后续学习基于 Vue 的项目实战。本章主要内容包括 Vue 概述、Vue 的下载和引用、创建第一个 Vue 实例、掌握 Vue 常用指令、事件监听、事件处理和事件修饰符、双向数据绑定、了解 Vue 生命周期、掌握 Vue 路由的搭建、掌握 Axios 组件获取后台数据等。

 学习目标

(1) Vue 的下载和引用、创建第一个 Vue 实例。
(2) 掌握 Vue 常用指令。
(3) 了解 Vue 生命周期。
(4) 掌握 Vue 路由的搭建。
(5) 掌握 Axios 框架获取后台数据。

任务 6.1　初 识 Vue

 任务描述

本节将首先介绍 Vue 前端技术的发展简史、目前市场流行的三大前端框架、MVVM 模式，然后对 Vue 及 Vue 的特点和优势等内容进行介绍，如何下载和引用 Vue.js，最后介绍如何创建第一个 Vue 实例。

任务分析

(1) Vue 概述。
(2) Web 前端技术发展概述。
(3) Web 前端三大主流框架。
(4) 掌握 Vue 的下载与引入。
(5) 掌握在 HTML 文件中创建第一个 Vue 实例。

(6) 掌握 Vue 实例及其选项。

6.1.1　Vue 概述

本节对 Vue 进行概述。

(1) Vue 是什么？(What)

Vue(读音/vju:/，类似于 view)是一个渐进式的用于开发 Web 前端界面的 Javascript 框架，具有响应式编程和组件化的特点。响应式编程是保持状态和视图同步的编程方法。Vue 拥有"一切皆组件"的理念，这样在很大程度上减小了重复开发，提高了开发效率和代码复用性。Vue 是由华人尤雨溪(Evan You)在 2014 年 2 月开发的。

(2) Vue 用在什么场所？(Where)

Vue 的应用范围很广，小到简单的表单处理，大到复杂的数据操作和比较频繁的单页面应用程序。

(3) 为什么要使用 Vue？(Why)

① 开源。Vue 社区活跃度高，有方便阅读的中文文档。

② 容易上手。Vue 的学习曲线比较缓和。

③ 双向数据绑定。Vue 最主要的特点就是响应式的双向数据绑定。声明式渲染是数据双向绑定的主要体现，同样也是 Vue 的核心，它允许采用简洁的模板语法将数据声明式渲染整合进 DOM。

④ 功能独特。Vue 吸取了 Angular(模块化)的 React(虚拟 Dom)的长处，并拥有自己独特的功能，如计算属性。

⑤ 轻量级。Vue 不仅体积非常小(压缩版只有几十 KB)，而且没有其他依赖。

⑥ 生态丰富。Vue 的开发方式是基于组件的，而市场上拥有大量成熟、稳定的组件，拿来即用，可实现快速开发。

(4) 如何使用 Vue？(How)

Vue 可以通过丰富的指令扩展模板，可以通过各种各样的插件来增强功能。

6.1.2　Web 前端技术发展概述

1989 年，欧洲核子研究中心的物理学家 Tim Berners-Lee 发明了超文本标记语言 HTML(Hyper Text Markup Language)。HTML 在 1993 年成为互联网草案。从此，互联网开始迅速商业化，并诞生了一大批商业站点。最早的 HTML 页面全部是静态的网页，它们是预先编写好的存放在 Web Server 上的静态 HTML 文件。

1995 年年底，JavaScript 被引入浏览器中。在 1995 年，一度占浏览器市场份额 90% 的 Netscape(网景公司)的程序员 Brendan Eich 只用了 10 天，就设计完成了 JavaScript 的第一个版本。有了 JavaScript 之后，浏览器就能够运行 JavaScript 对页面进行一些改动。JavaScript 还能够通过改动 HTML 的 DOM 结构和 CSS 来实现一些动画效果。

用 JavaScript 在浏览器中操作 HTML 经历了若干发展阶段。

第一阶段，原生 JavaScript 阶段。在这一阶段使用浏览器提供的原生 API 结合 JavaScript 语法，直接操作 DOM。

第二阶段，jQuery 时代。由于原生 API 晦涩难懂，语法非常长，不好用，还要考虑各种浏览器的兼容性，而各浏览器的解析标准都不一样，所以写一段代码时要写非常多的兼容语法。随着 Web2.0 的兴起，JavaScript 越来越受到重视，一系列 JavaScript 框架应运而生。在 2006 年 1 月，John Resig 发布了 jQuery(极快瑞)。jQuery 是一个优秀、快速、简捷的 JavaScript 框架，其简捷、灵活的编程风格让人一见倾心。jQuery 的设计宗旨是"Write Less，Do More"，即倡导写更少的代码，做更多的事情。所以 jQuery 就迅速占据了互联网中心。但它有一个缺点：DOM 操作太频繁，影响前端性能。

第三阶段，MVC 模式。M(Model)指数据模型，用于保存数据；V(View)指用户界面；C(Controller)指控制器，用于描述业务逻辑。它的缺点是必须等待 Server 端的指示，并且假设是异步模式的话，全部 HTML 节点、数据、页面结构都是后端请求过来的。

第四阶段，目前流行的 MVVM (Model-View-ViewModel)模式。MVVM 由微软的架构师 Ken Cooper 和 Ted Peters 开发，微软公司的架构师 John Gossman 于 2005 年在其博客上发表 MVVM。它是一种简化用户界面的事件驱动编程方式，其核心是提供对 View 和 ViewModel 的双向数据绑定，这使得一方的更新可自动传递到另一方，即所谓的双向数据绑定。ViewModel 负责连接 View 和 Model，保证视图和数据的一致性，前后端分离真正得以实现。ViewModel 是 Vue 核心。图 6-1 概述了 MVVM 模式，同时也描述了 ViewModel 是怎样和 View 和 Model 进行交互的。此处限于篇幅，不再详述。

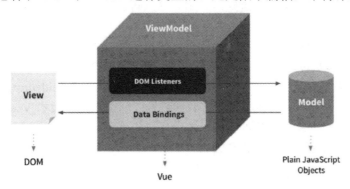

图 6-1　MVVM 模式

6.1.3　Web 前端的三大主流框架

目前流行的 Web 前端的三大主流框架分别是 Angular、React、Vue。

Angular 诞生于 2009 年，由 Misko Hevery 等人创建，后被 Google 收购，是一款优秀、开源的前端 JavaScript 框架，被用于 Google 的多款产品当中。Angular 是由一群 Java 程序员开发的，对后台程序员友好，对前端程序员不太友好。AngularJS 有着诸多特性，最为核心的是 MVVM、模块化、自动化双向数据绑定、语义化标签、依赖注入等。AngularJS 适合构建大型和高级项目，对于构建高度可交互的网页应用非常方便。使用 Angular 的网站有百度脑图、eolinker、海致 BDP、极光、Worktile、锤子科技官网、微信网页版、iTunes Connect、阿里云管理后台、鲸准对接平台等。

React 框架最早孵化于 Facebook 内部，创始人是 JJordan Walke。它提出虚拟 DOM 的概念用于减少真实 DOM 操作。作为内部使用的框架，2011 年 React 框架用于 Facebook

的新闻流(newsfeed)，2012 年用于 Instagram 项目，2013 年 5 月被开源。Facebook 可以非常方便地构建大型网页应用。React 是一个声明式的且能高效灵活地构建用户界面的框架，使用 React 可以将一些简短、独立的代码片段组合成复杂的 UI 界面。这些代码片段称作组件。使用 React 的网站有蚂蚁数据可视化平台、爱彼迎、飞猪、阿里大于、虾米音乐、口碑开放平台、猫途鹰、喜马拉雅、斗鱼、知乎、豆瓣、美团外卖 H5、房多多、石墨文档、墨刀、TalkingData、Xiaopiu、Teambition、Uber、倍洽、同盾科技、心知天气、拼多多(App 内嵌 H5)、滴滴出行、Sentry、途牛、优酷等。

Vue 是正式发布于 2014 年 2 月的一款开源的、轻量级的、渐进式的前端 JavaScript 框架，作者是美籍华人尤雨溪(Evan You)，他曾在 Google Creative Lab 就职。Vue 是一个通过简捷 API 提供高效数据绑定和灵活组件的系统，适合用于构建非常灵活的 UI 和复杂的单页面应用，具有可接受且快速的学习曲线。使用 Vue 的网站有小米、阿里巴巴、饿了么、爱奇艺、中国平安 H5、简书、途虎养车、小红书、乐视商城、手机搜狐、优酷、土豆、掘金、微博 H5、大麦网 H5、唯品会 H5、小米商城 H5、芒果 TV 移动版、哔哩哔哩、WizzAir、EuroNews、Grammarly、Gitlab and Laracasts、Adobe、Behance、Codeship、Reuters 等。

6.1.4　Vue 的下载与引入

Vue 的设计初衷就包括被渐进式地采用。这意味着它可以根据需求以多种方式集成到一个项目中。

将 Vue.js 添加到项目中主要有如下四种方式：

(1) 下载 Vue.js 文件。Vue.js 文件目前的最新版本为 3.2.31，V2.x 是主流版本。稳定版本 V2.6.14 可从 Vue.js 的中文官方网站(https://cn.vuejs.org/v2/guide/installation.html)下载。如图 6-2 所示，Vue.js 的核心文件有两种版本，分别是开发版本(Vue.js)和生产版本(Vue.min.js)。生产版本是压缩后的文件，删除了警告信息。为了方便学习，建议使用开发版本，因为它包含了完整的警告和调试模式。

图 6-2　下载 Vue.js 文件

当在 HTML 网页中使用 Vue 时，直接下载 Vue.js 并用 <script> 标签引入，Vue 会被注册为一个全局变量。示例代码如下：

<script src="vue.js"></script>

该代码表示引入当前 HTML 文件的同一级路径中的 Vue.js。

(2) 在页面上以 CDN 包的形式导入。在制作原型或学习时，可使用最新版本。示例代码如下：

<script src="https://cdn.jsdelivr.net/npm/vue@2.6.14/dist/vue.js"></script>

在生产环境中，推荐链接到一个明确的版本号和构建文件，以避免新版本造成的不可预期的破坏。示例代码如下：

<script src="https://cdn.jsdelivr.net/npm/vue@2.6.14"></script>

(3) 使用 npm 安装。在用 Vue 构建大型应用时推荐使用 npm 安装。

(4) Vue 提供了一个官方的 CLI，用于为单页面应用(SPA)快速搭建繁杂的脚手架。使用官方的 CLI 来构建一个项目，它为现代前端工作流程提供了功能齐备的构建设置(如热重载、保存时的提示等)。Vue CLI 脚手架是一个基于 Vue 进行快速开发的完整系统。

6.1.5　在 HTML 文件中创建第一个 Vue 实例

本小节首先学习在 HTML 文件中如何使用 Vue，因为 Vue 的官方教程也是从在 HTML 中使用 Vue 起步的。下一章再介绍如何使用脚手架(Vue-cli)来开发 Vue 项目。

在 "D:\" 中创建一个文件夹 VueTest，再在 VueTest 文件夹中创建一个子 VS Code 文件夹 js，将 6.1.4 小节中已经下载的 Vue.js 文件存放到 js 子文件夹中。

将 VueTest 文件夹拖入 VS Code 快捷图标中，再在系统自动打开的程序中新建一个 HTML 文件 test1.html，然后在此文件的编辑区输入 "!"，按回车键或 Tab 键，自动生成 HTML 的模板代码，界面如图 6-3 所示。注意左边的文件与文件夹的路径。

图 6-3　第一个 Vue 实例

在 test1.html 文件中编写代码，具体如下：

(1) 在<head>标签内用<script>标签导入 Vue.js 包，也可以通过 CDN 引入 Vue 包，如代码 6-1 所示。

代码 6-1　引入 Vue 包

```
<head>
    ...
    <!-- 在 head 标签内用 script 标签导入 vue.js 包 -->
    <script src="./js/vue.js"></script>
    <!--也可以通过 CDN 引入 vue.js 包 -->
    <script src="https://cdn.jsdelivr.net/npm/vue/dist/vue.js"></script>
</head>
```

(2) 在<body>标签中,新建<div>标签,指定根容器的 id 值(此处为 example),并指定需要显示的模板变量和模板表达式,如代码 6-2 所示。

代码 6-2　新建<div>标签

```
// View 视图层
<div id="example">
    <h3>{{msg}}</h3>
</div>
```

(3) 新建 Vue 实例。在 Vue 实例中,通过 el 来指定挂载点(Vue 就会自动将 Vue 实例与 id="example"的 dom 元素绑定),通过 data 设置数据,如代码 6-3 所示。

代码 6-3　新建 Vue 实例

```
<script>
    // 实例化 Vue 对象,需要传入一个选项对象{...}
    // 选项对象包括挂载元素 el、数据 data、方法 methods、模板 template、钩子函数等
    // ViewModel 层
    var vm = new Vue({
        el: "#example", // 通过 el 与 div 根元素 example 绑定
        // Model 层
        data: { // 定义数据 data
            msg: "我的第一个 Vue 程序"
        }
    })
</script>
```

第一个 Vue 实例 test1.html 文件的完整代码如代码 6-4 所示。

代码 6-4　第一个 Vue 实例的完整代码

```
<!DOCTYPE html>
<html lang="en">
<head>
    <meta charset="UTF-8">
    <meta http-equiv="X-UA-Compatible" content="IE=edge">
    <meta name="viewport" content="width=device-width, initial-scale=1.0">
    <title>my first vue</title>
```

```
    <!-- 在 head 标签内用 script 标签导入 vue.js 包 -->
    <script src="./js/vue.js"></script>
    <!--也可以通过 CDN 引入 vue 包 -->
    <script src="https://cdn.jsdelivr.net/npm/vue/dist/vue.js"></script>
</head>
<body>
    <!-- 定义 div 根元素 example -->
    // view 视图层
    <div id="example">
        <h3>{{msg}}</h3>
    </div>
    <script>
        //实例化 Vue 对象，需要传入一个选项对象{}
        //选项对象包括挂载元素 el、数据 data、方法 methods、模板 template、钩子函数等
        //ViewModel 层
        var vm = new Vue({
            el: "#example", //  通过 el 与 div 根元素 example 绑定
            data: { // 定义数据 data
             // Model 层
                msg: "我的第一个 Vue 程序"
            }
        })
    </script>
</body>
</html>
```

(4) 在浏览器中打开 test1.html 文件，运行结果如图 6-4 所示。

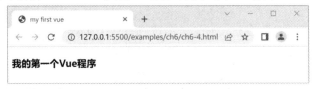

图 6-4　第一个 Vue 实例

6.1.6　Vue 实例及其选项

每个 Vue 的应用都需要通过构造函数来创建一个 Vue 实例。创建 Vue 实例的语法格式如代码 6-5 所示。

代码 6-5　创建 Vue 实例的语法格式

```
var vm = new Vue({
    // 选项
})
```

在创建对象实例时，可在构造函数中传入一个选项对象。该选项对象可包括挂载元

素 el、数据 data、方法 methods 等。下面分别对这些选项进行介绍。

1. 挂载元素 el

在创建 Vue 的构造函数时，传入的选项对象中有一个 el 选项。el 是 element 的缩写，其作用是为 Vue 实例提供挂载元素，它一定是 HTML 中的根容器元素。定义好挂载元素后，全部操作都在该元素内进行，放在元素外部的不被渲染。该选项的值通常使用 CSS 选择器，也可以是类选择器，还可使用原生的 DOM 元素名称。例如，如代码 6-6 所示，在页面中定义了一个 div 元素，el 的取值可以分别如代码 6-7、代码 6-8、代码 6-9 所示。

代码 6-6　创建 Vue 实例的 el

```
<div id="example" class="box"></div>
```

代码 6-7　el 取值通常为 CSS 选择器

```
var vm = new Vue({
    el: "#example", // 通过 el 与 CSS 选择器 example 绑定
})
```

代码 6-8　el 取值为类选择器

```
var vm = new Vue({
    el: ".box", // 通过 el 与类选择器 box 绑定
})
```

代码 6-9　el 取值为 DOM 元素名

```
var vm = new Vue({
    el: "div", // 通过 el 与 DOM 元素名 div 绑定
})
```

2. 数据 data

通过 data 选项可以定义数据。data 选项可以是一个 JavaScript 对象。这些数据可以绑定到 Vue 实例对应的模板中，示例如代码 6-10 所示。

代码 6-10　数据 data

```
<body>
    <div id="example" class="box"></div>
        <h3>学院名称：{{name}}</h3>
        <h3>学院网址：{{url}}</h3>
    </div>
    <script>
        // Model 数据层
        var mydata = {
            name: "广东科学技术职业学院-计算机学院",
            url: "https://www.gdit.edu.cn/jsj/"
        }
```

```
        // ViewModel 层
        var demo = new Vue({
            el: '#example',
            data: mydata
        })
        // document.write(demo.$data.name)
    </script>
</body>
```

代码 6-10 的运行结果如图 6-5 所示。

图 6-5　输出 data 对象的属性值

代码 6-10 定义了 mydata 对象(它有两个属性：name 和 url)，创建了一个 Vue 实例 demo，在实例的 data 选项中指定了 mydata。模板中的{{name}}用于输出 name 属性的值，{{url}}用于输出 url 属性的值，由此可见，data 选项与 DOM 进行了关联。

在创建 Vue 实例时，如果传入的 data 选项是一个对象，那么 Vue 实例会代理 data 对象中的所有属性。当这些属性的值发生变化时，HTML 视图也将发生相应的变化。因此，data 选项中定义的属性被称为响应式属性。在代码 6-10 的运行结果图中，鼠标右键点击网页→检查→Console，在打开的控制台中输入命令 demo.name="广科院,计算机学院"，视图也会自动做出相应改变，因为 data 选项与 DOM 已经进行了关联，运行结果如图 6-6 所示。

图 6-6　在控制台中更新 data 对象的属性值

3. 方法 methods

在 Vue 实例中，通过 methods 选项可以定义一些方法，Vue 允许在 HTML 中调用这些方法。在定义的方法中，this 指向 Vue 实例本身。定义在 methods 选项中的方法可以作为页面中的事件处理方法来使用，当事件触发后，就会调用相应的事件处理方法。

任务 6.2　Vue 的常用指令

任务描述

本节主要通过实战案例讲解 Vue 的常用指令，主要包括：v-text 指令，用于绑定文本；v-html 指令，用于解析 html 标签；v-if、v-else 与 v-else-if 指令，用来进行逻辑判断；v-show 指令，用于控制元素的显示与隐藏；v-bind 指令，用于绑定 html 标签的一些属性；v-model 指令，用于实现表单元素的双向绑定；v-for 指令，用于进行列表渲染；v-on 指令，用于给 html 元素绑定事件；等等。

任务分析

(1) 掌握双大括号标签、v-text 与 v-html 指令。

(2) 了解 Vue 优化指令，包括 v-cloak、v-once、v-pre。

(3) 掌握 v-if、v-else、v-else-if 指令，用于条件渲染。

(4) 掌握 v-show 指令，用于切换元素的显示与隐藏。

(5) 掌握 v-bind 指令，用于单向数据绑定。

(6) 掌握 v-for 指令，用于列表渲染。

(7) 掌握 v-on 指令，用于事件监听与事件处理。

(8) 掌握 v-model 指令，用于双向数据绑定。

6.2.1　双大括号标签、v-text 与 v-html 指令

指令(Directives)是带有 v-前缀的特殊属性。指令的作用是：当表达式的值改变时，将某些行为应用到 DOM 上，这样就无须手动管理 DOM 的变化和状态。本节将要介绍的 Vue 内置指令在一定程度上简化了开发过程。当然，除了内置指令外，也可以自定义指令。

文本插值是数据绑定最常见的形式，使用双大括号标签可将文本或简单表达式插入到 HTML 中。双大括号写作 "{{}}"，学名为 mustache，又称胡子语法。可以在双大括号标签中使用常量、变量和简单表达式，参考代码 6-11。

代码 6-11　使用简单表达式关键代码

```
<body>
    <!-- View 视图层 -->
    <!-- 定义 div 根元素 example -->
    <div id="app">
        <h3>常量: 985</h3>
        <h3>你的第一门功课-变量： {{ score1 }}</h3>
        <h3>你的第二门功课-变量： {{ score2 }}</h3>
```

```
        <h3>你的年龄-变量：{{ age }}</h3>
        <h3>表达式：{{ msg }}</h3>
        <!--算术运算表达式-->
        <h3>你的两门功课的总分：{{ score1 + score2 }}</h3>
        <!--比较运算表达式-->
        <h4>你的第一门功课通过否：{{ score1 >= 60? "通过" : "不通过" }}</h4>
        <!--比较运算表达式-->
        <h4>你的第二门功课通过否：{{ score2 >= 60? "通过" : "不通过" }}</h4>
        <!--逻辑运算表达式-->
        <h4>你的两门功课是否都为优秀：{{ score1 >= 90 && score2 >= 90 }}</h4>
        <!--三元运算表达式-->
        <h4>你是否成年了：{{ age >= 18 ? '我已经成年了' : '我还未成年' }}</h4>
    </div>
    <script>
        var vm = new Vue({
            el: "#app", // 挂载点，所有 Vue 的方法和属性都必须在对应的挂载根标签内部使用
            // Model 层
            data: { // 数据，所有的 Vue 的数据都在 data 对象中
                msg: "表达式:" + new Date().toLocaleString(),
                score1: 95,
                score2: 97,
                age: 16,
            },
        })
    </script>
</body>
```

在代码 6-11 的 data 中定义了变量，利用胡子语法，Vue 可以对各种简单表达式进行计算，并把结果渲染在页面中。注意，每个数据在绑定时只能包含单个简单的表达式，而不能使用 JavaScript 语句。代码 6-11 的运行结果如图 6-7 所示。

图 6-7　使用简单表达式

指令 v-text 的显示效果与插值表达式一样，但不会出现闪烁。那么，既然有了 v-text 指令，为什么还需要插值表达式呢？通过下面的代码 6-12 可以看到两者的区别。

代码 6-12　比较 v-text 指令与插值表达式关键代码

```html
<body>
    <div id="box" class="yingzi">
        <h3>{{ name }} 世界和平万岁! </h3>
        <h3 v-text='name'>世界和平万岁! </h3>
    </div>
    <script>
        var mydata = {
            name: "Long live the world peace!",
        }
        var demo = new Vue({
            el: '#box',
            data: mydata
        })
    </script>
</body>
```

代码 6-12 的运行结果如图 6-8 所示。可以看出，v-text 指令会直接替换后面的文本，即它会将它后面的文本覆盖掉；而插值表达式{{}}只会替换自己的占位符，不会覆盖掉它后面的文本。这两者在实际开发中都有相应的应用场景，要注意区分开。另外，v-html 指令可以解析 HTML。

图 6-8　比较 v-text 指令与插值表达式

代码 6-13 比较了 v-text 与 v-html 指令及胡子语法的区别。

代码 6-13　比较 v-text 与 v-html 指令及胡子语法关键代码

```html
<body>
    <div id="box">
        <p v-cloak> {{ msg }} </p>
        <p v-text='msg'></p>
        <p v-html="msg"></p>
    </div>
    <script>
        var mydata = {
```

```
                name: "Long live the world peace!",
            }
        var demo = new Vue({
            el: '#box',
            data: {
                msg: '<h3>我是 H3 标签，谁能理解我？</h3>'
            }
        })
    </script>
</body>
```

代码 6-13 的运行结果如图 6-9 所示。从图 6-9 中可以看出，v-text 指令和插值表达式不能解析 HTML，v-html 则可以解析 HTML。

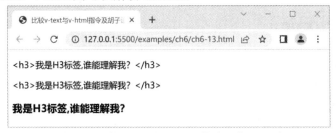

图 6-9　比较 v-text 与 v-html 指令及胡子语法

插值表达式、v-text 指令和 v-html 指令三者的区别如下：插值表达式可能有闪烁问题，v-text 指令和 v-html 指令则没有闪烁问题；插值表达式只会替换自己位置的占位符，v-text 指令会覆盖掉它后面的文本，v-html 指令也会覆盖掉元素中原本内容。要谨慎使用 v-html 指令，如果代码不严谨，很容易遭到黑客的 XSS(Cross Site Scripting，跨站脚本攻击)攻击。

6.2.2　Vue 的优化指令

Vue 有三个优化指令 v-cloak、v-once、v-pre，下面分别进行简单介绍。

(1) v-cloak 指令：解决由于网络延迟导致的数据渲染显示问题。当页面刷新比较频繁或者网速较慢时，使用插值表达式，页面可能会出现闪烁现象，解决此问题的办法是使用 v-cloak 指令，v-cloak 指令可以隐藏未编译好的标签，直到编译结束才会显示。

(2) v-once 指令：执行一次性插值，以后当数据改变时，插值处的内容不再更新。该指令可以用于优化性能。该指令在实际的业务场景中很少使用，只有在进一步优化性能的时候才可能用到，因此很多教程不会提及这个指令。

(3) v-pre 指令：跳过这个元素和它的子元素的编译过程。一些静态的内容不需要编辑，加这个指令可以加快编译过程。

6.2.3　v-if、v-else、v-else-if 指令

v-if、v-else、v-else-if 指令用于条件渲染，下面分别进行介绍。

(1) v-if 指令可以根据表达式的值来判断是否输出 DOM 元素及其所包含的子元素。如果 v-if 指令的表达式的值为 true，就输出 DOM 元素及其所包含的子元素；否则，将 DOM 元素及其所包含的子元素移除。代码 6-14 演示了 v-if 指令的使用，其运行结果如图 6-10 所示。

代码 6-14　v-if 指令关键代码

```html
<body>
    <div id="app">
        <h3>a={{ a }}</h3>
        <h3>b={{ b }}</h3>
        <h3 v-if="a>b">a 大于 b</h3>
    </div>
    <script>
        var vm = new Vue({
            el: "#app",
            data: {
                a: 185,
                b: 162
            }
        })
    </script>
</body>
```

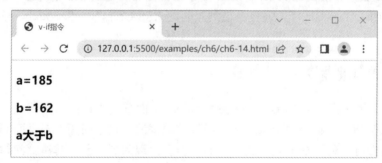

图 6-10　v-if 指令的运行结果

(2) v-else 指令的作用相当于 JavaScript 中的 else 语句。v-else 指令不能单独使用，需要配合 v-if 指令一起使用。代码 6-15 演示了 v-if 和 v-else 指令的使用，其运行结果如图 6-11 所示。

代码 6-15　v-if 和 v-else 指令关键代码

```html
<body>
    <div id="app">
        <h3>a={{ a }}</h3>
        <h3>b={{ b }}</h3>
```

```
    <h3 v-if="a>b">a 大于 b</h3>
    <h3 v-else>a 小于或等于 b </h3>
  </div>
  <script>
    var vm = new Vue({
      el: "#app",
      data: {
        a: 985,
        b: 211
      }
    })
  </script>
</body>
```

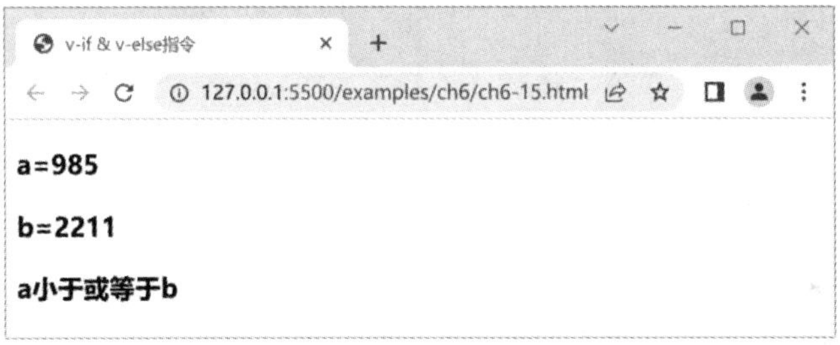

图 6-11　v-if 和 v-else 指令的运行结果

(3) v-else-if 指令的作用相当于 JavaScript 中的 else if 语句。使用该指令可以进行更多的条件判断，不同的条件对应不同的输出结果。

v-else 指令必须紧跟在 else-if 指令或 v-else-if 指令的后面，否则 v-else 指令将不起作用。同理，v-else-if 指令也必须紧跟在 else-if 指令或 v-else-if 指令的后面。

代码 6-16 演示了 v-else-if 指令的使用，其运行结果如图 6-12 所示。

代码 6-16　v-else-if 指令关键代码

```
<body>
  <div id="app">
    <div v-if="score>100">
      <h3>你的 Spark 数据分析成绩={{score}},<br><br>不符合实际情况</h3>
    </div>
    <div v-else-if="score<0">
      <h3>你的 Spark 数据分析成绩={{score}},<br><br>不符合实际情况</h3>
    </div>
    <div v-else-if="score>=90">
      <h3>你的 Spark 数据分析成绩={{score}},<br><br>等级为优秀</h3>
    </div>
```

```
            <div v-else-if=" score>=80">
                <h3>你的 Spark 数据分析成绩={{score}},<br><br>等级为良好</h3>
            </div>
            <div v-else-if="score>=70">
                <h3>你的 Spark 数据分析成绩={{score}},<br><br>等级为一般</h3>
            </div>
            <div v-else-if="score>=60">
                <h3>你的 Spark 数据分析成绩={{score}},<br><br>等级为及格</h3>
            </div>
            <div v-else="score < 60">
                <h3>你的 Spark 数据分析成绩={{score}},<br><br>等级为不及格</h3>
            </div>
        </div>
        <script>
            var vm = new Vue({
                el: "#app",
                data: {
                    score: 86
                }
            })
        </script>
    </body>
```

图 6-12　v-else-if 指令的运行结果

代码 6-17 演示了使用 v-if、v-else-if、else-if 指令来判断成绩等级,初始成绩为 110,可以点击两个按钮,对成绩进行加减,然后用代码实时进行等级判断。两个按钮涉及 v-on 指令,后面将详细介绍该指令。这段代码比代码 6-16 更加简洁,其运行结果如图 6-13 所示。

代码 6-17　v-if、v-else、v-else-if 指令关键代码

```
<body>
    <div id="app">
        <p align="left" style="color:red ; font-size:25px">你的单科考试成绩: {{score}} 分</p>
        <p v-if="score > 100 || score <0">合理成绩应该在 0 到 100 分之间。</p>
        <p v-else-if="score >=0 && score <60">你挂科了，请继续加油。</p>
        <p v-else-if="score >=60 && score <70">恭喜你了，你刚好及格。</p>
        <p v-else-if="score >=70 && score <80">成绩一般，还有很大进步空间。</p>
        <p v-else-if="score >=80 && score <90">成绩良好，继续努力。</p>
        <p v-else-if="score >=90 && score <100">非常优秀，非常棒啊。</p>
        <button @click="add">按我一下，就增加 1 分</button>
        <button @click="dec">按我一下，就减少 1 分</button>
    </div>
    <script>
        var vm = new Vue({
            el: "#app",
            data: {
                score: 80
            },
            methods: {
                add() {
                    if (this.score < 100) {
                        this.score++;
                    } else {
                        alert("总分不能超过 100 分")
                    }
                },
                dec() {
                    if (this.score >= 1) {
                        this.score--;
                    } else {
                        alert("成绩不能为负!")
                    }
                }
            }
        })
    </script>
</body>
</body>
```

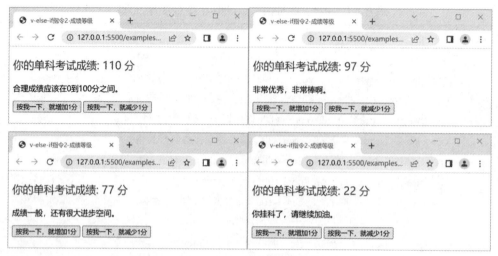

图 6-13　v-if、v-else、v-else-if 指令的运行结果

6.2.4　v-show 指令

v-show 指令用于根据表达式值的真假切换元素的显示与隐藏状态。其原理是修改元素的 display 来实现显示与隐藏的切换。指令后面表达式的值最终都会解析为布尔值 true 或 false，当表达式的值为 true 时则显示元素；当表达式的值为 false 时则隐藏元素。代码 6-18 显示了 v-show 指令的使用，其运行结果如图 6-14 所示。

代码 6-18　v-show 指令关键代码

```
<body>
    <div id="box">
        <input type="button" :value="btnText" @click="tt">
        <div v-show="show">
            <img src="../images/javascript.png">
        </div>
    </div>
    <script>
        var demo = new Vue({
            el: '#box',
            data: {
                btnText: '隐藏图片',
                show: true
            },
            methods: {
                tt: function () {
                    //切换按钮文字
                    this.btnText== '隐藏图片' ? this.btnText= '显示图片' : this.btnText= '隐藏图片';
                    this.show = !this.show; //修改属性值
                }
```

```
        }
    });
    </script>
</body>
```

图 6-14　v-show 指令的运行结果

图 6-14 中初始打开网页时显示图片，如果单击"隐藏图片"按钮，图片就会隐藏，并且按钮上的提示文字切换为"显示图片"；再次单击按钮，图片又会显示出来；如此反复操作可以显示或隐藏图片。

v-if 指令与 v-show 指令的区别：v-if 指令是惰性的，如果在初始渲染时条件为假，则什么也不做，直到条件第一次变为真时，才会开始渲染条件块；v-show 指令则不管初始条件是什么，元素总是会被渲染，并且只是简单基于 CSS 进行切换。v-if 指令有更高的切换开销，在运行时条件很少改变时，使用 v-if 指令较好；v-show 指令有更高的初始渲染开销，如果需要频繁切换，v-show 指令比较好。

能够使用 v-if 指令的时候，尽量不要使用 v-show 指令。因为 v-if 指令和 v-show 指令是有本质区别，v-if 指令不会渲染这个 DOM 节点元素，但是 v-show 指令是先渲染然后再隐藏，这样的话安全性就比较低，黑客可能利用 JS 脚本来攻击网站。

6.2.5　v-bind 指令

v-bind 指令用于动态绑定属性。在开发的时候，有时某些属性不是静态绑定，而是可以根据一些数据动态决定。比如图片标签(<img>)的 src 属性，可能从后端请求一个包含图片地址的数组，需要将地址动态地绑定到 src 上面，这时就不能简单将 src 写死。可以使用 v-bind 指令，缩写(语法糖)为一个冒号(:)。代码 6-19 显示了 v-bind 指令的使用，其运行结果如图 6-15 所示。

代码 6-19　v-bind 指令关键代码

```
<body>
    <div id="box">
        <div id="box">
```

```
            <img :src="src" :class="value" :title="tip">
        </div>
    </div>
    <script>
        var demo = new Vue({
            el: '#box',
            data: {
                src: "../images/image1.jpg", // 图片 URL
                value: 'myImg', // 图片 CSS 类名
                tip: '美丽的风景如画', // 图片提示文字
            },
        });
    </script>
</body>
<style>
    .myImg {
        width: 600px;
        border: 2px solid #dd1616;
    }
</style>
```

图 6-15   v-bind 指令

在代码 6-19 中的 v-bind 指令：<img :src="src" :class="value" :title="tip">绑定了图片
的 URL 地址、图片的 CSS 类名及图片的提示文字，前者使用正常的绑定格式，后两者
使用了缩写形式(语法糖)。

6.2.6   v-for 指令

v-for 指令用于基于源数据重复渲染元素，也就是说可以使用 v-for 指令实现遍历功

能，包括遍历数组、对象、数组对象、字符串等。

v-for 指令使用特定的语法：(item, index) in items。其中，item 为数组元素的别名(可以自己取个有意义的名字)；index 为数组元素的索引，可以省略；items 为要遍历的数组的名称。v-for 的优先级别高于 v-if 之类的其他指令。

在代码 6-20 中，遍历数组 Languages 中的十大计算机编程语言，使用语句：v-for="item in Languages" 完成对数组的遍历。代码 6-20 是 v-for 指令遍历数组的使用，其运行结果如图 6-16 所示。

代码 6-20　v-for 指令遍历数组关键代码

```html
<body>
    <div id="app">
        <h3>2022 年十大流行编程语言</h3>
        <ol>
            <h3>
                <li v-for="item in Languages">   {{ item }}   </li>
            </h3>
        </ol>
    </div>
    <script>
        var app = new Vue({
            el: "#app",
            data: {
                Languages: ["Python 语言", "JAVA 语言", "C 语言", "C++语言",
                    "C#语言", "JavaScript", "Swift", "Ruby", "Go", "Rust"
                ]
            }
        });
    </script>
</body>
```

图 6-16　v-for 指令遍历数组

在代码 6-21 中，遍历对象数组 booksList 中的计算机教材信息，使用语句：
v-for="(book,index) in booksList" 完成对对象数组的遍历，程序最终以表格的形式输出各
教材信息。booksList 中的数据实际是 JSON 格式的数据，在实际开发中，遍历 JSON 数
据更多一些。代码 6-21 是 v-for 指令遍历对象数组的使用，其运行结果如图 6-17 所示。

代码 6-21　v-for 指令遍历对象数组关键代码

```html
<body>
    <div id="box">
        <div class="title">
            <div class="col-1">序号</div>
            <div class="col-1">作者</div>
            <div class="col-2">书名</div>
            <div class="col-2">出版社</div>
        </div>
        <div class="content" v-for="(book,index) in booksList">
            <div class="col-1">{{index + 1}}</div>
            <div class="col-1">{{book.author}}</div>
            <div class="col-2">{{book.bookName}}</div>
            <div class="col-2">{{book.publisher}}</div>
        </div>
    </div>
    <script type="text/javascript">
        var demo = new Vue({
            el: '#box',
            data: {
                booksList: [{ //定义旅游信息列表
                    author: '范路桥', bookName: 'Web 数据可视化',  publisher: '人民邮电出版社'
                }, {
                    author: '张艳君', bookName: 'Vue.js 项目开发实战', publisher: '人民邮电出版社'
                }, {
                    author: '范路桥', bookName: 'ECharts 数据可视化实战', publisher: '西安电子科大出版社'
                }, {
                    author: '段班祥', bookName: 'WPS 高级技术', publisher: '高等教育出版社'
                }, {
                    author: '郑述招', bookName: 'Spark 大数据分析与实战', publisher: '西安电子科大出版社'
                }]
            }
        });
    </script>
</body>
```

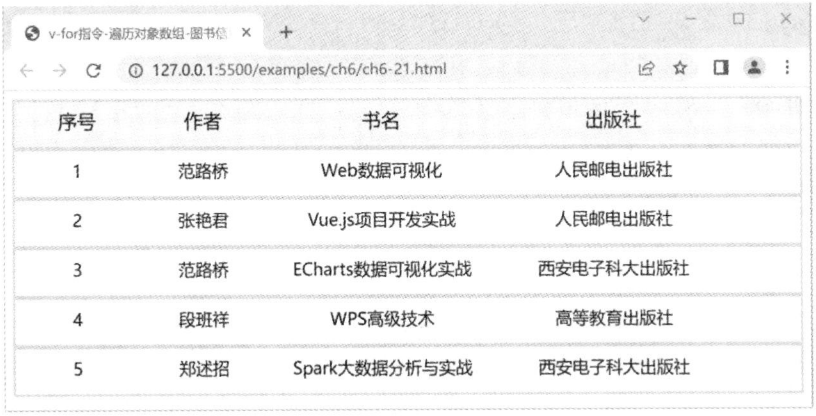

序号	作者	书名	出版社
1	范路桥	Web数据可视化	人民邮电出版社
2	张艳君	Vue.js项目开发实战	人民邮电出版社
3	范路桥	ECharts数据可视化实战	西安电子科大出版社
4	段班祥	WPS高级技术	高等教育出版社
5	郑述招	Spark大数据分析与实战	西安电子科大出版社

图 6-17　v-for 指令遍历对象数组

遍历对象时，对象 index 的含义与数组 index 的含义不一样。

6.2.7　v-on 指令

v-on 指令是一个非常重要的指令，可以用于监听 DOM 事件，并且在触发时运行一些 JavaScript 代码，或者绑定事件处理方法。

它的基本用法如代码 6-22 所示。

代码 6-22　v-on 指令用法

```
<button v-on:click="someMethod">按钮名</button>
```

在代码 6-22 中，将 click 单击事件(也可以是其它事件)绑定到 someMethod()方法上。当单击“按钮名”按钮时，将自动执行 someMethod()方法，该方法应该在 Vue 实例中的 methods 对象中进行定义。在 Vue 实例中有一个 methods 对象，可在 methods 对象中定义一些方法，可在这些方法中编写一些 JavaScript 代码。一般为了方便，可以使用语法糖，可将“v-on:”缩写为“@”。

1. 触发事件时执行 JavaScript 代码

v-on 指令允许在触发事件时执行 JavaScript 代码，代码 6-23 演示了这种情况。其运行结果如图 6-18 所示。在页面中单击“产生一个随机数”按钮，就可看到在按钮下面显示几个随机数，第一个是没有处理的原始结果，对后面 4 个结果分别进行了四舍五入。

代码 6-23　v-on 指令产生随机数关键代码

```
<body>
    <div id="app">
        <button v-on:click="count=Math.random()">产生一个随机数</button>
        <p>自动生成的随机数是：{{ count }}</p>
        <p>自动生成的随机数是：{{ count.toFixed(4) }}</p>
        <p>自动生成的随机数是：{{ count.toFixed(3) }}</p>
        <p>自动生成的随机数是：{{ count.toFixed(2) }}</p>
```

```
        <p>自动生成的随机数是：{{ count.toFixed(1) }}</p>
    </div>
    <script src="../js/vue.js"></script>
    <script>
        const app = new Vue({
            el: '#app',
            data: {
                count: 0
            },
        });
    </script>
</body>
```

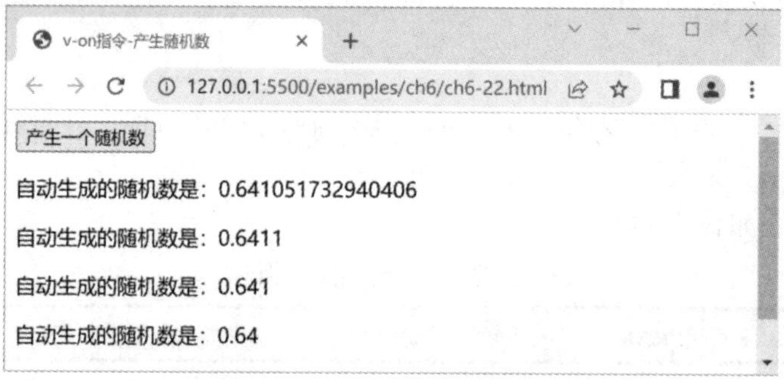

图 6-18　v-on 指令产生随机数

2. 将事件与某个方法进行绑定

通常情况下，通过 v-on 指令将事件与某个方法进行绑定。绑定的方法作为事件处理器定义在 methods 选项中，代码 6-24 演示了事件处理方法，其运行结果如图 6-19 所示。在页面中单击"显示信息"按钮时，就会调用 showInfo()方法，通过该方法可以输出学校名称、名气、中国特色高水平高职专业群和学校网址等信息。

代码 6-24　v-on 指令绑定方法关键代码

```
<body>
    <div id="app">
        <button @click="showInfo">显示信息</button>
    </div>
    <script src="../js/vue.js"></script>
    <script>
        const app = new Vue({
            el: '#app',
            data: {
                school: "广东科学技术职业学院",
```

```
            fame: "中国一流高职院校",
            features: "软件技术专业群",
            site: "https://www.gdit.edu.cn"
        },
        methods: {
            showInfo() {
                alert("院校名称：" + this.school + "\n" + "学校声誉：" + this.fame + "\n" +
                    "中国特色高水平高职专业群：" + this.features + "\n" + "学校网址：" + this.site)
            }
        }
    });
</script>
</body>
```

图 6-19　v-on 指令绑定方法

3. 事件修饰符

事件修饰符是自定义事件行为，配合 v-on 指令来使用，写在事件之后，它是用半角句点符号"."指明的特殊后缀，如"v-on:click.stop"表示阻止事件冒泡。Vue 为 v-on 指令提供了许多事件修饰符，常用的事件修饰符如表 6-1 所示。

表 6-1　常用的事件修饰符

修饰符	作　　　用
.stop	阻止事件冒泡
.prevent	阻止默认事件行为
.capture	事件捕获
.self	将事件绑定到自身，只有自身才能触发
.once	事件只能触发一次

代码 6-25 演示了阻止冒泡事件的处理方法。其运行结果分别如图 6-20、6-21 所示。在页面中单击"显示信息"按钮时，就会调用 showInfo()方法，图 6-20 是使用代码"<button

v-on:click.stop=...</button>"阻止了冒泡事件的触发，只会弹出一个"按钮的事件触发了"的窗口。图 6-21 是删除了代码.stop，没有在事件中阻止冒泡事件的触发，因此，单击"显示信息"按钮时，它首先弹出"按钮的事件触发了"窗口，然后再弹出"div 的事件触发了"窗口。阻止冒泡事件在项目中经常用到。

代码 6-25　　v-on 指令-阻止冒泡关键代码

```
<body>
    <div id="app">
        <div v-on:click="showInfo('div 的事件触发了。')">
            <button v-on:click.stop="showInfo('按钮 的事件触发了。')">显示信息</button>
        </div>
    </div>

    <script src="../js/vue.js"></script>
    <script>
        const app = new Vue({
            el: '#app',
            methods: {
                showInfo(msg) {
                    alert(msg);
                }
            }
        });
    </script>
</body>
```

图 6-20　　v-on 指令-已阻止冒泡

图 6-21　　v-on 指令-没有阻止冒泡

6.2.8　v-model 指令

Vue 是一个 MVVM 框架，它的一大特点是数据双向绑定，它是 Vue 的精髓之一。所谓数据双向绑定，就是当数据发生变化时，视图也就发生变化；当视图发生变化时，数据也会随之同步变化。在 Vue 中，通过 v-model 指令对表单控件元素进行双向数据绑定。v-model 指令只能在<input><select><textarea>等表单控件中使用。

1. 文本框的双向数据绑定

单行文本框用于输入单行文本。代码 6-26 显示了使用 v-model 指令对单行文本框进行数据绑定。应用 v-model 指令将单行文本框的值和 Vue 实例中的 info 属性进行了绑定，其运行结果如图 6-22 所示。当在单行文本框中输入字符时，info 属性值也会同步更新。

代码 6-26　v-model 指令-绑定单行文本框关键代码

```
<body>
    <div id="app">
        <h3>单行文本框示例:</h3>
        <input  v-model="info"  style="width:300px;height:40px"  placeholder="单击此处编辑">
</input>
        <h4>当前输入为：{{ info }}</h4>
    </div>
    <script src="../js/vue.js"></script>
    <script>
    const app = new Vue({
        el: '#app',
        data: {
            info: ''
        }
    });
    </script>
</body>
```

图 6-22　v-model 指令-绑定文本框

代码 6-27 显示了 v-model 指令根据单行文本框中的关键字，搜索指定的图书信息，应用 v-model 指令将单行文本框的值和 Vue 实例中的 searchStr 属性进行了绑定，代码中使用了计算属性 computed，计算属性可以实现各种复杂的逻辑，还能将计算结果缓存起来。程序初始运行结果如图 6-23 所示；当在单行文本框中输入要搜索的图书信息时，下面显示的图书图片和图书名称也会同步更新，如图 6-24 所示。

代码 6-27　v-model 指令-文本框搜索图书信息关键代码

```
<body>
    <div id="example">
        <div class="search">
            <input v-model="searchStr" placeholder="请输入图书名">
        </div>
        <div>
            <div class="item" v-for="book in results">
                <img :src="book.image"><!-- 显示图书照片 -->
                <span>{{book.bookname}}</span>
            </div>
        </div>
    </div>
    <script>
        var exam = new Vue({
            el: '#example',
            data: {
                searchStr: '', // 搜索关键字
                books: [{ // 图书信息数组
                    bookname: 'Web 数据可视化 echarts',
                    image: '../images/echarts.jpg'
                }, {
                    bookname: '知识图谱与深度学习',
                    image: '../images/deepLearn.jpg'
                }, {
                    bookname: '视觉 SLAM 十四讲',
                    image: '../images/slam.jpg'
                }, {
                    bookname: '.NET 框架应用开发',
                    image: '../images/netFrame.jpg'
                }, {
                    bookname: 'Python 程序设计',
                    image: '../images/python.jpg'
                }, {
                    bookname: '嵌入式 Linux 驱动开发教程',
```

```
                    image: '../images/linux.jpg'
                }]
            },
        computed: {
            results: function () {
                var books = this.books;
                if (this.searchStr == '') {
                    return books;
                }
                var searchStr = this.searchStr.trim().toLowerCase(); //去除空格转换为小写
                books = books.filter(function (ele) {
                    // 判断图书名称是否包含搜索关键字
                    if (ele.bookname.toLowerCase().indexOf(searchStr) != -1) {
                        return ele;
                    }
                });
                return books;
            }
        }
    })
    </script>
</body>
```

图 6-23　输出全部图书

图 6-24　输出搜索结果

2. 文本域的双向数据绑定

多行文本框又叫文本域。使用 v-model 指令也可对文本域进行数据绑定。代码 6-28 演示了多行文本框中的数据绑定，其运行结果如图 6-25 所示。

代码 6-28   v-model 指令-绑定文本域关键代码

```html
<body>
    <div id="app">
        <h3>多行文本框(文本域)示例：</h3>
        <textarea v-model="msg" rows=5 cols=50 placeholder="单击此处编辑文本域"></textarea>
        <p style="white-space:pre"> {{ msg }} </p>
    </div>
    <script>
        var exam = new Vue({
            el: '#app',
            data: {
                msg: ""
            },
        })
    </script>
</body>
```

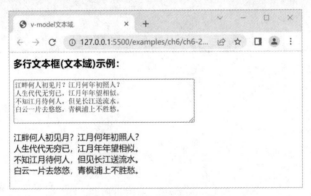

图 6-25   v-model 文本域

3. 按键修饰符

除了事件修饰符以外，Vue 还为 v-on 指令提供了按键修饰符，以便监听键盘事件中的按键。当触发键盘事件时，需要检测按键的 keyCode 的值，如代码 6-29 所示。

代码 6-29   检测按键 keyCode 值的代码

```html
<button v-on:keyup.13="someMethod">
```

上述代码中，应用 v-on 指令可以监听键盘的 keyup 事件。因为键盘回车键的 keyCode 值是 13，所以在文本框中输入内容后，当单击回车键后，就会调用 someMethod() 方法。

由于记住按键的 keyCode 值是比较困难的事件，所以 Vue 给一些常用的按键提供了别名。例如，回车键的别名为 enter，修改方法如代码 6-30 所示。

代码 6-30　常用按键修改别名的代码

```
<button v-on:keyup.enter="someMethod">
```

Vue 给一些常用的按键提供的 keyCode 及别名如表 6-2 所示。

表 6-2　常用按键的 keyCode 及别名

按键	keyCode	别名	按键	keyCode	别名
Enter	13	enter	Tab	9	tab
Backspace	8	delete	Delete	46	delete
Esc	27	esc	Spacebar	32	space
Up Arrow(↑)	38	up	Down Arrow(↓)	40	down
Left Arrow(←)	37	left	Right Arrow(→)	39	right

4. 绑定单选按钮

如果需要绑定相互排斥的单选按钮，可以使用 v-model 指令配合 value 来使用，v-model 指令绑定的属性值会被赋值为该单选按钮的 value 值。代码 6-31 为绑定多个单选按钮的关键代码，程序运行结果如图 6-26 所示。

代码 6-31　v-model 指令-绑定多个单选按钮关键代码

```
<body>
    <div id="app">
        <h3>请选择您的籍贯：</h3>
        <input type="radio" v-model="picked" value="湖南省">
        <label for="study">湖南省</label><br>
        <input type="radio" v-model="picked" value="广东省">
        <label for="study">广东省</label><br>
        <input type="radio" v-model="picked" value="江苏省">
        <label for="study">江苏省</label><br>
        <input type="radio" v-model="picked" value="福建省">
        <label for="study">福建省</label><br>
        <h3>您的籍贯是:{{ picked }}</h3>
    </div>
    <script>
        new Vue({
            el: '#app',
            data: {
                picked: '请选择'
            }
        })
    </script>
</body>
```

图 6-26   v-model-单选按钮

5. 绑定复选框

如果有多个复选框，应用 v-model 绑定的是一个数组。代码 6-32 为绑定多个复选框的关键代码，程序运行结果如图 6-27 所示。

代码 6-32   v-model 指令-绑定多个复选框关键代码

```
<body>
    <div id="app">
        <h3>请选择您喜好的品牌(支持多选)</h3>
        <input type="checkbox" v-model="brand" value='iPhone 苹果'>
        <label for='iPhone 苹果'>iPhone 苹果</label>
        <input type="checkbox" v-model="brand" value='Huawei 华为'>
        <label for='Huawei 华为'>Huawei 华为</label>
        <input type="checkbox" v-model="brand" value='三星'>
        <label for='三星'>三星</label>
        <input type="checkbox" v-model="brand" value='Vivo'>
        <label for='Vivo'>Vivo</label>
        <input type="checkbox" v-model="brand" value='Mi 小米'>
        <label for='MI 小米'>Mi 小米</label>
        <h3>您喜好的手机品牌:{{ brand }}</h3>
    </div>
    <script>
        var exam = new Vue({
            el: '#app',
            data: {
                brand: []
            }
        });
    </script>
</body>
```

图 6-27　v-model-多个复选框

6. 绑定单选下拉列表

同复选框一样，下拉列表也分单选和多选两种，这里只介绍常见的单选下拉列表。通常下拉列表会用到两个标签：\<select\>和\<option\>。在 Vue 中绑定时，需要把 v-model写在 select 标签里。代码 6-33 为绑定单选下拉列表的关键代码，其运行结果如图 6-28所示。

代码 6-33　v-model 指令-绑定单选下拉列表关键代码

```html
<body>
  <div id="example">
    <div id="example">
      <h3>请选择需要查看的浏览器</h3>
      <select v-model='browser'>
        <option value="">请选择浏览器</option>
        <option value="谷歌浏览器,市场份额:39.81%">谷歌浏览器(Chrome)</option>
        <option value="360 安全浏览器,市场份额:23.22%">360 安全浏览器</option>
        <option value="QQ 浏览器,市场份额:7.79%">QQ 浏览器</option>
        <option value="火狐浏览器,市场份额:7.75%">火狐浏览器(Firefox)</option>
        <option value="微软浏览器,市场份额:7.51%">微软浏览器(Edge)</option>
        <option value="搜狗高速浏览器,市场份额:4.38%">搜狗高速浏览器</option>
      </select>
      <h3> {{browser}}</h3>
    </div>
    <script>
      var exam = new Vue({
        el: '#example',
        data: {
          browser: ',
        },
      });
    </script>
</body>
```

图 6-28　v-model-单选下拉菜单

也可以通过 v-for 指令动态生成下拉菜单中的 option，并应用 v-mode 指令对生成的下拉菜单进行绑定。代码 6-34 为动态生成单选下拉列表的关键代码，其运行结果如图 6-29 所示。

代码 6-34　v-model 指令-动态生成单选下拉列表关键代码

```html
<body>
    <div id="app">
        <div id="app">
            <h3>请选择项目目前的状态</h3>
            <select v-model='status'>
                <option value="">请选择状态</option>
                <option v-for="item in statusList" :value="item.value">{{ item.text }}</option>
            </select>
            <h3> 项目状态: {{ status }}</h3>
        </div>
        <script>
            var exam = new Vue({
                el: '#app',
                data: {
                    status: ",
                    statusList: [{
                        value: "等待分配中...",
                        text: "等待分配中..."
                    }, {
                        value: "正在开发中...",
                        text: "正在开发中..."
                    }, {
                        value: "已经完成了。",
                        text: "已经完成了。"
```

```
        }, {
            value: "停止开发了。",
            text: "停止开发了。"
        }, {
            value: "已经变更了。",
            text: "已经变更了。"
        }],
        },
    });
    </script>
</body>
```

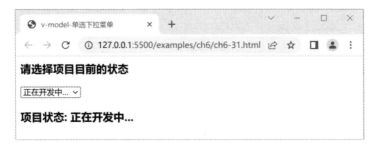

图 6-29　v-model-单选下拉菜单

在上述两种方式中，第二种方式需要在 data 中进行配置，对于需要数据从后台回显的情况更加合适。如果只是简单的下拉列表，参数较少，第一种方法更显简洁。

任务 6.3　Vue 的生命周期

钩子函数(回调函数)是系统内核为驱动程序提供的一些特定函数，在驱动程序中某个变量的状态发生改变、将要改变或改变完成时，将会自动调用该回调函数。Vue 实例从创建、运行到销毁期间，总是伴随着各种各样的事件，这些事件统称为生命周期函数。Vue 的生命周期钩子函数是 Vue 实例自动执行的函数，不是程序员触发的，它的名称是固定的，使用时，程序员只要直接编写函数体即可。生命周期函数＝生命周期钩子＝生命周期事件。

这好比人类或动植物到了生命的某个阶段，就会自动执行某个事件一样。例如，人到了半岁左右就开始长牙齿，男孩到了十一二岁就会长胡子，这些自动进行的动作是人类基因在起作用。Vue 的设计好比人类基因，一旦安装好 Vue.js，它就自动具备了生命周期钩子。

Vue 实例生命周期函数可以参考 Vue 官方网站的生命周期图，该图比较清晰地展示了 Vue 实例整个生命周期的情况，如图 6-30 所示。

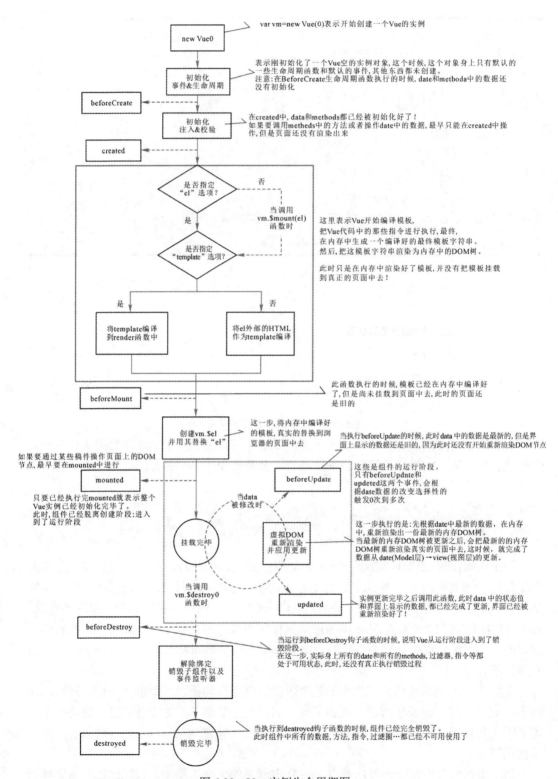

图 6-30　Vue 实例生命周期图

Vue 实例生命周期可以分为三个阶段：

1. Vue 实例创建期间的生命周期函数

(1) beforeCreate(创建前)：Vue 实例刚刚在内存中被创建出来，此时，还没有初始化 data 和 methods 属性，因此无法访问 methods、data、computed 等中的方法和数据。

(2) created(创建后)：Vue 实例已经在内存中创建好，data 和 methods 也已经创建好，但还没有开始编译模板，挂载阶段也没有开始， $el 属性此时不可见。这是一个常用的生命周期，此时可调用 methods 中的方法、改变 data 中的数据、并且修改可以通过 vue 的响应式绑定体现在页面上，获取 computed 中的计算属性等，通常可以在这里对实例进行预处理，也可发送 ajax 请求。

(3) beforeMount(载入前)：挂载开始之前被调用，相关的 render 函数首次被调用(虚拟 DOM)，Vue 实例已完成编译模板、把 data 里面的数据和模板生成 html、完成了 el 和 data 初始化等配置，注意此时还没有挂载 HTML 到页面上。

(4) mounted(载入后)：挂载已完成，即已经将编译好的模板挂载到了页面指定的容器中显示。它是一个比较重要的生命周期函数，可在该钩子中发起后端请求、取回数据、接收页面之间传递的参数等。

2. Vue 实例运行期间的生命周期函数

(1) beforeUpdate(更新前)：在数据更新之前执行此函数，发生在虚拟 DOM 重新渲染和打补丁之前，可在该钩子中进一步更改状态。此时 data 中的状态值是最新的，但由于还没有开始重新渲染 DOM 节点，所以界面上显示的数据还是旧的。

(2) updated(更新后)：Vue 实例更新完毕后调用此函数，此时 data 中的状态值和界面上显示的数据都已完成了更新，界面已经被重新渲染好。由于数据更改导致虚拟 DOM 需要重新渲染和打补丁，在调用时，组件 DOM 已经更新，所以可以执行依赖于 DOM 的操作，在大多数情况下，应该避免在此期间更改状态，因为这可能会导致更新无限循环，该钩子在服务器端渲染期间不被调用。

3. Vue 实例销毁期间的生命周期函数

(1) beforeDestroy(销毁前)：在 Vue 实例销毁之前调用，此时实例仍然完全可用，可用 this 来获取实例，也可做一些重置操作，比如清除掉组件中的定时器和监听的 DOM 事件。

(2) destroyed(销毁后)：在 Vue 实例销毁之后调用，调用后所有事件监听器会被移除，所有子实例也会被销毁，该钩子在服务器端渲染期间不被调用。

代码 6-35 演示了生命周期函数的使用，其运行结果如图 6-31 所示。

代码 6-35　生命周期函数关键代码

```
<body>
    <div id="app">
        <h1> {{ msg }}</h1>
    </div>
    <script>
        var vm = new Vue({
            el: '#app',
```

```
        data: {
            msg: '------------生命周期函数示例------------',
        },
        beforeMount() {
            console.log("---beforeMount 挂载前的状态---")
            console.log("el:" + this.$el);
            console.log("data:" + this.$data)
            console.log("msg:" + this.msg)
            // 到此时刻，el 和 data 都已经初始化
        },
        mounted() {
            console.log("---mounted 挂载后的状态---")
            console.log("el:" + this.$el);
            console.log("data:" + this.$data)
            console.log("msg:" + this.msg)
        }
    });
    </script>
</body>
```

图 6-31　生命周期函数运行结果

任务 6.4　Vue 的路由

路由就是根据不同的 URL 地址展示不同的内容或页面。Vue 本身没有提供路由机制，但是官方以插件(vue-router)的形式提供了对路由的支持。vue-router 是 Vue 官方提供的路由插件，也是 Vue 官方的路由管理器。使用 vue-router 后，可以自定义组件路由之间的

跳转，还可设置复杂的嵌套路由，创建真正的单页面应用 SPA(Single Page Application)。那为什么不使用<a>标签？这是因为用 Vue 做的都是单页应用(当项目准备打包时，运行 npm run build 时，就会生成 dist 文件夹，此时只有静态资源和一个 index.html 页面)，<a>标签不起作用，因此必须使用 vue-router 来进行路由的管理。

6.4.1　路由的安装和基本使用

1. 路由的下载和安装

在使用 vue-router 插件之前，必须引入该插件，引入的方法有如下几种。

(1) 直接下载并使用<script>标签引入 vue-router。在 vue-router 的官方网站 (https:/router.vuejs.org/zh/installation.html)中直接下载 vue-router 文件，然后使用<script>标签引入。通常将下载好的文件放置在项目与 vue.js 文件相同的文件夹中，然后在页面中使用代码 6-36，将其引入到页面文件中。

代码 6-36　使用<script>标签引入代码

```
<script src="../JS/vue-router.js"></script>
```

注意，由于 vue-router 依赖于 Vue，所以需要先引入 vue.js，再引入 vue-router。当引入 vue-router 后，在 Windows 全局对象中，就自动有了一个名为 VueRouter 的构造函数。要注意 Vue 和 vue-router 的版本匹配，在 2022 年 2 月 7 日之后，vue-router 的默认版本由 3 变成 4，并且 vue-router4 只能在 Vue3 中使用，vue-router3 只在 Vue2 中使用，如果强行把 vue-router4 安装在 Vue2 中，系统会报错：Fix the upstream dependency conflict, or retry(即版本依赖关系冲突)。

(2) 使用 CDN 方法。可将外部 CDN 文件在项目中直接通过<script>标签引入，如代码 6-37 所示。

代码 6-37　使用 CDN 的代码

```
<script src="https://unpkg.com/vue-router@3.0.0/dist/vue-router.js"></script>
```

注意，引入 vue.js 的语句在前，引入的 vue-router 语句在后。同样注意两者版本的匹配。

(3) 使用 npm 方法。在模块化工程项目中，使用 npm 方法安装。使用 npm 方法的安装如代码 6-38 所示。

代码 6-38　使用 npm 的代码

```
nmp install vue-router(默认对于 Vue3，安装 vue-router4)
或 npm install vue-router@3(对于 Vue2，安装 vue-router3)
```

2. 路由的使用

在项目的 src 文件夹下的 index.js 文件中写入代码，如代码 6-39 所示。代码 6-39 vue-router 的使用。

代码 6-39　vue-router 的使用

```
import Vue from 'vue'
import VueRouter from 'vue-router'
Vue.use(VueRouter)
```

代码 6-39 演示了 vue-router 的使用。其中，<router-view>和<router-link>是 vue-router 提供的元素，<router-view>用来当作占位符，将路由规则中匹配到的组件展示到<router-view>中。<router-link>支持用户在具有路由功能的应用中导航，通过 to 属性指定目标地址，默认渲染成带有正确链接的<a>标签。例如，第一个 router-link 被渲染成<a href="#/computer" class>计算机学院</a>后，当单击其对应的标签时，由于 to 属性的值是 /computer，因此实际的路径地址就是当前 URL 路径后加上#/computer。这时，Vue 会找到定义的路由 routes 中 path 为/computer 的路由，并将对应的组件模板渲染到<router-view>的位置上。代码如 6-40 所示，运行结果如图 6-32 所示。

代码 6-40　vue-router 的关键使用代码

```html
<body>
    <div id="app">
        <h3>欢迎光临广东科学技术职业学院</h3>
        <p>
            <!-- 6. 使用 router-link 组件来配置路由导航 -->
            <!-- 通过传入 `to` 属性指定链接 -->
            <!-- <router-link> 默认会被渲染成一个 `<a>` 标签 -->
            <router-link to="/computer">计算机学院</router-link>
            <router-link to="/art">艺术设计学院</router-link>
            <router-link to="robot">机器人学院</router-link>
            <router-link to="/auto">汽车工程学院</router-link>
        </p>
        <!-- 5. 路由出口，路由匹配的组件将渲染在这里 -->
        <router-view></router-view>
    </div>
</body>
<script>
    // 1. 定义(路由)组件。也可从其他文件 import 进来
    const com1 = {
        template: '<h5>计算机学院师资雄厚，134 人，教授 16 人，副高 35 人，博士 15 人...</h5>'
    }
    const com2 = {
        template: '<div>机器人学院现有教职工 96 人，正高 5 人，副高 32 人，博士 16 人...</div>'
    }
    const com3 = {
        template: '<div>汽车工程学院拥有教育部职业教育校企深度合作项目比亚迪...</div>'
    }
    const com4 = {
        template: '<div>艺术设计学院有产品艺术设计(产品设计，时尚用品设计)...</div>'
    }
    // 2. 定义路由表(即配置路由规则)
```

```
    // 每个路由应该映射一个组件，其中"component" 可以是通过 Vue.extend()
    // 创建的组件构造器，或者只是一个组件配置对象
const routes = [//  路由匹配规则对象数组 routes
// 每个路由规则都是一个对象，每个对象有 2 个属性：path 和 component
        {path: '/computer', component: com1 },
        { path: '/robot', component: com2 },
        {path: '/auto',component: com3 },
        { path: '/art',  component: com4 }
    ]
    // 3. 创建 router 实例对象，然后传`routes`配置
    const router = new VueRouter({
        routes // (缩写)相当于 routes: routes
})
    // 4. 创建和挂载根实例
    // 要通过 router 配置参数注入路由，从而让整个应用都有路由功能
const app = new Vue({
// 将路由规则对象注册到 Vue 实例上，用来监听 URL 地址的变化，然后展示对应的组件
        router
    }).$mount('#app'); //el 是自动挂载，mount 是手动挂载
</script>
</body>
```

图 6-32　vue-router 的使用

路由中 route，routes，router 是三个不同的基本概念。分别介绍如下：

(1) route 是指一条路由，一条路由是一个对象，由三部分组成，分别是 name、path 和 component。name 是命名(有时可以省略)，path 是路径，component 是组件。

(2) routes 是一组路由，用于把每一条路由 route 组合起来，形成一个数组。

(3) router 是一种机制，是路由的管理者。因为 routes 只是定义了一组路由，是静止的，当用户点击某个按钮时，router 会到 routes 中去查找路由，如果找到对应的内容，就会在页面中显示其对应的内容。

el 和$mount 效果是一样的，只不过 el 是在使用 new Vue()创建实例时会自动挂载，$mount 则手动挂载。如果在挂载之前要进行一些其他操作、判断等，则可使用$mount。

6.4.2　嵌套路由

当路由较多时，如果全部使用一级路由，路由管理可能变得臃肿而混乱。如果路由存在父子关系，则可以使用嵌套路由。嵌套路由就是在路由里嵌套子路由。

嵌套路由应用最多的就是选项卡，在选项卡中，顶部有多个导航栏，中间的主体部分展示内容；点击选项卡切换不同的路由，就可展示不同的内容。

嵌套路由的关键属性是 children，children 本身也是一组路由，相当于前面所讲的 routes，children 可以像 routes 一样去配置路由数组。每一个子路由里面可以嵌套多个组件。代码 6-41 是一个嵌套路由的简单实例。

代码 6-41　嵌套路由简单示例

```
<router-link to="/父路由名/子路由名">大数据应用专业</router-link>
<router-link to="/computer/bigdata">大数据应用专业</router-link>
```

代码 6-41 中，computer 为父路由，bigdata 为子路由。它表示现实世界中计算机学院(父路由)开办了大数据应用专业(子路由)。代码 6-42 是嵌套路由示例关键代码。

代码 6-42　嵌套路由示例关键代码

```
<body>
    <div id="example">
        <div class="nav">
            <ul>
                <li>
                    <router-link to="/computer">计算机学院</router-link>
                </li>
                <li>
                    <router-link to="/art">艺术设计学院</router-link>
                </li>
            </ul>
        </div>
        <div class="content">
            <router-view></router-view>
        </div>
```

```
</div>
<script type="text/javascript">
    var computer = { // 定义 computer 组件
        template: `<div>
            <ul>
                <li><router-link to="/computer/bigdata">大数据应用专业</router-link></li>
                <li><router-link to="/computer/soft">软件技术专业</router-link></li>
                <li><router-link to="/computer/ai">人工智能专业</router-link></li>
            </ul>
            <router-view></router-view>
        </div>`
    }
    var art = { // 定义 art 组件
        template: `<div>
            <ul>
                <li><router-link to="art/productArt">产品艺术设计</router-link></li>
                <li><router-link to="art/envArt">环境艺术设计</router-link></li>
                <li><router-link to="art/mediaArt">数媒艺术设计</router-link></li>
            </ul>
            <router-view></router-view>
        </div>`
    }
    var routes = [{ // 默认渲染 computer 组件
            path: '',
            component: computer,
        },
        {
            path: '/computer', // 计算机学院(父路由)
            component: computer,
            children: [ // 定义子路由
                {
                    path: "bigdata", // 大数据专业(子路由)
                    component: {
                        template: '<h5>2016 年在全国高职院校率先招收大数据方向...</h5>'
                    }
                },
                {
                    path: "soft", // 软件技术专业(子路由)
                    component: {
                        template: '<h5>2001 年软件技术专业全省率先开设...</h5>'
                    }
                }, {
                    path: "ai", // 人工智能专业(子路由)
```

```
                component: {
                    template: '<h5>人工智能专业立足珠海、面向珠三角...</h5>'
                }
            },
        ]
    },
    {
        path: '/art', // 艺术学院(父路由)
        component: art,
        children: [ // 定义子路由
            {
                path: "productArt", // 产品艺术设计专业(子路由)
                component: {
                    template: '<h5>产品艺术设计专业于 2010 年成为国家高职...</h5>'
                }
            },
            {
                path: "envArt", // 环境艺术设计专业(子路由)
                component: {
                    template: '<h5>环境艺术设计专业是我校国家骨干高职院校...</h5>'
                }
            },
            {
                path: "mediaArt", // 数字媒体艺术设计专业(子路由)
                component: {
                    template: '<h5>数字媒体艺术设计专业现有 2 个方向...</h5>'
                }
            }
        ]
    }
]
var router = new VueRouter({
    routes,
    linkActiveClass: 'router-link-exact-active'
})
var app = new Vue({
    el: '#example',
    router
});
</script>
</body>
```

代码 6-42 中，计算机学院(父路由)开办了大数据应用专业、软件技术专业、人工智能专业(3 个子路由)；艺术设计学院(父路由)开办了产品艺术设计、环境艺术设计、数媒艺术设计(3 个子路由)。图 6-33 显示了部分运行结果。

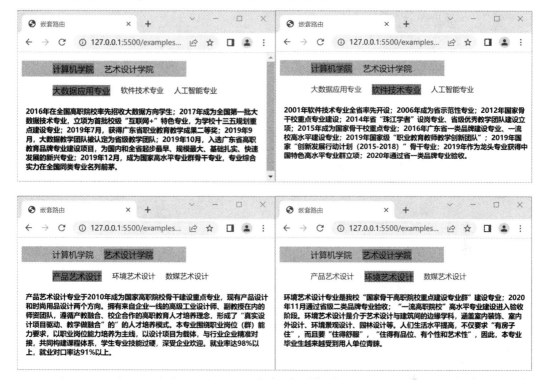

图 6-33　嵌套路由的运行结果

6.4.3　传递参数及获取参数

在 vue-router 中，使用 query 方式传参时，参数会在地址栏中显示出来，代码 6-43 演示了 query 方式传递参数，运行结果如图 6-34 所示，单击按钮时跳转到 user 组件，可在页面中获取用户名，也可以在地址栏中看到显示出来的参数 "name=admin"。

代码 6-43　query 传参关键代码

```
<body>
    <div id="app">
        <button @click="goStart">跳转</button>
        <router-view></router-view>
    </div>
    <script>
        // 创建 user 组件
        var user = {
            template: "<p>用户名：{{this.$route.query.name}}</p>"
        }
        // 创建路由对象
        var router = new VueRouter({
            // 配置路由规则
```

```
            routes: [{
                path: "/user",
                component: user
            }]
        })
        var vm = new Vue({
            el: "#app",
            methods: {
                goStart() {
                    this.$router.push({
                        path: '/user',
                        query: {
                            name: 'admin'
                        }
                    })
                }
            },
            router
        })
    </script>
</body>
```

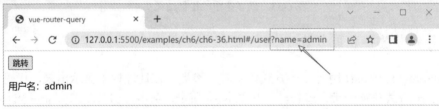

图 6-34　query 方式传参运行结果

在 vue-router 中，使用 params 方式传参时，参数不会显示在地址栏中，代码 6-44 演示了 params 方式传递参数。运行结果如图 6-35 所示，在地址栏中看不到参数。

代码 6-44　params 传参关键代码

```
<body>
    <div id="app">
        <button @click="goStart">跳转</button>
        <router-view></router-view>
    </div>
    <script>
        // 创建 user 组件
        var user = {
            template: "<h4>用户名：{{ this.$route.params.name }}</h4>"
        }
        // 创建路由对象
```

```
            var router = new VueRouter({
                // 配置路由规则
                routes: [{
                    path: "/user",
                    name: 'user',
                    component: user
                }]
            })
            var vm = new Vue({
                el: "#app",
                methods: {
                    goStart() {
                        this.$router.push({
                            name: 'user',
                            params: {
                                name: 'admin'
                            }
                        })
                    }
                },
                router
            })
        </script>
    </body>
```

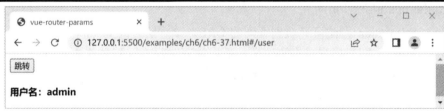

图 6-35　params 方式传参运行结果

6.4.4　路由重定向

为即将访问的路径设置重定向规则后，访问该路径时会被重定向到指定路径。重定向可以通过 routes 配置来完成。代码 6-45 演示了设置路径从/a 重定向到/b。

代码 6-45　路由重定向关键代码

```
var router = new VueRouter({
    routes: [
        { path: '/a', redirect '/b' }     // 从/a 重定向到/b
    ]
})
```

重定向的目标也可以是一个命名的路由，如代码 6-46 所示，将路径从/a 重定向到名称为 user 的路由。

代码 6-46　重定向的目标是一个命名的路由关键代码

```
var router = new VueRouter({
    routes: [
        { path: '/a', redirect {name: 'user' } //重定向到名称为 user 的路由
    }]
})
```

有时，在首次运行应用时右侧是一片空白，这不符合一般习惯。通常会有一个首页，如 home 页。此时也可使用 router.redirect 方法，如代码 6-47 所示，将根据根路径'/'重定向到/home 路径。

代码 6-47　使用 router.redirect 方法完成路由重定向关键代码

```
router.redirect({
    '/': '/home'
})
```

6.4.5　编程式导航

前面介绍过的<router-link>会创建 a 标签来定义导航链接，称之为声明式导航。实际还有可能单击某个按钮而发生页面间跳转，可以借助 router 的实例方法，通过代码来进行导航，称之为编程式导航。编程式导航的使用有三个方法。

1. router.push(location)

router.push(location)方法可导航到不同的 URL。该方法会向 history 栈添加一个新的记录，有后退功能，即当用户单击浏览器的后退按钮时，能回到之前的 URL。

当单击<router-link>时，会在内部自动调用 router.push()方法，因此，单击<router-link:to="...">等价于调用 router.push()方法。该方法的参数可以是一个字符串路径，也可以是一个描述地址的对象。例如，router.push("home")　// 字符串表示的路径，router.push({path:"home"})　// 对象表示的路径，router.push({name:"user",params:{userid: 123})　// 带参数的命名路由，有时由一个页面跳转到另一个页面需要携带一些数据，这时可使用带查询参数的路由。例如 router.push({path:"login",query:{plan:"private"})　// 变为/register? plan=private。

注意，传参时，name 只能和 params 搭配使用；path 不能和 params 一起使用，也就是说，如果提供了 path，那么 params 会被忽略。

2. router.replace(location)

router.replace(location)方法与 router.push(location)方法相似，它是关闭当前的路由界面，跳转到由 location 指定的界面，它不会向 history 栈添加新的记录，而只是替换当前的 history 记录，因而没有后退功能。

router.replace(location)等价于<router-link:to="location" replace>。

3. router.go(n)

router.go(n)方法中的参数是一个整数，表示在 history 记录中向前进多少步或向后退多少步，类似于 window.history.go(n)。示例如下：

(1) router.go(1)：在浏览器中前进一步，等价于 history.forword()。

(2) router.go(-1)：在浏览器中后退一步，等价于 history.back()。

(3) router.go(3)：在浏览器中前进 3 步，如果 history 记录不够，则会失败。

代码 6-48 是在代码 6-40 的基础上添加了加粗倾斜的代码，在学院名称的下一行增加了一个"后退"按钮，以及相应的事件处理代码 goBack()。程序运行结果如图 6-36 所示，在浏览器打开页面后，单击其中的"计算机学院""艺术设计学院"等之后，就可以使用"后退"按钮执行后退操作。

代码 6-48　router.goBack()后退按钮关键代码

```
var router = new VueRouter({
<div id="app">
    <h3>欢迎光临广东科学技术职业学院</h3>
    <p>
    ......
    <router-link to="/auto">汽车工程学院</router-link>
    <br><button @click="goBack">后 退</button>
    </p>
</div>
......
const app = new Vue({
    methods: {
        goBack() {
            this.$router.go(-1) // 使用 this.$router.go()进行后退操作
        }
    },
    router
}).$mount('#app');
```

图 6-36　router.goBack() 后退按钮运行结果

任务 6.5　Axios 组件

6.5.1　Axios 的基本介绍

由于 Vue 的边界很明确，它只是处理 DOM，所以并不具备通信能力，此时就需要使用一个通信框架来与服务器交互，Axios 就是一个前端通信组件。Axios 是一个基于 Promise 用于浏览器和 nodejs 的 HTTP 客户端，本质上也是对原生 XHR 的封装，只不过它是 Promise 的实现版本，符合最新的 ES 规范。Axios 可以理解为 Ajax I/O System 的缩写。它有以下特点：

(1) 从浏览器中创建 XMLHttpRequests。

(2) 从 node.js 创建 HTTP 请求。

(3) 支持 Promise API。

(4) 拦截请求和响应。

(5) 转换请求数据和响应数据。

(6) 取消请求。

(7) 自动转换 JSON 数据。

(8) 客户端支持防御 CSRF/XSRF(两种伪造站点请求的方式,伪造的恶意请求对服务器来说完全合法,都完成了攻击者期望的操作)恶意请求发生。

【课程思政】

通过建立数据接口页面文件，前端开发人员不必了解后端具体的开发细节，只要通过 Axios 获取后台提供的数据，然后在前端页面展示数据即可。这种前端专注于显示和交互，后端专注于提供数据，前后端开发可以同时进行，然后通过接口文档共同协作，前后端工作流程的分离，共同完成项目的做法，不仅可以加快整个项目的开发速度，有利于产品的组件化，还有利于后期在不同平台进行二次开发。

6.5.2　Axios 的安装及引入

下面介绍 Axios 常用的安装方法和引入方式。

1. 直接下载并使用<script>标签引入

在 github 开源地址可以直接下载 Axios 并使用<script>标签引入。下载步骤如下：

(1) 进入 github 页面(https://github.com/axios/axios/tree/master/dist)，右击需要下载的"axios.js"或"axios.min.js"文件名，如图 6-37 所示。在弹出的快捷菜单中选择"将链接另存为"选项，弹出"另存为"对话框，将 axios.js 或"axios.min.js"文件下载到指定位置，如图 6-38 所示。

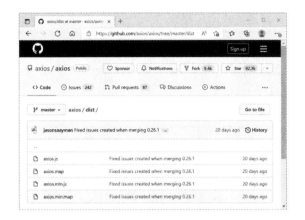 

图 6-37 右击 axios.js 或 axios.min.js   图 6-38 "另存为对"话框

(2) 在页面中使用代码 6-49 的语句,将已另存到 js 文件夹中的 axios.js 引入到页面中。

代码 6-49 将 axios.js 引入到页面中

```
<script type="text/javascript" src="../js/axios.js"></script>
```

2. 使用 CDN 方法引入

在项目中使用 Axios 时,还可以采用引入外部 CDN 文件的方式。在项目中直接通过 <script>标签加载 CDN 文件的程序如代码 6-50 所示。

代码 6-50 通过<script>标签加载 CDN 文件

```
<script src="https://cdn.staticfile.org/axios/0.18.0/axios.js"></script>
或<script src="https://cdn.staticfile.org/axios/0.18.0/axios.min.js"></script>
或<script src="https://unpkg.com/axios/dist/axios.js"></script>
或<script src="https://unpkg.com/axios/dist/axios.min.js"></script>
```

3. 使用 npm 方法

在模块化工程项目中,使用 npm 方法安装。在项目目录下打开命令提示符窗口,安装命令如代码 6-51 所示。

代码 6-51 使用 npm 方法安装 axios

```
npm install axios
或 cnpm install axios --save
```

再在项目的 utils 文件夹下的 request.js 文件中,写入代码 6-52 所示的代码。

代码 6-52 引入 axios 包

```
import axios from "axios"; //引入 axios 包
export default axios; // 暴露出去
```

6.5.3 get 请求

使用 Axios 发送 get 请求有两种格式,第一种格式如代码 6-53 所示。

代码 6-53　使用 Axios 发送 get 请求格式 1

```
axios(options)
```

采用这种格式需要将发送请求的所有配置选项写在 options 参数中。method 表示请求方式，默认值为 get，如果为 get 时，则可省略 method，如代码 6-54 所示。

代码 6-54　使用 Axios 发送 get 请求格式示例代码 1

```
axios({
    method: (".get", // 请求方式，默认为 get 时，可以省略 method
    url: "url 地址", // 请求 URL 地址
    params:{ key1: volue1, key2: volue2} // params 是一个对象
})
```

第二种格式如代码 6-55 所示。

代码 6-55　使用 Axios 发送 get 请求格式 2

```
axios.get(url[,options])
```

url：请求的服务器的 URL。

options：发送请求的配置选项。

示例如代码 6-56 所示。

代码 6-56　使用 Axios 发送 get 请求格式示例代码 2

```
axios.get({ "url 地址", // 请求 URL 地址
    params:{ // 传递的参数，是一个对象
        key1: volue1,
        key2: volue2    }
})
```

使用 Axios 无论发送 get 请求还是 post 请求，在发送请求后都需要使用回调函数对结果进行处理。.then 方法用于处理请求成功时的回调函数，而.catch 方法用于处理请求失败时的回调函数，如代码 6-57 所示。

代码 6-57　使用 Axios 发送 get 回调函数示例代码

```
axios.get({ "url 地址", // 请求 URL 地址
    params:{ // 传递的参数，是一个对象
        key1: volue1,
        key2: volue2
    }
}).then(function(response) {
    console.log(response.data);
}).catch(function(error) {
    console.log(error)
})
```

这两个回调函数都有各自独立的作用域，直接在函数内部使用 this 时，并不能访问到 Vue 实例。解决办法是在回调函数的后面添加.bind(this)。

代码 6-57 使用 Axios 检测用户名是否可用。运行此实例时，在文本框中输入用户名时，就会在文本框右侧实时显示检测结果。文件 user.json 需要事先保存在与本页面文件相同的路径中，从这个文件获取用户数据来进行检测。代码如 6-58 所示，运行结果如图 6-39、图 6-40 所示。

代码 6-58　使用 axios 检测用户是否可用关键代码

```
<body>
    <div id="box">
        <h4>检测用户名</h4>
        <form>
            <label for="type">用户名：</label>
            <input type="text" v-model="username" size="10">
            <span :style="{color:fcolor}">{{info}}</span>
        </form>
    </div>
    <script type="text/javascript">
        var vm = new Vue({
            el: '#box',
            data: {
                username: '',
                info: '',
                fcolor: ''
            },
            watch: {
                username: function (name) {
                    axios({
                        // method: 'get', // 默认方法为 get，如果为 get，可以省略
                        url: "user.json" // 需要事先保存与本文件在同一个路径中
                    }).then(function (response) {
                        var nameArr = response.data; // 获取响应数据
                        var result = true; // 定义变量
                        for (var i = 0; i < nameArr.length; i++) {
                            if (nameArr[i].name == name) { // 判断用户名是否已存在
                                result = false; // 为变量重新赋值
                                break; // 退出 for 循环
                            }
                        }
                        if (!result) { // 用户名已存在
```

```
                        this.info = '该用户名已被他人使用！';
                        this.fcolor = 'red';
                    } else { // 用户名不存在
                        this.info = '恭喜，该用户名未被使用！';
                        this.fcolor = 'green';
                    }
                }.bind(this));
            }
        }
    });
    </script>
</body>
```

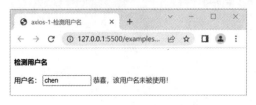

图 6-39　使用 axios 检测用户(可用)

图 6-40　使用 axios 检测用户(不可用)

6.5.4　post 请求

使用 Axios 发送 post 请求同样也有两种格式，第一种格式如代码 6-59 所示。

代码 6-59　使用 Axios 发送 post 请求格式 1

```
axios(options)
```

采用这种格式需要将发送请求的所有配置选项写在 options 参数中。method 表示请求方式，默认值为 get，如果请求方法为 get 时，则可省略 method 如代码 6-60 所示。

代码 6-60　使用 Axios 发送 post 请求格式 1

```
axios({
    method: (".post", // 请求方式，默认为 post 时，不可以省略 method
    url: "url 地址", // 请求 URL 地址
    params:{ key1: volue1, key2: volue2} // params 是一个对象
})
```

第二种格式如代码 6-61 所示。

代码 6-61　使用 Axios 发送 post 请求格式 2

```
axios.post(url,data[,options])
```

url：请求的服务器的 URL，url 是必填项。
data：发送的数据，data 是必填项。

options：发送请求的配置选项，可以省略。

示例如代码 6-62 所示。

代码 6-62　使用 Axios 发送 post 请求格式 2 代码

```
axios.post({ "url 地址", // 请求的 URL 地址
    { // 传递的数据，是一个对象
        username: "fan",
        pwd: "123456",
    }
})
```

小　　结

本章以案例教学的方式介绍了前端三大主流框架之一 Vue 的最常用的指令：v-text 指令、v-html 指令、v-if、v-else 与 v-else-if 指令、v-show 指令、v-bind 指令、v-model 指令、v-for 指令、v-on 指令等。还介绍了 Vue 的事件和事件处理、Vue 生命周期钩子函数、Vue 路由及其搭建、前端通信组件 Axios，为下一章的综合实战项目打下良好的基础。

实　　训

实训 1　改变年龄并判断年龄区间，展示相应信息

1. 训练要点

(1) 掌握 Vue 中判断指令 v-if、v-else、v-else-if 的使用。

(2) 掌握 Vue 中事件处理指令 @click 的使用。

2. 需求说明

页面中有两个按钮，分别可以对某人的年龄进行增加或减少一岁，根据某人当前的年龄，判断此人的年龄区间范围，并展示相应的信息。如图 6-41 所示。具体如下：

(1) 如果年龄在[0,3)，则显示信息"我没有满 3 岁，还是幼儿呢。"

(2) 如果年龄在[3,7)，则显示信息"我没有满 7 岁，我是儿童了。"

(3) 如果年龄在[7,18)，则显示信息"我没有满 18，我是少年了。"

(4) 如果年龄在[18,35)，则显示信息"我没有满 35，我是青年了。"

(5) 如果年龄在[35,60)，则显示信息"我没有满 60，我是中壮年了。"

(6) 如果年龄≥60，则显示信息"我已经 60 了，我要发挥余热。"

(7) 年龄的合理范围在[0，160]，超出这个范围，则显示相应提示信息。

图 6-41　改变年龄并判断年龄区间，展示相应信息

3. 实现思路及步骤

(1) 在 VS Code 中创建"实训-v-else-if 指令.html"文件，在文件中引入 Vue.js 文件。

(2) 使用事件处理指令@click，分别完成两个按钮的事件响应，在[0，160]范围内，分别增加一岁或者减少一岁；不在[0，160]范围内，则显示相应的警告信息。

(3) 使用 v-if 指令、v-else 指令与 v-else-if 指令对年龄进行判断，显示相应的信息。

实训 2　输出某学生高中三年的各学科分数及总分的成绩表

1. 训练要点

(1) 掌握 Vue 中 v-for 指令遍历数组的使用方法。

(2) 掌握 Vue 中计算属性的使用。

2. 需求说明

在页面中输出某高三学生的姓名、性别和年龄，以及学生三个学年的学期、数学、物理、化学、英语、计算机课程的分数，并自动计算和显示每个学期的总分。已知各个单科分数，需要计算总分，如图 6-42 所示。

图 6-42　输出某学生高中三年的成绩表

3. 实现思路及步骤

(1) 在 VS Code 中创建"实训-v-for-输出成绩单.html"文件，在文件中引入 Vue.js 文件。

（2）定义<div>元素，并设置其 id 属性 printScores，在该元素中定义两个<div>元素，第一个<div>元素作为成绩表的标题，在第 2 个<div>元素中应用双大括号标签进行数据绑定，并使用 v-for 指令进行列表渲染。

（3）创建 Vue 实例，在实例中分别定义挂载元素、数据和计算属性，在数据中定义学生的各科成绩数组，在计算属性中定义 total 属性及其对应的计算总分的函数。

实训 3　Vue 实现轮播图

1. 训练要点

（1）掌握 v-if 指令和 v-for 指令的使用。

（2）掌握事件的处理。

（3）掌握 class 绑定。

（4）掌握 Vue 生命周期函数。

2. 需求说明

页面在十张图片之间循环往复自动播放，如图 6-43 所示。具体如下：

（1）鼠标经过图片时，轮播停止。

（2）鼠标移出图片时，轮播继续。

（3）点击小圆点时，直接播放对应的图片。

（4）循环往复自动播放图片。

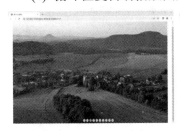

图 6-43　Vue 实现的轮播图

3. 实现思路及步骤

（1）在 VS Code 中创建"实训-事件处理-轮播图.html"文件，在文件中引入 Vue.js 文件。

（2）在轮播图数组 imageArray 中，定义一个变量 currentIndex = 0 表示第一张图片，默认渲染第一张图片即 imageArray[currentIndex]，然后获取每张图片的下标。点击切换图片时把当前图片的下标赋值给 currentIndex 即可实现图片切换显示。

（3）创建 Vue 实例，在实例中分别定义挂载元素、数据 data；在 methods 中定义 prevImg 和 nextImg，计算出当前图片的上一张图片或者下一张图片的下标（加 1 和减 1 操作），mouseEnter（鼠标滑过图片时）和 mouseLeave（鼠标离开图片时）。

（4）利用定时器 interval 切换图片。定义一个方法 setInterVal，每过几秒执行一次 nextImg 函数即可。鼠标滑过图片时清除定时器，使用 clearInterval(this.interval)。

（5）在生命周期函数 created() 中，调用定时器 setInterVal。

实训 4　嵌套路由——二级导航菜单

1. 训练要点

(1) 掌握 Vue 中 Vue Router 的使用。

(2) 掌握 Vue 中子路由的使用。

2. 需求说明

首次进入页面时，看到两个链接："关于学院"和"联系我们"，如图 6-47(a)所示。点击"联系我们"进入"联系我们"子页面，如图 6-44(b)所示。点击"关于学院"中"学院简介"则进入"学院简介"子页面，如图 6-44(c)所示。点击"关于学院"中"学院管理"则进入"学院管理"子页面，如图 6-44(d)所示。

图 6-44　嵌套路由——二级导航菜单

3. 实现思路及步骤

(1) 在 VS Code 中创建"实训-嵌套路由.html"文件，在文件中引入 Vue.js 文件；使用<router-link>标签增加两个导航链接"关于学院"和"联系我们"。

(2) 在 App 根容器外，定义子组件模板 about-tmp 和 contact-tmp。

(3) 在<script>标签中创建组件模板对象和子路由的组件模板对象。

(4) 创建路由对象 router，配置路由匹配规则。

(5) 创建 Vue 实例，在实例中挂载路由实例。

(6) 在<style>标签中编写样式代码。

第7章

实 战 项 目

　　随着中国特色高水平高职学校和专业建设计划的深入开展，面对"双高计划"的关键管控要素，专业群发展监测平台抽取其中主要的模块进行大屏可视化数据分析。本章将带领读者进入综合项目实战，综合运用 Vue、ECharts、Axios、Vue-router、Element-UI 等前端库和插件，配合后端服务器提供的 API，完成专业群发展监测平台的制作。本章仅介绍项目的一些关键开发思路，但在本书配套的源代码中提供了完整的代码和开发文档，读者可以配合源代码和开发文档来进行学习。

 学习目标

　　(1) 使用 Vue-CLI 脚手架工具创建 Vue 项目。
　　(2) 项目的设计思路。
　　(3) 学校数据可视化分析大屏的设计与实现。
　　(4) 登录页的设计与实现。
　　(5) 在学校大屏中柱状图、折线图、饼图和雷达图的制作。

任务7.1　创建 Vue 项目

 任务描述

　　本节将介绍目前市场流行的 Vue 脚手架及单页面应用程序、Vue 环境安装、Vue 项目的创建、Vue 项目的目录结构、Vue 项目运行流程，最后介绍 Vue 组件文件结构。

 任务分析

　　(1) 了解 Vue 脚手架及单页面应用程序。
　　(2) 熟悉 Vue 环境安装。
　　(3) 掌握 Vue 项目的创建。
　　(4) 掌握 Vue 项目的目录结构。

(5) 掌握 Vue 项目运行流程。

(6) 掌握 Vue 组件文件结构。

7.1.1　Vue 脚手架及单页面应用程序

1. Vue-CLI

Vue 脚手架指的是 Vue-CLI，它是一个快速构建单页面应用程序(SPA)环境配置的工具，CLI 是指 Command-Line-Interface 命令行界面。

2. SPA

单页面应用程序简称 SPA(Single Page Application)，指一个 Web 网站中只有唯一的一个 HTML 页面，所有的功能与交互都在这唯一的页面内完成。

SPA 的特点如下：

(1) 将所有的功能局限于一个 Web 页面中，仅在该 Web 页面初始化时加载相应的资源(JS、CSS、Html)。

(2) 一旦页面加载完成，SPA 不会因为用户的操作而进行页面的重新加载或跳转，而是利用 JavaScript 动态地变换 HTML 的内容，从而实现页面与用户的交互。

7.1.2　Vue 环境安装

由于 Vue 项目依赖 node.js、npm(或 cnpm)，因此需要事先安装 node.js、npm(或 cnpm)，然后安装 Vue，在保证 Vue 环境安装完成的情况下，才能开始 Vue 项目的创建。

node.js 的下载地址是 https://nodejs.org/en/download/，下载界面如图 7-1 所示。目前稳定版本 LTS(Long Term Support，长期支持)是 16.14；最新版本是版本 17。选择稳定版本 LTS，64 位，然后正常安装即可。

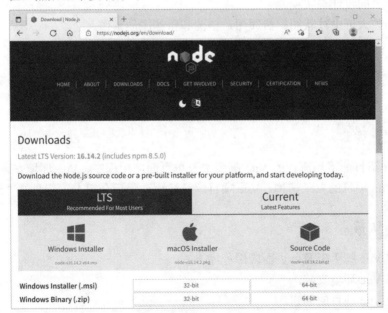

图 7-1　node.js 下载界面

使用快捷键 Windows + R，再输入 cmd，打开命令提示符窗口，然后在命令提示符窗口中输入代码 7-1 中的命令，验证安装是否成功，如图 7-2 所示。

代码 7-1　验证安装是否成功

```
node -v
npm -v
```

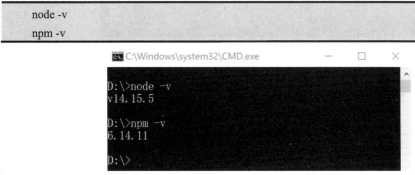

图 7-2　查看 node.js、npm 界面

由于 npm 库在国外，所以在国内下载会比较慢。解决方法是设置淘宝镜像代理。在命令提示符窗口中输入代码 7-2 所示的代码。

代码 7-2　设置淘宝镜像代理

```
npm config set registry https://registry.npm.taobao.org
```

配置淘宝镜像代理后，可在命令提示符下输入代码 7-3 所示的代码，验证是否成功。

代码 7-3　验证淘宝镜像代理设置是否成功

```
npm config get registry
```

配置淘宝镜像并验证的结果如图 7-3 所示。

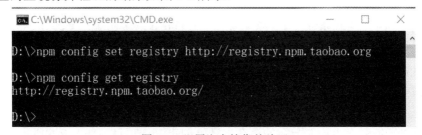

图 7-3　配置淘宝镜像并验证

1. 安装 vue 脚手架

先输入代码 7-4 中的内容，安装脚手架。

代码 7-4　安装脚手架

```
npm install -g @vue/cli
```

可使用代码 7-5 中两个 DOS 命令之一，查看脚手架是否安装成功及版本号，查看结果如图 7-4 所示。

代码 7-5　查看脚手架是否安装成功

```
vue --version
vue -V
```

图 7-4　查看 vue-cli 版本号

2. 安装 Webpack

输入代码 7-6 中的内容，安装 Webpack，安装结果如图 7-5 所示。

代码 7-6　安装 Webpack

```
npm install webpack -g
```

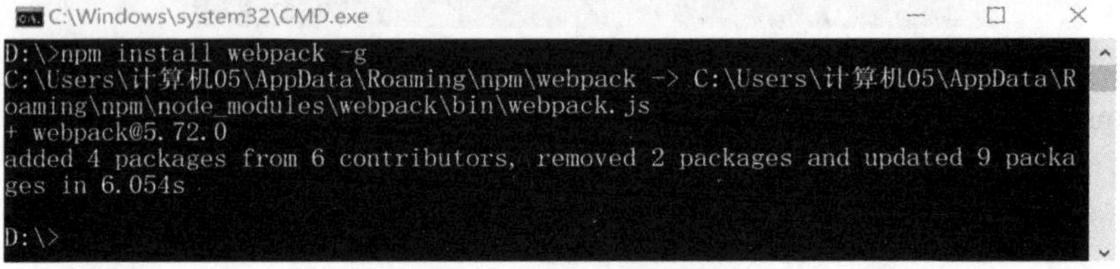

图 7-5　安装 Webpack

Webpack 是一个开源的前端打包工具，提供了前端开发的模块化开发方式，将各种静态资源视为模块，并生成优化过的代码(使用前必须安装 Node.js)。

Webpack 的主要目标是将 JavaScript 文件打包在一起，打包后的文件在浏览器中使用。

7.1.3　Vue 项目的创建

目前 Vue-CLI 已经升级到了 5.0 版本。5.0 所需的 Webpack 版本是 5.xx.yy；Vue-CLI2.0 版本目前也较流行，它所需的 Webpack 版本是 3.xx.yy。

Vue-CLI2.x 和 Vue-CLI3.x 以上版本创建项目有以下区别：

(1)　Vue-CLI2.x 创建项目的 DOS 命令是 vue init webpack。

(2)　Vue-CLI3.x 以上版本创建项目的 DOS 命令是 vue create。

在命令提示符窗口中输入上面的命令，开始创建 Vue 项目，如图 7-6 所示。

图 7-6　创建 Vue 项目

选择自定义配置，使用箭头移动光标，选中第三个手动方式后回车，如图 7-7 所示。

图 7-7　选择手动

先移动上下箭头选中某个功能，再按空格键选择想要安装的功能，如图 7-8 所示。

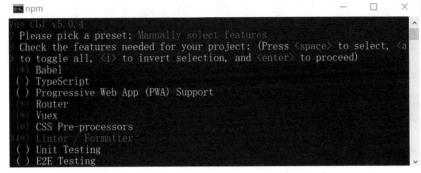

图 7-8　选择需要安装的功能

各功能的简单解释如下：

(1) ( ) Choose Vue version：选择 Vue 版本。

(2) (*)Babel：JavaScript 的编译器。

(3) ()TypeScript：TypeScript 语法。

(4) ( )Progressive Web App (PWA) Support：先进的 Web 应用程序(PWA)支持。

(5) (*)Router：路由管理。

(6) ( )Vuex：状态管理。

(7) (*)CSS Pre-processors：CSS 预处理程序。

(8) (*)Linter / Formatter：格式化程序。

(9) ( )Unit Testing：单元测试。

(10) ( )E2E Testing：E2E 测试。

Choose a version of Vue.js that you want to start the project?选择 vue.js 的 2.0 版本，如图 7-9 所示。

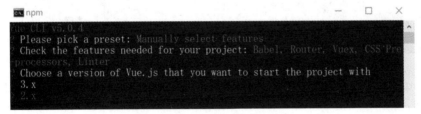

图 7-9　选择 Vue.js 版本

Use history mode for router?选择哪种模式的路由，Y 代表选择 history 模式的路由，n 代表选择 hash 模式的路由。选择 n，如图 7-10 所示。

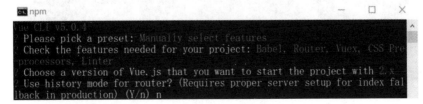

图 7-10　选择路由模式

Pick a CSS pro-processor?选择 CSS 的预处理器，选择 Less，如图 7-11 所示。

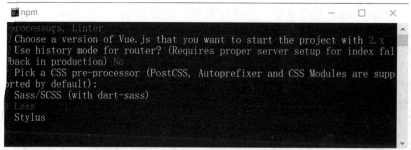

图 7-11　选择 CSS 的预处理器

Pick a linter / formatter config，选择 ESLint + Standard config(标准类型的 ESLint)，如图 7-12 所示。

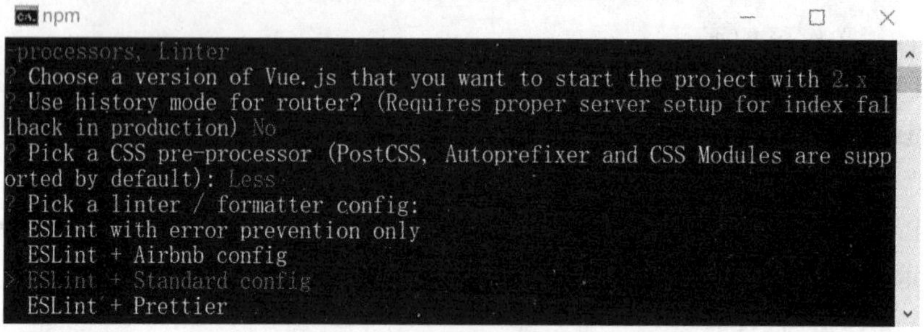

图 7-12　选择标准类型的 ESLint

Pick a additional lint features，选择 Lint on save，如图 7-13 所示。

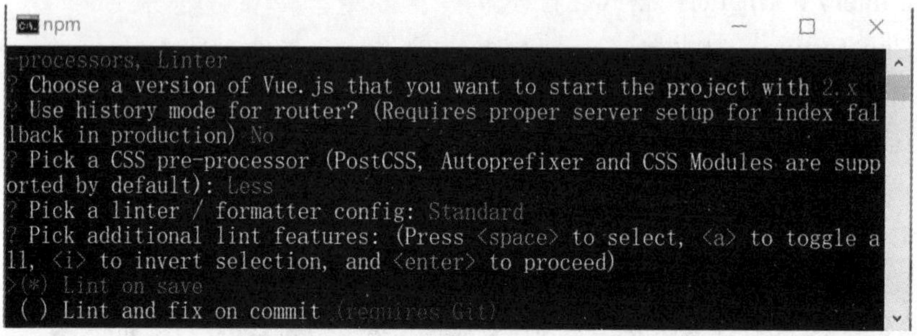

图 7-13　选择 Lint on save

Where do you prefer placing config for Babel, ESLint, etc.?选择 In dedicated config files(存放到 config 独立文件中)，如图 7-14 所示。

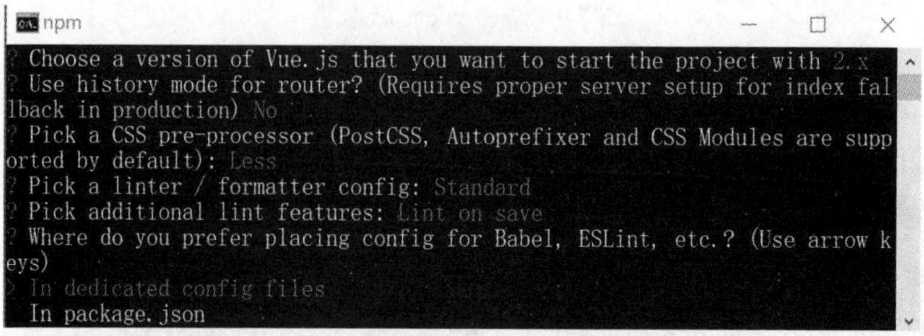

图 7-14　选择存放到 config 独立文件中

Save this as a preset for future project? 是否保存当前配置信息以用于以后的项目？输入 n(不保存)，如图 7-15 所示。

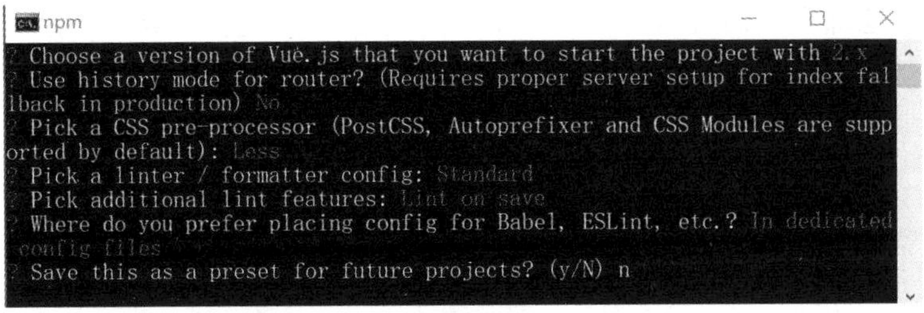

图 7-15　选择不保存当前配置信息

以上操作完成后，系统会自动创建项目，成功创建好项目后的界面如图 7-16 所示。

图 7-16　成功创建好项目

在命令提示符窗口中输入代码 7-7 的内容，运行项目，会出现两个访问网址，第一个是本地访问的地址，第二个是通过网络访问的地址，如图 7-17 所示。

代码 7-7　运行项目

```
cd vue_teach-pro
npm run serve
```

图 7-17　执行命令启动项目

也可以直接将项目文件夹 teach-pro 拖到 VS Code 中，再用右键点击侧边栏空白区域，选择"在集成终端中打开"，在面板栏的终端(Terminal)输入命令 npm run serve，如图 7-18 所示。serve 指的是 vue-cli-service(CLI 服务)，项目启动需要借助 vue-cli-service 来完成。

图 7-18　在 VS Code 的终端启动项目

在浏览器的地址栏中输入图 7-18 中的地址，项目启动的初始界面如图 7-19 所示。

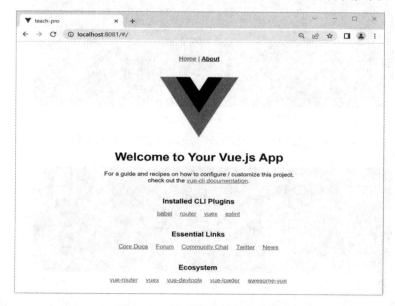

图 7-19　Vue 项目启动初始界面

另外，通过在命令提示符窗口中输入 vue ui 命令，打开浏览器窗口，可以采用基于图形化界面的方式引导项目创建和管理流程。此处限于篇幅，不再详述，有兴趣的读者可以尝试。

7.1.4　初始 Vue 项目的目录结构

初始 Vue 项目的目录结构如图 7-20 所示。

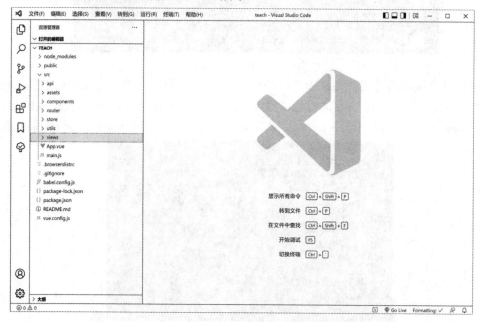

图 7-20　初始 Vue 项目的目录结构

图 7-20 中:

(1) node_modules:项目依赖工具包的存储目录,Vue 项目的文件依赖都存放在这个文件夹中,比如 Webpack 等工具。

(2) public 目录:静态资源存储目录。build 之后,public 下面的文件会原封不动地添加到 dist 中,不会被合并、压缩。该目录用来存放第三方插件。

(3) src 目录:Vue 项目中的开发目录,其中包含了几个目录及文件。

① assets 目录:存放静态资源的目录,如 CSS、图片,会被 Webpack 构建。

② components 目录:存放可以重复利用的组件。

③ router 目录:路由脚本文件存放的目录,用于配置路由。

④ utils 目录:存放方法的目录。

⑤ views 目录:存放页面(视图)组件的目录。

⑥ api 目录:存放请求方法的目录。

⑦ App.vue:根组件,所有页面都是在 App.vue 下进行切换的,可理解为所有路由也是 App.vue 的子组件。所以将 router 标示为 App.vue 的子组件。

⑧ main.js:项目入口 JS 文件,主要作用是初始化 Vue 实例并使用需要的插件。

(4) babel.config.js:babel 配置文件。

(5) package-lock.json:记录当前安装的 package 的来源和版本号。

(6) package.json:项目的配置文件。

(7) README.md:项目说明文档,为 markdown 格式。

7.1.5 Vue 项目加载时文件的执行顺序

Vue 项目中页面文件的调用顺序如下:

(1) 执行根目录下的 index.html 文件。

(2) 执行 src 目录下的 main.js 文件,它是项目的入口。在这个文件里引入了 Vue 与同级目录下的 App.vue 组件,并且还创建了一个名为 App 的全局 Vue 实例,这个实例的模板就是引入的 App 组件。程序创建了一个 App 实例,挂载到了 index.html 文件的 div 元素上,此时 div 元素的内容被 App.vue 所取代。

(3) main.js 中注入了路由文件,将对应的组件渲染到 router-view 中。

(4) router-view 中加载 Layout 文件。

(5) Layout 加载 Navbar、Sidebar、AppMain。

总之,项目的加载过程是 index.html→main.js→App.vue→index.js→first.vue。

任务7.2 项目的设计思路

 任务描述

专业群发展监测平台可用于完成高职学校和专业建设的大屏可视化数据分析。本节

将了解专业群发展监测平台的项目背景、功能划分、项目结构,熟悉 Vue 单文件组件的三个组成部分。

任务分析

(1) 了解专业群发展监测平台的项目背景。
(2) 了解专业群发展监测平台的功能划分。
(3) 熟悉专业群发展监测平台的项目结构。
(4) 熟悉 Vue 单文件组件的三个组成部分。

7.2.1 项目概述

随着中国特色高水平高职学校的发展和专业建设计划的深入开展,面对"双高计划"的多层级项目目标、任务进度、任务质量、资金使用、绩效指标等关键管控要素,可采用专业群发展监测平台抽取其中主要的模块进行大屏可视化数据分析,比如对财政收支、师资队伍、产教融合、教学资源、人才培养等模块进行可视化数据分析。该平台的具体功能划分如下:

(1) 学校数据可视化分析大屏。用户登录成功后,点击"首页"右下角的"预览"按钮,就可进入学校数据可视化分析大屏。这个大屏会显示整个学校的各项数据指标,分为基本信息、财政收支、师资队伍、产教融合、教学资源、人才培养等几个板块。每个板块又分为若干子板块,如产教融合又分为实践基地建设、技能鉴定机构、产学合作企业和校企合作办学等,分别使用柱状图、堆积柱状图等来展示数据,如图 7-21 所示。

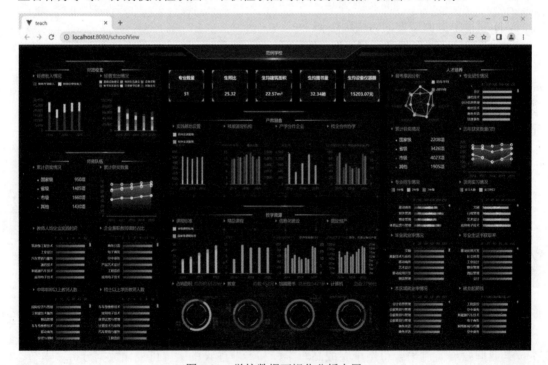

图 7-21 学校数据可视化分析大屏

【课程思政】

　　将一门技术掌握到炉火纯青绝非易事，但工匠精神的内涵远不限于此。有人说：
"没有一流的心性，就没有一流的技术。"倘若没有发自肺腑、专心如一的热爱，怎
有废寝忘食、尽心竭力的付出？没有臻于至善、超今冠古的追求，怎有出类拔萃、巧
夺天工的卓越？没有冰心一片、物我两忘的境界，怎有雷打不动、脚踏实地的淡定？
工匠精神中深藏的有格物致知、正心诚意的生命哲学，也有技进乎道、超然达观的人
生信念。

　　(2) 专业数据可视化分析大屏。在学校数据可视化分析大屏中的八个横向柱状图中，
单击其中代表专业名称的某个柱体，就会打开该专业的数据可视化分析大屏，可进一步
分析该专业的详细数据分析指标。专业数据可视化分析大屏又分基本信息、课程设置、
师资队伍、产教融合、人才培养等板块，每个板块也分为若干子板块。图 7-22 显示了"空
中乘务"专业的数据可视化分析大屏。

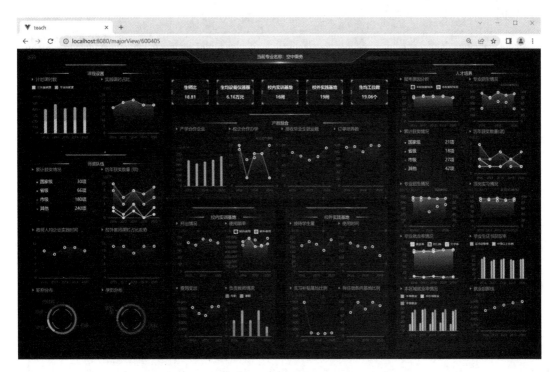

图 7-22　"空中乘务"专业的数据可视化分析大屏

　　(3) 登录页面。登录页面是用户访问本网站的入口页面。当用户提交表单信息登录
时，系统自动对其进行验证，比如用户名或密码不能为空，显示当前输入的密码，将输
入的用户名和密码与后台的用户信息进行验证等，如图 7-23 所示。

　　(4) 数据管理页面。在数据管理页面，可以在左边的树状图中对五十多个不同的指
标进行选择，然后对选中的指标进行编辑或删除操作，还可以从外面导入已有数据，如
图 7-24 所示。

图 7-23   登录页面

图 7-24   数据管理页面

(5) 账号管理页面。可在账号管理页面进行快速查找用户账号、查看某账号的详细信息、创建新账号或删除不用账号等操作，如图 7-25 所示。

图 7-25 账号管理页面

7.2.2 项目功能结构

专业群发展监测平台从功能上可分为学校数据可视化分析大屏、专业数据可视化分析大屏、登录页面、数据管理页面、账号管理页面。详细的功能结构如图 7-26 所示。

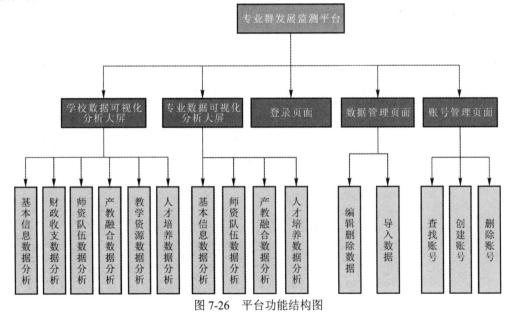

图 7-26 平台功能结构图

7.2.3 项目文件夹组织结构

设计规范合理的文件夹组织结构，可以方便项目今后的维护和管理。专业群发展监测平台项目文件夹的设计规范如下：首先新建 TECH 作为项目的根目录文件夹，然后在资源存储目录 assets 中新建 font 文件夹、img 文件夹、login 文件夹，分别保存字体样式文件、图片资源文件和 JavaScript 文件；在 components 文件夹建立公共组件文件；在 routes 文件夹中建立路由配置文件；在 utils 文件中建立工具类文件；在 views 文件夹中建立页面组件文件。具体文件夹和文件的组织结构如图 7-27 所示。

```
├TECH
├── node_modules/            #依赖包，通常执行 npm install 生成
├── public/                  #静态资源存储目录
│   ├─index.html            #项目入中 HTML 文件
├── src/                     #源码目录(开发的项目文件都在此文件中写)
│   ├── assets/             #资源存储目录，会被 Webpack 构建，如 cs、sass、js
│   │   ├─font/             #字体类目录，如 css、sass、js 目录
│   │   ├─img/              #一般的图片目录
│   │   ├─login/            #登录时使用的图片目录
│   ├── components/         #公共组件存储目录
│   │   ├─echartTitle.vue    # echart 标题组件
│   │   ├─headerTitle.vue    #表头组件
│   │   ├─line.vue           #页面线条组件
│   │   ├─prize.vue          #各类奖项组件
│   ├── routes/             #路由，此处配置项目路由
│   │   ├─index.js           #路由配置文件
│   ├── store/              #状态管理
│   │   ├─index.js           #状态管理文件
│   ├── utils/              #工具类目录
│   │   ├─echarts.js         #绘制 echarts 图表的文件
│   │   ├─index.js           # Axios 请求文件
│   ├── views/             #页面组件目录
│   │   ├─accountDetail.vue   #账号详情页面
│   │   ├─accountManager.vue  #账号管理页面
│   │   ├─create.vue          #账号创建页面
│   │   ├─dataManager.vue     #数据管理页面
│   │   ├─dialog.vue          #对话框组件
│   │   ├─homepage.vue        #首页面
│   │   ├─index.vue           #登录页面
│   │   ├─login.vue           #登录页面
│   │   ├─majorView.vue       #专业数据大屏页面
│   │   ├─schoolViews.vue     #学校数据大屏页面
│   │   ├─toLoad.vue          #文件上传页面
│   ├── App.vue             #根组件
│   ├── main.js             #项目入口 JS 文件
├── index.html              #主页，打开网站后最先访问的页面
├── .babel.config.js        # babel 配置文件
├── .gitignore              # (配置)在上传中需被 Git 忽略的文件(夹)
├── package-lock.json       #记录当前安装的 package 的具体来源和版本号
├── package.json            #本项目所需要的模块和配置信息
├── README.md               #项目说明文件
```

图 7-27 专业群发展监测平台的文件夹组织结构

7.2.4 Vue 单文件组件的组成部分

前面学习的主要是 HTML 文件。在 Vue 工程项目中，会更多地使用单文件组件。Vue 单文件组件(Single File Components，SFC)又名*.vue 文件，是一种特殊的文件格式，它允许将 Vue 组件的模板、逻辑与样式封装在单个文件中，从而实现对一个组件的封装。

*.vue 文件包含三个部分: 视图标签<template>、脚本标签 <script>、样式标签<style>。

(1) <template>标签: 用于组织 HTML 代码。让 HTML 模板变得更加标准与规范。每个*.vue 文件最多放一个顶层<template>块。在该标签内的默认语言为 HTML。

(2) <script>标签: 是页面用于处理逻辑的 JavaScript 代码。每一个 *.vue 文件最多可同时包含一个 <script> 块 。必须包含 export default ，它默认导出一个对象，export default 中的data 属性应该是一个函数。

(3) <style>标签: 默认语言 CSS，是对 template 内容出现的 HTML 元素编写一些样式。一个 *.vue 文件可以包含多个 <style> 标签。默认情况下，单文件组件中的 CSS 样式是全局样式。如果需要使用 CSS 样式只在当前组件中生效，则需要设置为<style scoped>。

Vue 单文件组件的示例如代码 7-8 所示。

代码 7-8　Vue 单文件组件示例

```
<!-- 下面的 template 定义 Vue 组件的模板内容 -->
<template>
    // 用于组织 HTML 代码
</template>
<script>
//-- 这里定义 Vue 组件的业务逻辑
export default {
    // 私有数据
   data() {
     return {};
   },
   methods: {
     // 处理函数
     // 其他业务逻辑处理
   },
};
</script>
<style lang="less" scoped>
    // 这里定义 Vue 组件的样式，加上 scoped，可以防止样式之间冲突
</style>
```

任务7.3　学校数据可视化分析大屏的设计与实现

 **任务描述**

专业群发展监测平台由学校数据可视化分析大屏和专业数据可视化分析大屏组成，本节介绍如何设计大屏、如何从后台获取数据来绘制图表，初步掌握在学校数据可视化分析大屏中绘制简单柱状图的方法。

 **任务分析**

(1) 掌握大屏的设计方法及学校数据可视化分析大屏的具体设计。

(2) 掌握学校数据可视化分析大屏中柱状图的制作方法。

(3) 掌握利用 Axios 从后端获取数据的方法。

7.3.1　学校数据可视化分析大屏的设计

网站布局是一种定义网站结构的模式(或框架)。它为网页内的导航提供了清晰的路径。网站布局定义了内容层次结构。目前经常使用 DIV + CSS 进行网页布局，<div>(division)可定义网页中的分区，它是一个块元素；CSS 用于独立设置样式。

一般的排版模式可以把整个页面分为两大部分或三大部分：头部、主体、尾部脚注(一般用于首页，其他页面可能没有)。学校数据可视化分析大屏把整个页面分为两大部分：上层头部(header)和下层(bottom)，其中下层又分为左(bottom_left)、中(bottom_main)、右(bottom_right)三部分，如图 7-28 所示。

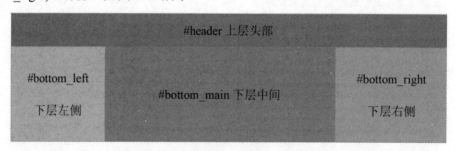

图 7-28　学校数据可视化分析大屏布局简图

在 src\views 目录下新建 schoolView.vue 文件，该文件作为学校数据可视化分析大屏的页面文件，在<template>标签中进行页面的设计和布局。如代码 7-9 所示，在<template>标签中，整个视图被命名为 box 分区，其中又包含了两个小的分区：header 和 bottom；在 bottom 分区中又进一步分为三个更小的分区：bottom_left、bottom_main 和 bottom_right。这三个小分区又进一步分为更小的分区，如 bottom_left 细分为 finance 和 teachers；finance 细化为 finance_content_income 和 finance_content_expend。在<style></style>标签中，对每个分区的宽、高、颜色、背景色、字号等分别进行设置。

代码 7-9 学校数据可视化分析大屏简图 template 代码

```
<template>
  <div class="box">
    <!-- 上层 -->
    <div class="header">范例学校</div>
    <!-- 下层 -->
    <div class="bottom">
      <!-- 左边 -->
      <div class="bottom_left">
      <!-- 中间 -->
      <div class="bottom_main">
      <!-- 右边：人才培养 -->
      <div class="bottom_right">......</div>
    </div>
  </div>
</template>
```

设计完成后，学校数据可视化分析大屏简图的初始效果如图 7-29 所示。

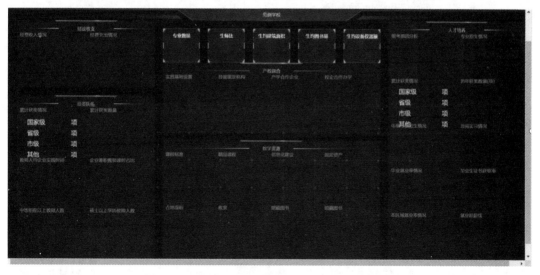

图 7-29 学校数据可视化分析大屏布局初始效果

对图 7-28 进一步细化，学校数据可视化分析大屏布局 template 的完整代码如代码 7-10 所示。

代码 7-10 学校数据可视化分析大屏 template 完整代码

```
<template>
  <div class="box">
    <!-- 上层 -->
```

```
    <div class="header">范例学校</div>
    <!-- 下层 -->
    <div class="bottom">
      <!-- 左边 -->
      <div class="bottom_left">
        <!-- 财政收支 -->
        <div class="finance">
          <myLine></myLine>
          <!-- 父子传值 定义一个 text 名字 后面的值用于传给子组件-->
          <headerTitle text="财政收支"></headerTitle>
          <!-- 财政收支 内容 -->
          <div class="finance_content">
            <!-- 经费收入情况 -->
            <div class="finance_content_income">
              <echartTitle text="经费收入情况"></echartTitle>
              <!--经费收入情况 图表 -->
              <div
                class="finance_income_echart"
                id="finance_income_echart"
              ></div>
            </div>
          // 省略大约 300 行代码，请参见本书源码\第 7 章
  </template>
```

7.3.2　学校数据可视化分析大屏的实现

1. 绘制简单柱状图

1) 项目开发中的模块化思想

在项目开发中，把所有代码都堆到一起是非常糟糕的做法。更好的组织方式是按照特定的功能将其拆分为多个代码段，每个代码段实现一个特定的目的。可以对其进行独立的设计、开发和测试，最终通过接口将它们组合在一起，这就是模块化思想。如果把程序比作一个城市，这个城市内部有不同的职能部门，如学校、医院、消防站等。程序中的模块就像这些职能部门，每个部门都有其特定的功能。各个模块协同工作，才能保证程序的正常运行。

2) ECharts 图表绘制的准备工作

第 1 步：在 VS Code 的侧边栏的空白处右击鼠标，选择"在集成终端中打开"。

第 2 步：在打开的 VS Code 终端中，输入命令 npm install echarts，如图 7-30 所示。

图 7-30 安装 echarts

3) ECharts 图表的绘制步骤

下面以"产教融合"中的"产学合作企业"柱状图为例,分析在学校大屏中绘制柱状图的方法。

第 1 步:在 src/utils/echarts.js 中定义 bar()方法绘制柱状图。在 echarts.js 文件中,可定义各种制作图表的方法,如 bar()、pie()、acrossBar()、line()、radar()等;再在 schoolView.vue 页面文件中的<script>部分,引入 utils/echarts.js 中的 bar()等方法,如代码 7-11 所示。

代码 7-11 引入 utils/echarts.js 中的 bar()方法

```
import { bar } from "../utils/echarts"; //引入柱状图
```

第 2 步:在 src/utils/schoolView.vue 文件的 template 部分的图表绘制 div 层,定义柱状图绘制区域的 id,如代码 7-12 所示。

代码 7-12 定义柱状图的绘制区域的 id

```
<!-- 产学合作企业 -->
<div class="bottom_main_fuse_pic">
    <echartTitle text="产学合作企业"></echartTitle>
    <!--产学合作企业 图表 -->
    <div class="fuse_echart" id="enterprise_echart"></div>
</div>
```

第 3 步:在 src/utils/schoolView.vue 文件的 data()部分定义变量,如代码 7-13 所示。

代码 7-13 在 data()部分定义变量

```
enterpriseName: [], // 产学合作企业 name
enterpriseValue: [], // 产学合作企业 value
```

第 4 步:在 src/utils/schoolView.vue 文件的 methods()方法中,利用 map()方法对数据进行改造;注意,此处的变量名应该与后台传回来的变量名保持一致,否则会出错。通过 axios 发送请求,从后端获取数据的方法将在后面详细介绍,如代码 7-14 所示。

代码 7-14 利用 map()方法对数据进行改造

```
// 产学合作企业 name
this.enterpriseName = res.data.data.enterprise.map((item) => item.name);
// 产学合作企业 value
this.enterpriseValue = res.data.data.enterprise.map(
(item) => parseInt(item.value) // 转化为整数
```

```
);
```

第 5 步：在 src/utils/schoolView.vue 文件的 methods()方法中定义 bar()方法，如代码 7-15 所示；然后再在 mounted()中调用 bar()方法，如代码 7-16 所示。

代码 7-15　在 methods()方法中定义 bars()方法

```
bars {
    // 产学合作企业
    bar({
        radio: 1, // 表示给一个柱子添加圆角 用于判断
        dom: "enterprise_echart", // dom 代表 id
        color: ["#33f3ff"], // color 代表柱子的颜色
        xdata: this.enterpriseName, // 代表 x 轴的数据
        seriesData1: this.enterpriseValue, // 代表配置项里 data 的数据 财政专项收入
        yAxisName: "数量/间",
    });
    ...
}
```

代码 7-16　在 mounted()中调用 bar()方法

```
async mounted() {
    // 在页面加载时调用 bars 方法
    await this.schoolData();
    this.bars();
},
```

第 6 步：在 src/router/index.js 文件中设置 schoolView.vue 页面的路由信息。每当新建一个 Vue 页面时，应该在 index.js 文件中设置其相应的路由信息，如代码 7-17 所示。

代码 7-17　在 src/router/index.js 文件中设置路由信息

```
import Vue from "vue";
import VueRouter from "vue-router";
Vue.use(VueRouter);
const routes = [
// 学校大屏 schoolView
  {
    path: "/schoolView", // 路径
    name: "schoolView", // 名称
    component: () => import("../views/schoolView.vue"),
  },
];
export default router;
```

经过以上六步，完成了"产学合作企业"柱状图表的制作，如图 7-31 所示。其他图表的制作与此方法类似。

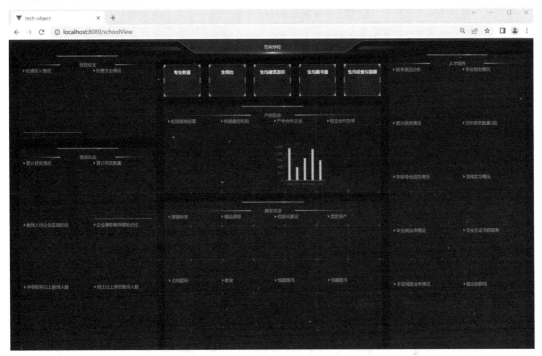

图 7-31　"产学合作企业"柱状图表的效果图

2. 从后端获取数据

你可能想问，绘制图表的数据从哪里来？其实，绘制图表时所使用到的数据是通过 Axios 从后端获取的。下面介绍在 Vue 中如何通过 Axios 从后端获取数据。

第 1 步：安装 Axios 网络请求库，Axios 用于发送网络请求数据。在终端输入命令 npm i axios，如图 7-32 所示。

图 7-32　安装 axios

第 2 步：在 src 目录下创建一个子目录 utils，再在 utils 子目录下创建 request.js。其中的基准路径"http://124.71.103.98:9999"是永久有效的华为云服务器地址，如代码 7-18 所示。

代码 7-18　在 src/utils/request.js 中配置基准路径

```
import axios from "axios"; //引入 axios 包
axios.defaults.baseURL ="http://124.71.103.98:9999"; // 配置基准路径
export default axios;// 暴露出去
```

第 3 步：查看接口文档中的"三：建设大屏可视化接口"的"1.专业建设数据大屏-学校"中的"路由:/buildOverview/getSchoolData"，如图 7-33 所示。在 src 目录下创建文件夹 api，再在 api 文件夹下创建文件 screen.js。

三：建设大屏可视化接口

1.专业建设数据大屏-学校

路由：/buildOverview/getSchoolData

参数：无

响应：

字段	说明	值	类型
secondBasic	首栏信息	{"area":"300", "books":"400", "majorCount":2, "instrument":"500", "schoolName":"示范学校", "major_count":"100.00", "ratio": "200"}	map
area	生均建筑面积	12500	string
books	生均图书量	100	string

图 7-33 "专业建设数据大屏-学校"接口

第 4 步：在 src/api/screen.js 文件中编写 JavaScript 代码，如代码 7-19 所示。

代码 7-19 在 src/api/screen.js 文件中编写代码

```
import axios from "@/utils/request";  // 引入 utils 文件夹下的 request.js
// 学校大屏  请求
export const schoolData = () => {
  return axios({
    url: "/buildOverview/getSchoolData", // 请求路径
  });
};
```

第 5 步：在学校大屏(schoolView.vue)页面中引入学校大屏请求，如代码 7-20 所示。

代码 7-20 在 schoolView.vue 中引入学校大屏数据的接口

```
// 引入学校大屏数据的接口
import { schoolData } from "../api/screen";
```

第 6 步：在学校大屏(schoolView.vue)页面中，创建一个获取学校大屏数据 schoolData()方法，从后端读取用于图表绘制的数据，如代码 7-21 所示。

代码 7-21 在 schoolData()方法中从后端获取用于图表绘制的数据

```
methods: {
  // 获取学校大屏数据的方法  schoolData()
```

```
async schoolData() {
    const res = await schoolData();
    console.log(
        "学校数据:res.data.data.libraryBook", res.data.data.libraryBook
    );
    // 首栏信息
    this.secondBasic = res.data.data.secondBasic[0];
    // 省略一些数据读取的代码，请参见本书源码\第 7 章
},
// 省略绘制各种图表方法的代码，请参见本书源码\第 7 章
}
```

在请求时，一般会使用 async/await。async 放在请求方法名的前面，await 放在请求发送的前面。async/await 的使用可以把异步变为同步。同步就是提交请求→等待服务器处理→处理完毕返回，在这期间客户端浏览器不能做任何其他事情。异步就是请求通过事件触发→服务器处理→处理完毕，在这期间浏览器仍可做其他事情。

第 7 步：在页面加载时，调用 schoolData 方法，如代码 7-22 所示。

代码 7-22 调用 schoolData()方法

```
async mounted() {
    // 在页面加载时，自动调用 schoolData，bars 等方法
    await this.schoolData();
    this.bars();
    this.pies();
    // 省略几行代码，请参见本书源码\第 7 章
},
```

由于篇幅限制，此处未能列出全部代码。完整的代码请参见本书附录 code\practices\ch7\teach 中的源代码。

任务7.4 登录页的设计与实现

任务描述

利用 Element-UI 设计专业群发展监测平台的登录页；使用 Axios 请求，从后端获取数据，完成登录页面功能的具体实现。

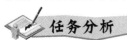
任务分析

(1) 利用 Element-UI 设计静态登录页。
(2) 使用 Axios 技术，完成登录页面功能的具体实现。

7.4.1 利用 Element-UI 设计静态登录页

在实际项目开发中，可以使用 Element-UI 技术来设计页面，Element-UI 是一套为开发者、设计师和产品经理准备的基于 Vue 2.x 的桌面端组件库。本小节介绍使用 Element-UI 技术来设计静态登录页，如图 7-34 所示。

图 7-34 登录页面的静态效果

第 1 步：打开 VS Code，右击 views 文件夹，选择"新建文件"选项；在 views 文件夹中新建登录页文件 login.vue。此时的页面默认有外边距，设置背景图片后，打开页面会有一些空白。在 App.vue 里设置的样式(style)内容如代码 7-23 所示。

代码 7-23 在 App.vue 里设置样式

```
<style lang="less">
* { // *代表对所有的样式
    margin: 0;  // 边距为 0
    padding: 0;  // 填充为 0
    box-sizing:border-box; // c3 盒子模型，设置后 padding 设置内边距不会撑大盒子
}
</style>
```

第 2 步：打开文件夹 "router" 中的 index.js 文件，在其中添加登录页面的路由信息。如代码 7-24 所示。

代码 7-24 在 src/router/index.js 添加登录页面的路由信息

```
async mounted() {
import Vue from "vue";
import VueRouter from "vue-router";
Vue.use(VueRouter);
const routes = [
  {
    path: "/",
    redirect: { name: "login" }, // 重定向到登录页面
  },
  // 登录页路由设置
```

```
  {
    path: "/login", //路径
    name: "login", //名称
    component: () => import("../views/login.vue"),
  },
  // 省略大约 80 行路由设置代码，请参见本书源码\第 7 章
];
```

第 3 步：引入 Element-UI 组件，设计输入框和登录按钮。

element-UI 是一个组件库，使用 Element-UI 组件可以加快开发速度、界面更美观统一。可以在浏览器中输入关键字"Element-UI"，进入 Element-UI 的官网。也可输入如下：https://element.eleme.cn/#/zh-CN。

第 4 步：在 VS Code 中打开"在集成终端中打开"菜单项，在终端执行命令 nmp i element-ui -S，安装 Element-UI 组件，如图 7-35 所示。

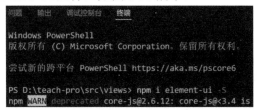

图 7-35　安装 Element-UI

第 5 步：在 Element-UI 官网中的"快速上手"中，复制加粗倾斜的 4 行代码到 src/main.js 文件中，如代码 7-25 所示。

代码 7-25　复制 Element-UI 官网中的代码到 src/main.js 文件中

```
import Vue from "vue";
import App from "./App.vue";
import router from "./router";
import store from "./store";
// 引入 Element-UI
import ElementUI from "element-ui";
import "element-ui/lib/theme-chalk/index.css";
// import "../src/assets/font/iconfont.css";
// 引入用于适配的 js
import "lib-flexible/flexible.js";
Vue.use(ElementUI);// 使用 Element-UI
Vue.config.productionTip = false; // 是阻止显示生产模式的消息
new Vue({
  router, store,
  render: (h) => h(App),
}).$mount("#app");
```

第 6 步：在 Element-UI 官网中的"组件"文本框中，输入"input"后回车，找到"input 输入框"，在 Element-UI 官网中找到"基础用法"，单击"显示代码"，将第一行代码复

制到 login.vue 中准备显示输入框的位置，如图 7-36 所示。

图 7-36　搜索 Input 输入框

第 7 步：在 Element-UI 官网中的"组件"找到"密码框"，单击"显示代码"，将第一行代码复制到 login.vue 中准备显示密码框的位置，如图 7-37 所示。

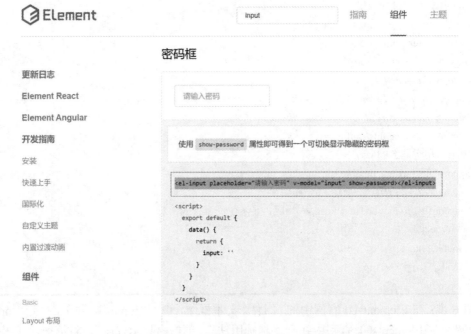

图 7-37　在 Element-UI 官网中的"组件"中找到"密码框"

第 8 步：修改 login.vue 中的 data 中的代码，如代码 7-26 所示。

代码 7-26　修改 login.vue 中的 data 中的代码

```
<script>
import { login } from "@/api/login";
export default {
  data() {
    return {
      fromdata: {
        loginCode: "",
        password: "",
      },
    };
  },
  // 省略大约 30 行代码，请参见本书源码\第 7 章
};
</script>
```

第 9 步：在 Element-UI 官网中的"组件"找到"button"按钮，找到"基础用法"
组，单击"显示代码"，复制"成功按钮"代码到 login.vue 中准备显示按钮的位置，如
图 7-38 所示。设计完成的 login.vue 文件中的<template>的代码如代码 7-27 所示。

图 7-38　在 Element-UI 官网中的"组件"中找到 button 按钮

代码 7-27　设计完成的 login.vue 文件中的<template>代码段

```
<template>
  <div class="box">
    <!-- 中间内容 -->
    <div class="content">
      <!-- 左边 -->
      <div class="left">
        <span class="left-one">欢迎进入！</span><br />
        <span class="left-two">专业 (群) 发展监测平台</span>
      </div>
      <!-- 右边 -->
      <div class="right">
        <div class="right-top">
          <div class="icon">
            <img src="../assets/login/logo.png" alt="" />
          </div>
        </div>
        <div class="right-bot">
          <!-- 输入框 -->
          <el-input v-model="fromdata.loginCode" placeholder="请输入账号"></el-input>
          <!-- 密码框 -->
          <el-input class="password" placeholder="请输入密码" v-model="fromdata.password"
            show-password @keydown.native.13="login">
          </el-input>
          <!-- 登录按钮 -->
          <el-button type="success" @click="login">登录</el-button>
        </div>
      </div>
    </div>
  </div>
</template>
```

第 10 步：在 login.vue 文件中，修改按钮的样式，设计完成的 login.vue 文件中的 <style></style>代码如下所示。注意，在一个 *.vue 文件中可以包含多个 <style> 标签，如代码 7-28 所示。

代码 7-28　设计完成的 login.vue 文件中的<style></style>代码段

```
<style lang="less" scoped>
.box {
  width: 100vw;
```

```css
height: 100vh;
background: url("../assets/login/loginBcg.png") no-repeat;
background-size: 100% 100%;
overflow: hidden;
.content {
  display: flex;
  width: 80vw;
  height: 55vh;
  margin: 150px auto;
  .left {
    flex: 1;
    height: 100%;
    color: #fff;
    font-weight: 700;
    span {
      display: inline-block;
    }
    .left-one {
      margin-bottom: 20px;
      font-size: 22px;
    }
    .left-two {
      margin-left: 60px;
      font-size: 40px;
    }
  }
  .right {
    width: 25vw;
    height: 100%;
    background-color: #fff;
    border-radius: 5px;
    .right-top {
      height: 12vh;
      padding-top: 15px;
      .icon {
        width: 60px;
        height: 100%;
        margin: 0 auto;
```

```
      img {
        width: 100%;
      }
    }
  }
  .right-bot {
    height: 38vh;
    padding: 0 2vw;
    margin-top: 4vh;
    .el-button {
      width: 100%;
      background-color: #00a3a6;
      color: #fff;      border: 0;
    }
    .password {
      margin: 4vh 0;
    }
  }
  }
  }
}
</style>
<style lang="less">
.el-input__inner:focus {
  // 修改输入框的边框线
  border: 1px solid #00a3a6;
}
.el-button:hover,   // 移入 button 按钮时触发
.el-button:active,  // 点击时触发
.el-button:focus {
  // 获取焦点时触发
  background-color: #00a3a6;
}
</style>
```

最后完成后的静态登录页面的运行效果，如图 7-34 所示。

7.4.2　登录页面功能的实现

用户点击"登录"按钮时，系统会发向后端发出 Axios 请求，从后端获取相关数据

后，系统会判断账号和密码是否正确，如果两者都正确，则从登录页(login.vue)跳转到首页(index.vue)；否则弹出一个"账号或密码错误"弹窗，用户可再次输入账号和密码，重新登录。

第 1 步：安装 Axios 网络请求库插件，Axios 用于发送请求。在终端输入命令 npm i axios。如果已经安装好了 Axios，则可省略。

第 2 步：在 src 下创建一个子目录 utils，在 utils 子目录下创建一个文件 request.js。(如果已经创建好了 request.js，则可省略)。其中 "http://124.71.103.98:9999" 为基准路径，是永久有效的华为云服务器地址，如代码 7-29 所示。

代码 7-29　src/utils/utils/request.js 文件的代码

```
import axios from "axios"; //引入 axios 包
axios.defaults.baseURL ="http://124.71.103.98:9999"; // 配置基准路径，永久有效的华为云服务器地址
export default axios;// 暴露出去
```

第 3 步：查看接口文档中的 "一：账号管理接口" 中的 "1.用户登录接口"，如图 7-39 所示。

一：账号管理接口

1.用户登录接口

路由：/account/login

参数：

字段	说明	值	类型
loginCode	登录账号	admin	String
password	登录密码	123456	String

响应：

字段	说明	值	类型
Authorization	验证值	fgdfgjjytyjghjghjgjgj	String
id	用户 id	1	Integer

图 7-39　"用户登录"接口

第 4 步：在 src/api 目录下创建文件 login.js,在 src/api/login.js 中编写如下 JavaScript 代码，如代码 7-30 所示。

代码 7-30　src/api/login.js 文件的代码

```
import axios from "@/utils/request";   // 引入 utils 文件夹下的 request.js
// 登录请求
export const login = (data) => {
  return axios({
```

```
  url: "/account/login",   // 请求路径
  method: "post",           // 请求方式
  data,   // data 中包含了账号和密码，需要发送给后台
 });
};
```

第5步：在登录页(login.vue)引入登录请求，如代码 7-31 所示。

代码 7-31　在登录页(login.vue)引入登录请求

```
<script>
import { login } from "@/api/login";   // 在登录页(login.vue)引入登录请求
......
</script>
```

第6步：登录事件的处理。判断返回状态码 code 的值是否为 200，如果等于 200，则表示输入的账号和密码都正确，则显示"登录成功"的提示信息后，从登录页(login.vue)跳转到首页(src\views\index.vue)。否则从后台弹出"账号或密码错误"的警告信息后，再次等待输入账号和密码，如代码 7-32 所示。

代码 7-32　登录事件处理

```
methods: {
  // 登录事件处理
  async login() {
    const res = await login(this.fromdata);
    // console.log("登录事件", res.data.data.Authorization);
    // 判断 code 是否等于 200 等于 200 就跳转到首页
    if (res.data.code === 200) {
      localStorage.setItem("token", res.data.data.Authorization);
      this.$message({
        message: "登录成功",
        type: "success",
        duration: "1000",
      });
      // console.log("身份验证", res.data.data.id);
      // 存储账号名
      localStorage.setItem("name", this.fromdata.loginCode);
      localStorage.setItem("activeIndex", "homepage");
      localStorage.setItem("token", res.data.data.Authorization);
      localStorage.setItem("id", res.data.data.id);
      this.$router.push("/index"); // 路由的跳转 push，默认通过 path 跳转
      // this.$router.push({ name: "index" }); // 路由的跳转 name，也可以通过 name 跳转
    } else {
```

```
        this.$message({
            message: res.data.message,
            type: "warning",
            duration: "1000",
        });
        }
    },
},
```

常见的状态码如下：

2xx (成功)：表示成功处理了请求的状态码。

200：最常见的 HTTP 状态码，表示服务器已经成功接受请求，并将返回客户端所请求的最终结果。

3xx (重定向)：表示要完成请求需要进一步操作。通常用来重定向。

4xx(请求错误)：表示请求可能出错，妨碍了服务器的处理。

404：表示请求失败，客户端请求的资源没有找到或者是不存在。

400：Bad Request，表示服务器端无法理解客户端发送的请求，请求报文可能存在语法错误。

401：Unauthorized：表示该状态码发送的请求需要有通过 HTTP 认证(BASIC 认证，DIGEST 认证)的认证信息。

403：Forbidden：表示服务器理解了本次请求但是拒绝执行该任务。可以简单理解为没有权限访问此网站。

5xx：表示服务器在处理请求时发生内部错误。这些错误可能是服务器本身的错误，而不是请求出错。

如何查看请求是否成功呢？

鼠标右击"登录页"，在弹出的快捷菜单中选择"检查"菜单选项，如图 7-40 所示。

图 7-40　鼠标右击"登录页"选择"检查"项

选中"网络(Network)"，再选中"XHR"，点击"login"，可以看到返回的状态码 code 和 data，如图 7-41 所示。

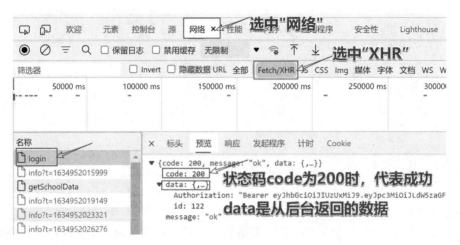

图 7-41　选择"网络"中的"XHR"查看 code 和 data

任务 7.5　学校大屏中的折线图、饼图和雷达图

专业群发展监测平台中有大量的 ECharts 图表制作，本节具体介绍学校大屏中几个典型 ECharts 图表的绘制方法，请读者举一反三，完成学校大屏和专业大屏的另外几十个 ECharts 图表的制作。

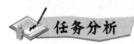

(1) 掌握在学校大屏中绘制折线图的方法。
(2) 掌握在学校大屏中绘制饼图的方法。
(3) 掌握在学校大屏中绘制雷达图的方法。

7.5.1　在学校大屏中绘制折线图

下面以"师资队伍"中的"教师累计获奖数量"折线图为例，分析在学校大屏中绘制折线图的方法。

第 1 步：在 src/utils/echarts.js 中定义 line() 方法绘制折线图；在 echarts.js 文件定义各种制作图表的方法，如 bar()、pie()、acrossBar()、line()、radar() 等；再在 schoolView.vue 页面文件中的 <script> 部分，引入 utils/echarts.js 中的 line() 等方法，如代码 7-33 所示。

代码 7-33　引入 utils/echarts.js 中的 line() 等方法

```
import { bar, line } from "../utils/echarts"; //引入柱状图、折线图
```

第 2 步：在 src/utils/schoolView.vue 文件的 template 部分的折线图绘制 div 层，定义折线图绘制区域的 id，如代码 7-34 所示。

代码 7-34   定义折线图绘制区域的 id

```
<!-- 右边 教师累计获奖数量 -->
    <div class="teachers_content_pic">
    <!--教师累计获奖数量 图表 -->
    <echartTitle text="累计获奖数量"></echartTitle>
    <div class="finance_echart" id="awardYear"></div>
</div>
```

第 3 步：在 src/utils/schoolView.vue 文件的 data()部分，定义"教师历年获奖国家级"、"教师历年获奖省级"等变量，如代码 7-35 所示。

代码 7-35   在 data()部分定义"教师历年获奖国家级"等变量

```
awardYearCountryName: [], // 教师历年获奖数量国家级 name
awardYearCountryValue: [], // 教师历年获奖数量国家级 value
awardYearProvinceValue: [], // 教师历年获奖数量省级 value
awardYearCityValue: [], // 教师历年获奖数量市级 value
awardYearOtherValue: [], // 教师历年获奖数量其他 value
```

第 4 步：在 src/utils/schoolView.vue 文件的 methods()方法中，利用 map()方法对数据进行改造。注意，此处的变量名应该与后台传回来的变量名保持一致，否则会出错。前面已经详细介绍过通过 Axios 发送请求，从后端获取数据的方法，如代码 7-36 所示。

代码 7-36   利用 map()方法对数据进行改造

```
// 师资队伍: 累计获奖数量 图表
// 教师历年获奖数量国家级 name
this.awardYearCountryName = res.data.data.awardYearCountry.map(
    (item) => item.name // 转化为整数
);
// 教师 历年获奖数量国家级 value
this.awardYearCountryValue = res.data.data.awardYearCountry.map(
    (item) => parseInt(item.value) // 转化为整数
);
// 教师 历年获奖数量省级 value
this.awardYearProvinceValue = res.data.data.awardYearProvince.map(
    (item) => parseInt(item.value) // 转化为整数
);
// 教师 历年获奖数量市级 value
this.awardYearCityValue = res.data.data.awardYearCity.map(
    (item) => parseInt(item.value) // 转化为整数
);
// 教师 历年获奖数量市级 value
this.awardYearOtherValue = res.data.data.awardYearOther.map(
    (item) => parseInt(item.value) // 转化为整数
);
```

第 5 步：在 src/utils/schoolView.vue 文件的 methods()方法中定义 lines()方法，如代码 7-37 所示；然后再在 mounted()中调用 lines()方法，如代码 7-38 所示。

代码 7-37　在 methods()方法中定义 line()方法

```
// 定义一个方法 lines 用于设置折线图
lines() {
  // 教师 累计获奖数量
  line({
    dom: "awardYear",
    lineNum: 4, // 4 代表有 4 条折折线
    colors: ["#ffe822", "#33f3ff", "#00a0e9", "#1bc85e"], // 折线的颜色，从这里传到 echart.js 中
    xdata: this.awardYearCountryName, // x 轴数据
    seriesData1: this.awardYearCountryValue, // 教师 国家级获奖数据
    seriesData2: this.awardYearProvinceValue, // 教师 省级获奖数据
    seriesData3: this.awardYearCityValue, // 教师 市级获奖数据
    seriesData4: this.awardYearOtherValue, // 教师 其他获奖数据
  });
  ......
},
```

代码 7-38　在 mounted()中调用 lines()方法

```
async mounted() {
  // 在页面加载时调用 bars,lines 方法
  await this.schoolData();
  this.bars();
  this.lines();
},
```

第 6 步：在 src/router/index.js 文件中，设置 schoolView.vue 页面的路由信息。每当新建一张 Vue 页面时，应该在 index.js 文件中设置其相应的路由信息，如代码 7-39 所示。如果前面的代码已设置过"学校大屏 schoolView"的路由信息，则可省略此步。

代码 7-39　在 src/router/index.js 文件中设置路由信息

```
import Vue from "vue";
import VueRouter from "vue-router";
Vue.use(VueRouter);
const routes = [
// 学校大屏 schoolView
  {
    path: "/schoolView", // 路径
    name: "schoolView", // 名称
    component: () => import("../views/schoolView.vue"),
  },
```

```
];
export default router;
```

经过以上六步，完成了"累计获奖数量"折线图表的制作，如图 7-42 所示。

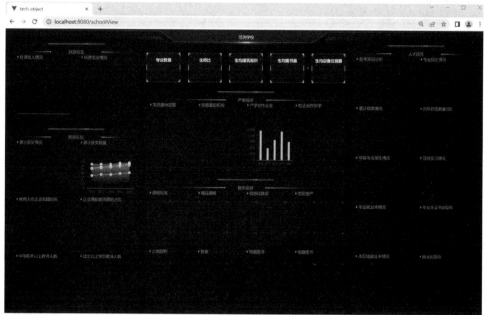

图 7-42 完成"累计获奖数量"折线图表制作后的效果图

7.5.2 在学校大屏中绘制饼图

下面以"教学资源"中的"教室"饼图为例，分析在学校大屏中绘制饼图的方法。

第 1 步：在 src/utils/echarts.js 中定义 pie()方法绘制饼图；先在 echarts.js 文件中定义各种制作图表的方法，如 bar()、pie()、acrossBar()、line()、radar()等；然后在 schoolView.vue 页面文件中的<script>部分，引入 utils/echarts.js 中的 pie()等方法，如代码 7-40 所示。

代码 7-40 引入 utils/echarts.js 中的 line()等方法

```
import { bar, line, pie } from "../utils/echarts"; //引入柱状图、折线图、饼图
```

第 2 步：在 src/utils/schoolView.vue 文件的 template 部分的饼图绘制 div 层，定义饼图绘制区域的 id，如代码 7-41 所示。

代码 7-41 定义饼图绘制区域的 id

```
<!-- 教室 -->
<div class="bottom_main_teach_pic">
  <echartTitle text="教室"></echartTitle>
  <!-- 教室 图表 -->
  <div class="teach_echart" id="schoolClassroom"></div>
</div>
```

第 3 步：在 src/utils/schoolView.vue 文件的 data()部分，定义"教室"等变量，如代码 7-42 所示。

代码 7-42　在 data()部分定义"教室"等变量

```
schoolClassroom: [], // 教室
```

第 4 步：在 src/utils/schoolView.vue 文件的 methods()的 async schoolData()方法中，获取后台的数据。注意，此处的变量名应该与后台传回来的变量名保持一致，否则会出错。前面已经详细介绍过通过 Axios 发送请求，从后端获取数据的方法，如代码 7-43 所示。

代码 7-43　利用 map()方法对数据进行改造

```
// 教室
this.schoolClassroom = res.data.data.schoolClassroom;
```

第 5 步：在 src/utils/schoolView.vue 文件的 methods()方法中，定义 pies()方法，如代码 7-44 所示；然后再在 mounted()中调用 pies()方法，如代码 7-45 所示。

代码 7-44　在 methods()方法中定义 pie()方法

```
pies() {
  // 教室
  pie({
    dom: "schoolClassroom",
    seriesData: [
    // 传参
    {
      value: this.schoolClassroom[0].multimediaCount,
      name: "多媒体教室",
    },
    {
      value: this.schoolClassroom[0].commonCount,
      name: "普通教室",
    },
    ],
  });
  //
}
```

代码 7-45　在 mounted()中调用 pies()方法

```
async mounted() {
  // 在页面加载时调用 bars,lines 方法
  await this.schoolData();
  this.bars();
```

```
this.lines();
this.pies()
},
```

第 6 步：在 src/router/index.js 文件中，设置 schoolView.vue 页面的路由信息。每当新建一张 Vue 页面时，应该在 index.js 文件中设置其相应的路由信息，如代码 7-46 所示。如果前面的代码已设置过"学校大屏 schoolView"的路由信息，则可省略此步。

代码 7-46　在 src/router/index.js 文件中设置路由信息

```
import Vue from "vue";
import VueRouter from "vue-router";
Vue.use(VueRouter);
const routes = [
// 学校大屏  schoolView
  {
    path: "/schoolView", // 路径
    name: "schoolView", // 名称
    component: () => import("../views/schoolView.vue"),
  },
];
export default router;
```

经过以上六步，完成了"教学资源"中的"教室"饼图的制作，如图 7-43 所示。

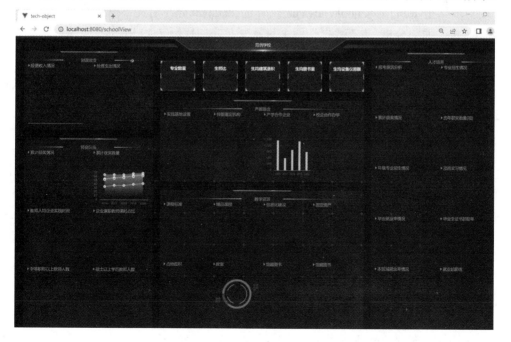

图 7-43　完成"教学资源"中的"教室"饼图表制作后的效果图

7.5.3 在学校大屏中绘制雷达图

下面以"人才培养"中的"报考原因分析"雷达图为例，分析在学校大屏中绘制雷达图的方法。

第1步：在 src/utils/echarts.js 中定义 radar()方法绘制雷达图；在 echarts.js 文件中，定义各种制作图表的方法，如 bar()、line()、pie()、radar()等；再在 schoolView.vue 页面文件中的<script>部分，引入 utils/echarts.js 中的 radar()等方法，如代码 7-47 所示。

代码 7-47　引入 utils/echarts.js 中的 radar()等方法代码

```
import { bar, line, pie, radar } from "../utils/echarts"; //引入柱状图、折线图、饼图、雷达图
```

第2步：在 src/utils/schoolView.vue 文件的 template 部分的图表绘制 div 层，定义雷达图绘制区域的 id，如代码 7-48 所示。

代码 7-48　定义雷达图绘制区域的 id

```
<div class="talents_content_pic">
    <echartTitle text="报考原因分析"></echartTitle>
    <!--报考原因分析 图表 -->
    <divclass="talents_echart"
        id="reasonsRegistrationDistribution">
</div>
</div>
```

第3步：在 src/utils/schoolView.vue 文件的 data()部分，定义"报考原因分析 2019 年数据""报考原因分析 历年数据"两个对象变量，如代码 7-49 所示。

代码 7-49　在 data()部分定义"报考原因分析"对象变量

```
reasonsRegistrationDistribution: {}, // 报考原因分析 2019 年数据
reasonsRegistrationDistributionavg: {}, // 报考原因分析 历年数据
```

第4步：在 src/utils/schoolView.vue 文件的 methods()方法中，从后台读取数据。注意，此处的变量名应该与后台传回来的变量名保持一致，否则会出错。前面已经详细介绍过通过 Axios 发送请求，从后端获取数据，如代码 7-50 所示。

代码 7-50　从后台读取数据

```
// 报考原因分析 2019 年数据
this.reasonsRegistrationDistribution =res.data.data.reasonsRegistrationDistribution[0];
// 报考原因分析 历年数据
this.reasonsRegistrationDistributionavg = res.data.data.reasonsRegistrationDistributionavg[0];
```

第5步：在 src/utils/schoolView.vue 文件的 methods()方法中，定义 radars()方法，如代码 7-51 所示；在 mounted()中调用 radar()方法，如代码 7-52 所示。

代码 7-51 在 methods()方法中定义 radar()方法

```
// 定义一个方法 radars 用于设置雷达图
radars() {
  // 报考原因分析
  radar({
    dom: "reasonsRegistrationDistribution",
    seriesData1: this.reasonsRegistrationDistribution, // 2019 年数据
    seriesData2: this.reasonsRegistrationDistributionavg, // 历年数据
  });
},
```

代码 7-52 在 mounted()中调用 radar()方法

```
async mounted() {
  // 在页面加载时调用 bars,lines, radar 方法
  await this.schoolData();
  this.bars();
  this.lines();
  this.radar();
},
```

第 6 步：在 src/router/index.js 文件中，设置 schoolView.vue 页面的路由信息。每当新建一张 Vue 页面时，应该在 index.js 文件中设置其相应的路由信息，如代码 7-53 所示。如果前面的代码已设置过"学校大屏 schoolView"的路由信息，则可省略此步。

代码 7-53 在 src/router/index.js 文件中设置路由信息

```
import Vue from "vue";
import VueRouter from "vue-router";
Vue.use(VueRouter);
const routes = [
// 学校大屏 schoolView
  {
    path: "/schoolView", // 路径
    name: "schoolView", // 名称
    component: () => import("../views/schoolView.vue"),
  },
];
export default router;
```

经过以上六步，完成了"报考原因分析"雷达图表的制作，如图 7-44 所示。

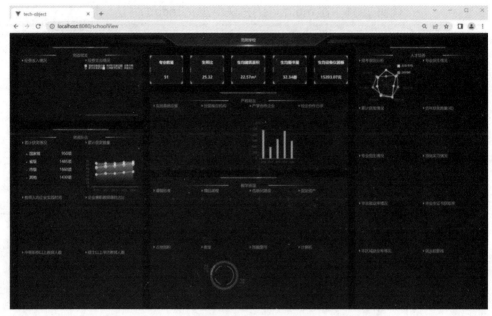

图 7-44　完成"报考原因分析"雷达图表制作后的效果图

以上对一些代表性的图表进行了详细介绍，限于篇幅，此处对其他图表未能详述，各位可以参考前述方法或附录 code\practices\ch7\teach 中的代码细加研究，完成其他图表的制作。

小　　结

本章介绍了专业群发展监测平台综合实战项目的 ECharts+Vue+Vue-cli+Element-UI+ Axios 图表制作。首先介绍了专业群发展监测平台脚手架开发的流程，重点介绍了项目中的学校数据可视化分析大屏的设计、使用 Axios 从后台获取数据，绘制柱状图、折线图、饼图和雷达图的方法。

实　　训

专业群发展监测平台综合实战项目

1. 训练要点

专业群发展监测平台中学校数据可视化分析大屏、专业数据可视化分析大屏中的各种数据分析图表的制作。

2. 需求说明

根据提供的项目素材和对项目技能点的梳理，设计学校数据可视化分析大屏、专业数据可视化分析大屏，开发完成专业群发展监测平台各种数据分析图表的制作。

3. 实现思路及步骤

(1) 使用 DIV+CSS，完成学校数据可视化分析大屏、专业数据可视化分析大屏的设计和布局。

(2) 绘制学校数据可视化分析大屏中的柱状图，包括财政收支、产教融合、教学资源、师资队伍、人才培养的柱状图。

(3) 绘制学校数据可视化分析大屏中的折线图，包括师资队伍、人才培养的柱状图。

(4) 绘制学校数据可视化分析大屏中的饼图，包括教学资源中的饼图。

(5) 绘制学校数据可视化分析大屏中的雷达图，包括人才培养中的雷达图。

(6) 完成学校数据可视化分析大屏中的专业数量、生师比等数据展示。

(7) 完成业数据可视化分析大屏中的课程设置的计划课时数、产教融合的产学合作企业、负责教师情况、人才培养的毕业生证书获取率、本区域就业率情况的柱状图。

(8) 完成业数据可视化分析大屏中的课程设置的实践课时占比、师资队伍中的历年获奖数量、产教融合中的产学合作办学、接收毕业生就业数、订单培养数、校内实训基地、校外实训基地、人才培养的折线图。

(9) 完成业数据可视化分析大屏中的师资队伍中的职称分布、学历分布中的饼图。

(10) 完成业数据可视化分析大屏中的生师比、学生人均设备仪器额等数据展示。

参 考 文 献

[1] 范路桥，张良均，郑述招，等. Web 数据可视化[M]. ECharts 版. 北京：人民邮电出版社，2021.

[2] 黑马程序员. Vue.js 前端开发实战[M]. 北京：人民邮电出版社，2020.

[3] 师晓利，刘志远，杜琰琪. Vue.js 前端开发实战[M]. 北京：人民邮电出版社，2020.

[4] 王凤丽，豆连军. Vue.js 前端开发技术[M]. 北京：人民邮电出版社，2019.

[5] 肖睿，龙颖，李辉，等. Vue.js 企业开发实战[M]. 北京：人民邮电出版社，2018.

[6] 百度 ECharts 官网, 2022-05-07. https://echarts.apache.org/zh.

[7] ECharts 教程 W3cschool, 2022-04-22. https://www.w3cschool.cn/echarts_tutoria1.

[8] Vue 官网, 2022-05-07. https://cn.vuejs.org.

[9] 宁赛飞，李小荣. 数据分析基础[M]. 北京：人民邮电出版社，2018.

[10] YAU N. 鲜活的数据：数据可视化指南[M]. 向怡宁，译. 北京：人民邮电出版社，2013.

[11] 周苏，张丽娜，王文. 大数据可视化技术[M]. 北京：清华大学出版社，2016.

[12] 周庆麟，胡小平. Excel 数据分析思维、技术与实践[M]. 北京：北京大学出版社，2019.